"十四五"职业教育国家规划教材·修订版

电工实训

（第5版）

主　编　仇　超　王　青

副主编　庞宇峰　汤雪彬

北京理工大学出版社
BEIJING INSTITUTE OF TECHNOLOGY PRESS

内 容 简 介

本书内容包括：安全用电；电工基本技能训练；家庭用电线路设计与安装；电动机、变压器认识与使用；电气控制线路分析与安装调试；典型机床电气控制线路分析与故障排除；电气控制线路设计与改造等。

作为高职高专机电/电子信息类专业人才培养体系的重要组成部分，本书依托前沿项目化课程改革成果，深度融合"产教融合、校企合作"先进理念，由学校一线优秀教师及企业专家组成混编团队共同研发，旨在较为全面地覆盖电气领域的核心知识与技能，成为优秀教学参考用书。

教材分为基础知识与技术实训两大板块，7 个实践导向型项目，每个项目下细分为多个模块化学习单元，每一模块均包含有扎实的理论知识、实战性的训练任务以及针对性的考核练习。学员在通过明确而适度的学习目标引领学习后，基本能达到国家电工职业技能（中级）的相关要求。

本书语言通俗易懂，案例紧贴生产实际，充分彰显了电工实训的职业教育特色，无论对于电气专业的学子还是行业内的从业人员，本书都将是掌握电气技能的得力助手。

图书在版编目（CIP）数据

电工实训 / 仇超，王青主编. -- 5 版. -- 北京：
北京理工大学出版社，2025.2.
ISBN 978 - 7 - 5763 - 5124 - 8

Ⅰ. TM

中国国家版本馆 CIP 数据核字第 2025LB8302 号

责任编辑：王艳丽　　　　**文案编辑**：王艳丽
责任校对：周瑞红　　　　**责任印制**：施胜娟

出版发行 / 北京理工大学出版社有限责任公司
社　　址 / 北京市丰台区四合庄路 6 号
邮　　编 / 100070
电　　话 / （010）68914026（教材售后服务热线）
　　　　　　（010）63726648（课件资源服务热线）
网　　址 / http://www.bitpress.com.cn

版 印 次 / 2025 年 2 月第 5 版第 1 次印刷
印　　刷 / 三河市天利华印刷装订有限公司
开　　本 / 787 mm × 1092 mm　1/16
印　　张 / 19.5
字　　数 / 455 千字
定　　价 / 54.00 元

前　言

作为教育改革的先锋与示范，常州机电职业技术学院率先在电气自动化技术、模具设计与制造等关键领域实施了项目化课程改革。这一创举不仅深刻推动了专业体系、课程体系、教材体系及师资队伍的全面升级与优化，更为本书的诞生与完善提供了坚实的实践基础与理论支撑。本书不仅是我校教师先进教学理念与丰富教学经验的集中展现，更是广大读者宝贵意见与建议的智慧结晶。本书自出版以来，凭借其实用的教学内容、前沿的知识技术以及丰富的数字化配套资源，获得了广大教育界与产业界的一致青睐，赢得了广大教师、企业专家及学生、职工的欢迎与高度评价。它不仅在众多高职院校中成为电工实训、实习及电工（中级工）考证培训的首选教材，也在企业职工培训中被广泛应用。

值此修订之际，我们对原有内容进行了全面梳理与精心修正，不仅完善了部分文字表述，还在图书的相应位置增添了操作指导、大国工匠风采等数字化资源，让读者能够通过扫码即可轻松获取更多拓展信息与灵感，这不仅丰富了教材的表现形式与内涵，也进一步提升了读者的学习体验与互动效果。

在编写过程中，我们在保持原教材科学、合理结构体系的基础上，进一步强化了编排的层次性与逻辑性，确保了基础理论的完整性与系统性。我们始终秉持"从元件到线路、从简单到复杂、从基础到提高"的编写理念，有机融入新技术、新知识等最新成果及劳模精神等思政元素，全方位服务相关专业人才的培养与发展。本书继续沿用"项目－模块"的编写框架，每个模块围绕"学习目标－理论知识－训练与考核－练习题"这一逻辑链条展开，旨在更好地发挥学生的主体作用，精心挑选的教学硬件贴近教学实际，确保广泛的适应性与实用性，也兼顾了老读者的使用习惯与需求。

本书共有7个项目、22个模块，教学中可根据各校具体情况分段实施：第一阶段可结合"电工技术"和"电工实习"类课程实施基本电工实训；第二阶段可结合电工（中级工）考证培训实施集中实训。各校可根据相关专业课的开设情况及专业要求作适当调整和补充。具体安排如下（仅供参考）：

项目	参考学时	教学建议
项目一　安全用电	4	可穿插于专业基础课教学中实施，采用多媒体教学手段或现场教学方式

续表

项目	参考学时	教学建议
项目二　电工基本技能训练	16	以实际项目为载体讲练结合，在实践中逐步熟练、提高正确的操作方法和基本技能
项目三　家庭用电线路设计与安装	16	
项目四　电动机、变压器认识与使用	12	引入校企合作项目为载体，与现场零距离，可以提高学生分析、解决实际问题能力
项目五　电气控制线路分析与安装调试	24	
项目六　典型机床电气控制线路分析与故障排除	32	
项目七　电气控制线路设计与改造	16	
总计	120	

本书由常州机电职业技术学院仇超、王青老师任主编，负责全书的内容结构设计、编审协调及统稿工作；常州机电职业技术学院庞宇峰、汤雪彬老师任副主编；参加编写的有仇超、王青、庞宇峰、汤雪彬、沈志祥、庄晓伟（江苏龙城精锻有限公司总工程师）、巴金良（江苏常发农业装备工程技术研究有限公司运管部部长）等。全书由苏州农业职业技术学院夏春风教授审稿。

在本书使用过程中，有关院校、行业企业、北京理工大学出版社的编辑们提出了不少宝贵的意见和建议，在此一并表示感谢！

由于编者水平有限，本书虽进行了改进，但疏漏及不妥之处在所难免，恳请广大读者朋友提出批评和改进意见，以便今后不断提高。

编　者

目　录

项目一　安全用电 ·· 1

模块一　认识电气安全用具 ··· 1
一、理论知识 ·· 1
二、训练与考核 ··· 8
三、练习题 ··· 8
模块二　触电急救与触电预防 ·· 8
一、理论知识 ·· 8
二、训练与考核 ·· 17
三、练习题 ·· 18
模块三　电气火灾扑灭与预防 ··· 19
一、理论知识 ··· 19
二、训练与考核 ·· 26
三、练习题 ·· 26

项目二　电工基本技能训练 ··· 27

模块一　认识和使用常用电工工具 ······································· 27
一、理论知识 ··· 27
二、训练与考核 ·· 33
三、练习题 ·· 33
模块二　认识和使用常用电工仪表 ······································· 34
一、理论知识 ··· 34
二、训练与考核 ·· 51
三、练习题 ·· 51
模块三　认识和检测常用低压电器 ······································· 51
一、理论知识 ··· 52
二、训练与考核 ·· 67
三、练习题 ·· 68
模块四　选用和修复导线 ··· 68

　　　一、理论知识 ……………………………………………………………… 68
　　　二、训练与考核 …………………………………………………………… 82
　　　三、练习题 ………………………………………………………………… 82
　　模块五　识别和焊接常用电子元器件 ………………………………………… 82
　　　一、理论知识 ……………………………………………………………… 83
　　　二、训练与考核 …………………………………………………………… 94
　　　三、练习题 ………………………………………………………………… 95

项目三　家庭用电线路设计与安装 …………………………………………… 96

　　模块一　设计家庭用电线路 …………………………………………………… 96
　　　一、理论知识 ……………………………………………………………… 96
　　　二、训练与考核 …………………………………………………………… 105
　　　三、练习题 ………………………………………………………………… 106
　　模块二　安装家庭用电装置 …………………………………………………… 106
　　　一、理论知识 ……………………………………………………………… 106
　　　二、训练与考核 …………………………………………………………… 121
　　　三、练习题 ………………………………………………………………… 121

项目四　电动机、变压器认识与使用 ………………………………………… 122

　　模块一　认识和使用交流电动机 ……………………………………………… 122
　　　一、理论知识 ……………………………………………………………… 122
　　　二、训练与考核 …………………………………………………………… 140
　　　三、练习题 ………………………………………………………………… 140
　　模块二　认识和使用直流电动机 ……………………………………………… 141
　　　一、理论知识 ……………………………………………………………… 141
　　　二、训练与考核 …………………………………………………………… 150
　　　三、练习题 ………………………………………………………………… 150
　　模块三　认识和使用变压器 …………………………………………………… 150
　　　一、理论知识 ……………………………………………………………… 151
　　　二、训练与考核 …………………………………………………………… 156
　　　三、练习题 ………………………………………………………………… 157

项目五　电气控制线路分析与安装调试 ……………………………………… 158

　　模块一　分析三相异步电动机电气控制线路 ………………………………… 158
　　　一、理论知识 ……………………………………………………………… 158
　　　二、训练与考核 …………………………………………………………… 174
　　　三、练习题 ………………………………………………………………… 175
　　模块二　安装和调试三相异步电动机电气控制线路 ………………………… 176
　　　一、理论知识 ……………………………………………………………… 176

二、训练与考核 ··· 189
三、练习题 ··· 189

模块三　分析直流电动机电气控制线路 ····································· 189
一、理论知识 ··· 190
二、训练与考核 ··· 192
三、练习题 ··· 193

项目六　典型机床电气控制线路分析与故障排除 ··························· 194

模块一　分析 C6140T 型普通车床电气控制线路并排除故障 ············· 194
一、理论知识 ··· 194
二、训练与考核 ··· 204
三、练习题 ··· 205

模块二　分析 Z3040 型摇臂钻床电气控制线路并排除故障 ·············· 206
一、理论知识 ··· 206
二、训练与考核 ··· 213
三、练习题 ··· 213

模块三　分析 X62W 型万能卧式升降台铣床电气控制线路并排除故障 ··· 214
一、理论知识 ··· 214
二、训练与考核 ··· 228
三、练习题 ··· 229

模块四　分析 T68 型卧式镗床电气控制线路并排除故障 ················ 229
一、理论知识 ··· 229
二、训练与考核 ··· 239
三、练习题 ··· 240

项目七　电气控制线路设计与改造 ······································· 241

模块一　设计电气控制线路 ··· 241
一、理论知识 ··· 241
二、训练与考核 ··· 247
三、练习题 ··· 247

模块二　用 PLC 改造电气控制线路 ····································· 247
一、理论知识 ··· 247
二、训练与考核 ··· 255
三、练习题 ··· 256

附录 1　电气图用符号 ··· 257

附录 2　实训任务工单 ··· 261

实训任务工单 2 - 1 - 1 ··· 261

实训任务工单 2 - 2 - 1 ·· 263

实训任务工单 2 - 3 - 1 ·· 265

实训任务工单 2 - 4 - 1 ·· 267

实训任务工单 2 - 5 - 1 ·· 269

实训任务工单 3 - 2 - 1 ·· 271

实训任务工单 4 - 1 - 1 ·· 273

实训任务工单 4 - 2 - 1 ·· 275

实训任务工单 4 - 3 - 1 ·· 277

实训任务工单 5 - 1 - 1 ·· 279

实训任务工单 5 - 2 - 1 ·· 281

实训任务工单 5 - 2 - 2 ·· 283

实训任务工单 5 - 2 - 3 ·· 285

实训任务工单 5 - 2 - 4 ·· 287

实训任务工单 5 - 3 - 1 ·· 289

实训任务工单 6 - 1 - 1 ·· 291

实训任务工单 6 - 2 - 1 ·· 293

实训任务工单 6 - 3 - 1 ·· 295

实训任务工单 6 - 4 - 1 ·· 297

实训任务工单 7 - 1 - 1 ·· 299

实训任务工单 7 - 2 - 1 ·· 301

参考文献 ·· **303**

项目一　安全用电

学习目标

- 会使用电气安全用具。
- 掌握安全用电常识，能处理一般安全事故。
- 掌握触电急救方法。
- 掌握电气火灾的扑灭及预防方法。
- 具备安全用电意识，能安全用电。

模块一　认识电气安全用具

学习目标

- 能了解各种电气安全用具的原理。
- 会使用电气安全用具。

一、理论知识

电气安全用具是用来防止电气工作人员在工作中发生触电、电弧灼伤、高空摔跌等事故的重要工具。电气安全用具分为绝缘安全用具和一般防护安全用具两大类。绝缘安全用具有绝缘杆、绝缘夹钳、验电器、绝缘手套、绝缘靴、绝缘垫、绝缘毯、绝缘站台等。一般防护安全用具有携带型接地线、临时遮栏、标示牌、安全带、防护眼镜等，这些安全用具是用来防止工作人员触电、电弧灼伤及高空摔跌，它与上述绝缘安全用具不同之处是它们本身不是绝缘物。

1. 认识基本电气安全用具

绝缘杆、绝缘夹钳、验电器的绝缘强度能长期承受工作电压，并能在该电压等级内产生过电压时保证工作人员的人身安全，常被称为基本安全用具。

1

1）绝缘杆

绝缘杆又称绝缘棒、操作杆。其主要作用是断开或闭合高压隔离开关（刀闸）、跌落式熔断器，安装和拆除携带型接地线，以及进行带电测量和试验等工作。

图1-1-1　绝缘杆结构

绝缘杆的结构如图1-1-1所示，由工作部分、绝缘部分以及握手部分组成。工作部分用来完成操作功能，一般用金属材料制作，也可用玻璃钢等机械强度较高的绝缘材料制成。其长度在满足工作需要的情况下应尽量缩短，一般在5~8 cm内，以避免由于过长而在操作时引起相间或接地短路。绝缘部分用于绝缘隔离，一般采用电木、胶木、环氧玻璃棒或环氧玻璃布管制成。握手部分用于在使用时握持，其制作材料与绝缘部分相同。绝缘部分与握手部分之间一般用绝缘护环隔开，绝缘护环的制作材料也与绝缘部分材料相同。

2）绝缘夹钳

绝缘夹钳主要用于在35 kV及以下电压等级的电气设备上带电作业，如装拆熔断器等工作。绝缘夹钳如图1-1-2所示。

图1-1-2　绝缘夹钳

绝缘夹钳由工作钳口、绝缘部分和握手部分组成。各部分所用材料与绝缘杆相同。绝缘夹钳的钳口必须要保证能夹紧熔断器。

3）高压验电器

高压验电器又称为高压测电器，如图1-1-3所示。主要类型有发光型高压验电器、声光型高压验电器。高压验电器用于测量高压电气设备或线路上是否带有电压（包括感应电压）。

2. 认识辅助电气安全用具

绝缘手套、绝缘靴、绝缘垫、绝缘毯、绝缘站台等安全用具的绝缘强度不能承受电气设备或线路的工作电压，只能加强基本安全用具的保安作用，因此不能直接接触电气设备的带电部分。其主要用来防止接触电压、跨步电压对工作人员的危害，常被称为辅助安全用具。

图1-1-3　高压验电器

1）绝缘手套、绝缘靴（鞋）

绝缘手套、绝缘靴（鞋）是用特种橡胶制成的，具有较高的绝缘强度。但它们是辅助安全用具，不能直接接触电气设备带电部分，主要用来防止接触电压对工作人员的伤害。绝缘手套、绝缘靴（鞋）外形见图1-1-4。

图1-1-4 绝缘手套和绝缘靴（鞋）

绝缘手套使用注意事项：

①绝缘手套在使用前应检查有无漏气或裂口等缺陷。若发现绝缘手套有黏胶破损或漏气应停止使用。

②戴绝缘手套时，应将外衣袖口放入手套的伸长部分。最好先戴上一双棉纱手套，夏天可防止出汗，冬天可以保暖。操作时万一出现弧光短路接地，可防止橡胶熔化灼烫手指。

③绝缘手套用后应擦净晾干，撒上一些滑石粉以免粘连，并应放在通风、阴凉的柜子里。不可放在过冷、过热、阳光暴晒或有酸、碱、油类的地方，以防胶质老化，降低绝缘性能。也不要与其他工具、用具放在一起，以防触碰损坏胶质。

④绝缘手套应每半年定期进行一次电气试验。试验合格应有明显标志和试验日期。

⑤普通的医疗、化验用的手套不能代替绝缘手套。

绝缘靴（鞋）使用注意事项：

①当发现绝缘靴（鞋）底磨损露出黄色面胶（绝缘层）时，不宜再使用。

②绝缘靴（鞋）要放在柜子内，并应与其他工具分开放置。

③绝缘靴（鞋）应每半年定期进行一次电气试验，以保证其安全可靠。试验合格应有明显标志和试验日期，试验不合格则严禁继续使用。

2）绝缘垫、绝缘毯和绝缘站台

（1）绝缘垫和绝缘毯

绝缘垫和绝缘毯由特种橡胶制成，表面有防滑槽纹，其厚度不应小于5 mm，如图1-1-5所示。

图1-1-5 绝缘垫（毯）

绝缘垫（毯）一般铺设在高、低压开关柜前，作为固定的辅助安全用具。用以提高操作人员对地的绝缘，防止接触电压和跨步电压对人体的伤害。

绝缘垫（毯）在使用中，不可与酸、碱、油类和化学药品等接触，以免胶质老化、脆裂或变黏，降低绝缘性能。也不可与热源直接接触，并应避免阳光直射，防止胶质迅速老化变质，降低绝缘性能。同时在使用中，还应注意不能被锐利的金属件划破，要保证绝缘垫（毯）良好。绝缘垫（毯）每隔半年要用低温水清洗一次，保证清洁和绝缘良好。

绝缘垫（毯）应定期进行检查试验，试验标准按规程进行，试验周期每两年一次。

（2）绝缘站台

绝缘站台用干燥的木板或木条制成，站台四角用绝缘瓷瓶作为台脚，如图1-1-6所示。绝缘站台定期试验周期为3年。

3. 认识一般防护安全用具

1）携带型接地线

携带型接地线如图1-1-7所示，是用来防止在停电检修设备或线路上工作时突然来电而造成人身触电事故的安全用具。装设接地线后，如果突然来电，就构成接地短路，低压断路器就自动跳闸或熔断器熔丝熔断，切断电路，这样可避免发生人身触电事故。另外，装设接地线后可以消除工作地点邻近的感应电压和释放停电检修设备或线路上的剩余电荷。

图1-1-6　绝缘站台　　　　　图1-1-7　携带型接地线

1，4，5—专用夹头（线夹）；2—三相短路线；3—接地线

2）遮栏

高压电气设备部分停电检修时，为防止检修人员走错位置，误入带电间隔及过分接近带电部分，一般采用遮栏进行防护，如图1-1-8所示。

图1-1-8　遮栏

遮栏分为栅遮栏、绝缘挡板和绝缘罩三种。遮栏用干燥的绝缘材料制成，不能用金属材料制作，遮栏高度不得低于1.7 m，下部边缘离地不应超过10 cm。

此外，遮栏也用作检修安全距离不够时的安全隔离装置。遮栏必须安置牢固，所在位置不能影响工作，遮栏与带电设备的距离不得小于规定的安全距离。在室外进行高压设备部分停电工作时，用线网或绳子拉成的临时遮栏，一般可在停电设备的周围插上铁棍，将线网或绳子挂在铁棍或特设的架子上。这种遮栏要求对地距离不得小于 1 m。

3）安全标示牌

安全标示牌如图 1-1-9 所示，是用醒目的颜色和图像并配合一定的文字说明，提醒工作人员对危险因素引起注意，防止事故发生的防护安全用具。

按标示牌的用途，安全标示牌分为警告、提示、允许和禁止等类型。警告类如"止步，高压危险"；提示类如"从此上下"；允许类如"在此工作"；禁止类如"禁止合闸，有人工作"等。

安全标示牌用干燥木材或其他绝缘材料制作。对标示牌尺寸及书写文字和格式都有严格规定，不可随意书写和制作。悬挂场所应严格按照《电业安全工作规程》的规定执行。

图 1-1-9 安全标示牌

4. 认识高空作业安全用具

在离地面 2 m 及以上的地点进行的作业称为高空作业。电工进行登高作业时，登高工具必须牢固可靠，未经现场训练的或患有不宜登高作业的疾病者不能使用登高工具。电工常用登高工具有梯子、安全带等用品。

1）梯子

电工常用的梯子有直梯和人字梯两种。直梯的两脚应各绑扎胶皮之类的防滑材料，如图 1-1-10（a）所示。人字梯应在中间绑扎一根绳子防止自动滑开，如图 1-1-10（b）所示。工作人员在直梯上作业时，必须登在距梯顶不少于 1 m 的梯蹬上工作，且用脚勾住梯子的横档，确保站立稳当。直梯靠在墙上工作时，其与地面的斜角度以 60°左右为宜。人字梯也应注意梯子与地面的夹角，适宜的角度范围同直梯，即人字梯在地面张开的距离应等于直梯与墙间距离范围的两倍。人字梯放好后，要检查四只脚是否都稳定着地，而且也应避免站在人字梯的最上面一档作业，站在人字梯的单面上工作时，也要用脚勾住梯子的横档。

（a）   （b）

图 1 – 1 – 10 电工用梯

（a）直梯；（b）人字梯

1—防滑胶皮；2—防滑拉链

图 1 – 1 – 11 升降板

2）登高作业用品

（1）登高用具

①升降板。升降板由脚踏板和吊绳组成。脚踏板用硬质木材制作，一般长 630 mm、宽 75 mm、厚 25 mm，脚踏板表面刻有防滑斜纹。吊绳一般用直径为 16 mm 的优质棕绳制作，呈三角形，上端固定有金属挂钩，下端两头固定在脚板上，其外形如图 1 – 1 – 11 所示。

②脚扣。脚扣用钢质材料或铝合金材料制作，呈圆环形。有蹬木杆用的脚扣和蹬钢筋混凝土杆用的脚扣两种，其外形如图 1 – 1 – 12所示。

图 1 – 1 – 12 脚扣

升降板和脚扣都必须有足够的机械强度，必须符合规定要求，各部件连接必须牢固、可靠。使用前，必须进行检查，如有损坏，严禁使用。将升降板和脚扣系在电杆上离地 0.5 m 左右处，人站在升降板的踏板上和脚扣上，双手抱杆，借人体重量猛力向下踩蹬，要求绳索不断股, 踏脚板不折裂, 脚扣不变形、不损坏, 否则不准使用。

按规定, 升降板每半年定期进行试验, 脚扣应每年定期进行试验, 每月进行一次外观检查, 无试验合格标志及超过试验合格期的严禁使用。

（2）安全带和安全腰绳

安全带和安全腰绳是高空作业时防止发生高空摔跌的重要安全用具。安全带和安全腰绳都必须具有足够的、符合安全规程规定的机械强度。电工安全带和安全腰绳如图 1 - 1 - 13 所示。

图 1 - 1 - 13　安全带和安全腰绳
1—保险绳；2—腰带；3—腰绳

在使用安全带和保险绳前必须仔细检查, 如有破损、变质情况, 应禁止使用。

在使用安全带和保险绳时必须注意系挂位置。高空作业时, 安全带（绳）应系挂在电杆及牢固的构件上或专为系挂安全带用的钢架或钢丝绳上, 并不得低挂高用, 应防止安全带从杆顶脱出或被锋利物伤害。禁止系挂在转动或不牢固的物件上, 系安全带后必须检查扣环是否扣牢。

（3）吊袋和吊绳

吊袋和吊绳是电工高空作业时用来传递零件和工具的用品, 吊带一端系在高空作业人员的腰带上, 另一端垂向地面。吊袋用来盛放小件物品或工具, 使用时系在吊绳上, 与地面人员配合上下传递工具和物品, 严禁在使用时上下抛掷传送物品和工具。

3）安全帽

安全帽是用来防护高空落物、减轻头部受落物冲击伤害的安全防护用具。它由帽壳和帽衬两部分组成。帽壳采用椭圆半球形薄壳结构, 表面很光滑, 这样可使物体坠落到帽壳时容易滑走。帽壳顶部设有增强顶筋, 可以提高帽壳承受冲击的强度。帽衬是帽壳内所有部件的总称, 如帽箍、顶带、后枕箍带、吸汗带、垫料、下颏系带等。帽衬起冲击力的吸收作用, 它是安全帽防护高空落物极其重要的部件。

安全帽有多种外形, 其帽衬如图 1 - 1 - 14 所示。

5. 其他安全用具

防护眼镜：防护眼镜是在操作、维护和检修电气设备或线路时, 用来保护工作人员眼睛免受电弧灼伤和防止脏物落入眼内的安全用具。

防护眼镜应是封闭型的, 镜片玻璃要能耐热, 并能在一般机械力的作用下不破碎。防护眼镜式样如图 1 - 1 - 15 所示。

图1－1－14 安全帽的帽衬外形及示意图
1—顶带；2—帽箍；3—后枕箍带；4—吸汗带；5—下颏系带

二、训练与考核

1. 实训器材
电气安全用具。

2. 实训内容
①识别安全用具。

②安全带和安全腰绳使用前检查练习。

③穿戴安全手套与绝缘靴（鞋）练习。

④戴安全帽与防护眼镜练习。

⑤安全用具操作练习。

3. 实训考核
学生能否正确选择与使用安全用具，操作是否符合安全规范。

图1－1－15 防护眼镜

三、练习题

①安全用具如何分类？

②绝缘手套、绝缘靴的试验周期如何规定？有哪些注意事项？

模块二 触电急救与触电预防

 学习目标

- 能掌握触电急救基础知识，会触电急救。
- 能掌握触电预防措施。
- 具备自我保护意识。

一、理论知识

电流通过人体后，能使肌肉收缩产生运动，造成机械损伤；电流产生的热效应和化学效应可引起一系列急骤的病理变化，使机体遭受到严重的损害，特别是电流流经心脏，对心脏

8

的损害极为严重，极小的电流就可引起心室纤维性回动而导致死亡。

人身触电时电流对人体的伤害，是由电流的能量直接作用于人体或转换成其他形式的能量作用于人体造成的，按伤害程度的不同，可以分为电击和电伤两类。

①电击：电击是指因电流通过人体而使内部器官受伤的现象，是最危险的触电事故。

②电伤：电伤是指人体外部由于电弧或熔丝熔断时飞溅起的金属沫等造成烧伤的现象，分为电烧伤、电烙印、皮肤金属化等。

a. 电烧伤：电烧伤是常见的电伤，大部分触电事故都伴有电烧伤。电烧伤可分为电流灼伤和电弧烧伤两种。电流灼伤一般发生在低压触电事故中，由于人体与带电体接触面积一般不大，加之皮肤电阻又比较高，使皮肤与带电体的接触部位热量集中，受到比体内严重得多的灼伤，当电流较大时也可能灼伤至皮下组织。电弧烧伤是电弧放电引起的烧伤，它又分为直接电弧烧伤和间接电弧烧伤。直接电弧烧伤是由于人体过分接近高压带电体，其间距小于放电距离时，带电体与人体之间发生电弧并伴有电流通过人体的烧伤；间接电弧烧伤是电弧发生在人体附近对人体的烧伤，而且包含被熔化金属溅落的烫伤。在配电系统中错误的操作（如带负荷拉、合隔离刀闸，带地线合闸）以及其他的短路事故都可能造成弧光短路事故，产生强烈的电弧，导致严重的烧伤。

b. 电烙印：电烙印是人体与带电体直接接触，电流通过人体后，在接触部位留下和接触带电体形状相似的瘢痕。瘢痕处皮肤变硬，边缘明显，失去原有弹性和色泽，表层坏死，失去知觉。

c. 皮肤金属化：由于电气设备的弧光短路事故，高温电弧使周围金属物熔化、蒸发并飞溅渗透到人体皮肤表层，使受伤部位表面粗糙、坚硬。金属化后的皮肤通常经过一段时间能自行脱落，不会有不良的后果。

触电事故发生都很突然，出现"假死"时，心跳、呼吸已停止，因此要采用在现场急救方法，使触电病人迅速得到气体交换和重新形成血液循环，以恢复全身的各组织细胞的氧供给，建立病人自身的心跳和呼吸。所以，触电现场急救是整个触电急救过程中一个重要环节。如果处理得及时、正确，就能挽救许多病人的生命；反之不管实际情况，不采取任何抢救措施，将病人送往医院抢救或单纯等待医务人员来，那必然会失去抢救的最佳时机，带来无法弥补的损失。

因此，现场急救法是每一个电工必须熟练掌握的急救技术，一旦发生事故后，就能立即正确地在现场进行急救，同时向医务部门告急救援，这样才能最大限度地挽救触电者的生命。

1. 触电与急救

1）人体触电的种类

（1）单相触电

当人站在地面上，碰触带电设备的其中一相时，电流通过人体流入大地，这种触电方式称为单相触电。

①低压中性点直接接地的单相触电。低压中性点直接接地的单相触电如图 1-2-1 所示。当人体触及一相带电体时，该相电流通过人体经大地回到中性点形成回路，由于人体电阻比中性点直接接地的电阻大得多，电

图 1-2-1　低压中性点直接接地的单相触电

压几乎全部加在人体上，造成触电。

②低压中性点不接地的单相触电。低压中性点不接地的单相触电如图1-2-2所示。在1 000 V以下，人碰到任何一相带电体时，该相电流通过人体经另外两根相线对地绝缘电阻和分布电容而形成回路，如果相线对地绝缘电阻较高，一般不至于造成对人体的伤害。当电气设备、导线绝缘损坏或老化，其对地绝缘电阻降低时，同样会发生电流通过人体流入大地的单相触电事故。在6~10 kV高压中性点不接地系统中，特别是在较长的电缆线路上，当发生单相触电时，另外两相对地电容电流较大，触电的危害程度较大。

（2）两相触电

电流从一根导线进入人体流至另一根导线的触电方式称为两相触电，如图1-2-3所示。

图1-2-2　低压中性点不接地的单相触电

图1-2-3　两相触电

两相触电时，加在人体上的电压为线电压，在这种情况下，触电者即使穿上绝缘鞋或站在绝缘台上也起不了保护作用。对于380 V的线电压，两相触电时通过人体的电流能达到200~270 mA，这样大的电流只要经过0.186 s就可能导致触电者死亡。所以，两相触电比单相触电危险得多。

图1-2-4　跨步电压触电

（3）跨步电压触电

当某相导线断线落地或运行中的电气设备因绝缘损坏漏电时，电流向大地流散，以落地点或接地体为圆心，半径为20 m的圆面积内形成分布电位，如有人在落地点周围走过时，其两脚之间（按0.8 m计算）的电位差称为跨步电压，如图1-2-4所示。跨步电压触电时，电流从人的一只脚经下身，通过另一只脚流入大地形成回路。触电者先感到两脚麻木，然后跌倒。人跌倒后，由于头与脚之间的距离加大，电流将在人体内脏重要器官通过，人就有生命危险。

2）电流对人体的危害

电流危害的程度与通过人体的电流强度、频率、通过人体的途径及持续时间等因素有关。

（1）电流强度对人体的危害

按照电流流过人体时的不同生理反应，可分为以下三种情况。

①感觉电流：使人体有感觉的最小电流称为感觉电流。工频交流电的平均感觉电流，成年男性约为1.1 mA，成年女性约为0.7 mA；直流电的平均感觉电流约为5 mA。

②摆脱电流：人体触电后能自主摆脱电源的最大电流称为摆脱电流。工频交流电的平均摆脱电流，成年男性为16 mA以下，成年女性为10 mA以下；直流电的平均摆脱电流约为50 mA。

③致命电流：在较短的时间内危及生命的最小电流称为致命电流。一般情况下，通过人体的工频电流超过 50 mA 时，心脏就会停止跳动，发生昏迷，并出现致命的电灼伤；工频 100 mA 的电流通过人体时很快使人致命。不同电流强度对人体的作用如表 1-2-1 所示。

表 1-2-1 电流对人体的作用

电流/mA	作用的特征	
	交流电（50~60 Hz）	直流电
0.6~1.5	开始有感觉，手轻微颤抖	没有感觉
2~3	手指强烈颤抖	没有感觉
5~7	手部痉挛	感觉痒和热
8~10	手部剧痛，勉强可摆脱电源	热感觉增加
20~35	手迅速剧痛麻痹，不能摆脱带电体，呼吸困难	热感觉更强烈，手部轻微痉挛
50~80	呼吸困难麻痹，心室开始颤动	手部痉挛，呼吸困难
90~100	呼吸麻痹，心室经 3 s 即发生麻痹而停止跳动	呼吸麻痹

（2）电流频率对人体的影响

在相同电流强度下，不同的电流频率对人体影响程度不同。一般为 28~300 Hz 的电流频率对人体影响较大，最为严重的是 40~60 Hz 的电流频率。当电流频率大于 20 000 Hz 时，所产生的损害作用明显减小。

（3）电流流过途径的危害

电流通过人体的头部会使人昏迷而死亡；电流通过脊髓会导致截瘫及严重损伤；电流通过中枢神经或有关部位，会引起中枢神经系统强烈失调而导致死亡；电流通过心脏会引起心室颤动，致使心脏停止跳动，造成死亡。

实践证明，从左手到脚是最危险的电流途径，因为心脏直接处在电路中，从右手到脚的途径危险性较小，但一般也能引起剧烈痉挛而摔倒，导致电流通过人体的全身。

（4）电流的持续时间对人体的危害

由于人体发热出汗和电流对人体组织的电解作用，如电流通过人体的时间较长，会使人体电阻逐渐降低。在电源电压一定的情况下，会使电流增大，对人体的组织破坏更大，后果更严重。

3）人体电阻及安全电压

（1）人体电阻

人体电阻主要包括人体内部电阻和皮肤电阻，人体内部电阻是固定不变的，并与接触电压和外部条件无关，一般约为 500 Ω。皮肤电阻一般是手和脚的表面电阻，它随皮肤的清洁、干燥程度和接触电压等而变化。一般情况下，人体的电阻为 1 000~2 000 Ω，在不同条件下的人体电阻值如表 1-2-2 所示。

（2）安全电压

我国的安全电压，以前多采用 36 V 或 12 V。1983 年，我国颁布了《安全用电国家标准》（GB 3805—1983），对频率为 50~500 Hz 的交流电，把安全电压的额定值分为 42 V、36 V、24 V、12 V 和 6 V 五个等级。安全电压等级和选用如表 1-2-3 所示。

表1-2-2　人体电阻

接触电压/V	人体皮肤电阻/Ω			
	皮肤干燥	皮肤潮湿	皮肤湿润	皮肤浸入水中
10	7 000	3 500	1 200	600
25	5 000	2 500	1 000	500
50	4 000	2 000	875	440
100	3 000	1 500	770	375
220	1 500	1 000	650	325

注：电流途径为双手至双足。

表1-2-3　安全电压等级及选用

安全电压（交流有效值）/V		选用举例
额定值	空载上限值	
42	50	在有触电危险的场所使用的手持式电动工具等
36	43	潮湿场合，如矿井、多导电粉尘及类似场合使用行灯
24	29	工作面积狭窄、操作者较大面积接触带电体的场所，如锅炉、金属容器内
12	15	人体需要长期触及器具及器具上有带电体的场所
6	8	

4）触电急救

（1）使触电者迅速脱离电源

触电事故附近有电源开关或插座时，应立即断开开关或拔掉电源插头。若无法及时找到并断开电源开关，应迅速用绝缘工具切断电线，以断开电源。

在抢救触电者脱离电源时应注意的事项：

①救护人员不得采用金属和其他潮湿的物品作为救护工具。

②未采取任何绝缘措施，救护人员不得直接触及触电者的皮肤或潮湿衣服。

③在使触电者脱离电源的过程中，救护人员最好用一只手操作，以防自身触电。

④当触电者站立或位于高处时，应采取措施防止触电者脱离电源后摔跌。

⑤夜晚发生触电事故时，应考虑切断电源后的临时照明，以利救护。

（2）伤情诊断

触电者脱离电源后，对触电者应在10 s内用看（看触电者的胸部、腹部有无起伏动作）、听（用耳贴近触电者的口鼻处，听有无呼吸的声音）、试（试触电者口鼻有无呼吸的气流，用两指轻试喉结旁凹陷处的颈动脉有无搏动）的方法迅速正确判断其触电程度，有针对性地实施现场紧急救护。

①触电者神志清醒：感觉心慌、四肢发麻、全身无力、呼吸急促、面色苍白或者曾一度昏迷，但未失去知觉。应抬至空气新鲜、通风良好的地方使其就地平躺，密切观察，休息1~2 h，暂时不要使其站立或走动，并注意保温。

②触电者神志不清：应使其就地平躺，且确保气道畅通，并且用5 s时间呼叫触电者或轻拍其肩部，以判断是否意志丧失，禁止摇动触电者头部呼叫触电者。

③有呼吸但心跳停止：采用"胸外心脏挤压法"。

④有心跳，但呼吸停止：采用"口对口人工呼吸法"。

⑤心跳、呼吸均停止：应同时采取"口对口人工呼吸法"和"胸外心脏挤压法"。

（3）心肺复苏

①将脱离电源的触电者迅速移至通风、干燥处，将其仰卧，并将上衣和裤带放松，观察触电者是否有呼吸，摸一摸颈部动脉的搏动情况。

②观察触电者的瞳孔是否放大，当处于假死状态时，大脑细胞严重缺氧处于死亡边缘，瞳孔就自行放大，如图1-2-5所示。

图1-2-5 检查瞳孔

（a）瞳孔正常；（b）瞳孔放大

③用"口对口人工呼吸法"进行急救。对有心跳而呼吸停止的触电者，应采用"口对口人工呼吸法"进行急救，其步骤如下。

a. 清除口腔阻塞。将触电者仰卧，解开衣领和裤带，然后将触电者头偏向一侧，张开其嘴，用手清除口腔中假牙或其他异物，使呼吸道畅通，如图1-2-6（a）所示。

b. 鼻孔朝天头后仰。抢救者在触电病人一边，使其鼻孔朝天后仰，如图1-2-6（b）所示。

c. 贴嘴吹气胸扩张。抢救者在深呼吸2~3次后，张大口严密包住触电者的口唇，同时用按在触电者前额一只手的拇指、食指捏紧其双侧鼻孔，连续向肺内吹气2次，如图1-2-6（c）所示。

d. 放开嘴鼻好换气。吹完气后应放松捏鼻子的手，让气体从触电者肺部排出，如此反复进行，每5 s吹气一次，坚持连续进行，不可间断，直到触电者苏醒为止，如图1-2-6（d）所示。

④用"胸外心脏挤压法"进行急救。对"有呼吸而心跳停止"的触电者，应采用"胸外心脏挤压法"进行急救，如图1-2-7所示。其步骤如下。

图1-2-6 口对口人工呼吸法

（a）清理口腔阻塞；（b）鼻孔朝天头后仰；

（c）贴嘴吹气胸扩张；（d）放开嘴鼻好换气

图1-2-7 胸外心脏挤压法

（a）中指对凹膛，当胸一手掌；

（b）掌根用力向下压；（c）慢慢向下；（d）突然放松

触电急救

a. 将触电者仰卧在硬板或地面上，颈部枕垫软物使头部稍后仰，松开衣服和裤带，急救者跨跪在触电者的腰部。

b. 急救者将后手掌根部按于触电者胸骨下 1/2 处，中指指尖对准其颈部凹陷的下缘，当胸一手掌，左手掌复压在右手背上，如图 1-2-7（a）和图 1-2-7（b）所示。

c. 掌根用力下压 3～4 cm 后，突然放松，如图 1-2-7（c）和图 1-2-7（d）所示，挤压与放松的动作要有节奏，每秒钟进行一次，必须坚持连续进行，不可中断，直到触电者苏醒为止。

⑤用"口对口人工呼吸法"和"胸外心脏挤压法"进行急救。对呼吸和心脏都已停止的触电者，应同时采用口对口人工呼吸法和胸外心脏挤压法进行急救，其步骤如下。

a. 单人抢救法。两种方法应交替进行，即吹气 2～3 次，再挤压 10～15 次，且速度都应快些，如图 1-2-8 所示。

b. 双人抢救法。由两人抢救时，一人进行口对口吹气，另一人进行挤压。每 5 s 吹气一次，每 1 s 挤压一次，两人同时进行，如图 1-2-9 所示。

图 1-2-8　单人抢救法

图 1-2-9　双人抢救法

（4）外伤处理

对于电伤和摔跌造成的人体局部外伤，在现场救护中也不能忽视。必须做适当处理，防止细菌侵入感染，或因摔跌导致的骨折刺破皮肤及周围组织、刺破神经和血管，避免引起损伤扩大，然后迅速送医院治疗。

①一般性的外伤表面，可用无菌盐水或清洁的温开水冲洗后，用消毒纱布、防腐绷带或干净的布片包扎，然后送医院治疗。

②伤口出血严重时，应采用压迫止血法止血，然后迅速送医院治疗。如果伤口出血不严重，可用消毒纱布叠几层盖住伤口，压紧止血。

③高压触电时，可能会造成大面积严重的电弧灼伤，往往深达骨骼，处理起来很复杂，现场可用无菌生理盐水或清洁的温开水冲洗，再用酒精全面消毒，然后用消毒被单或干净的布片包裹送医院治疗。

④对于因触电摔跌而四肢骨折的触电者，应首先止血、包扎，然后用木板、竹竿、木棍等物品临时将骨折肢体固定，然后立即送医院治疗。

（5）抢救过程中触电者移动与转院

①心肺复苏应在现场就地坚持进行，不要为方便而随意移动触电者，如确需移动时，抢救中断时间不应超过 30 s。

②移动触电者或将触电者送医院时，应使其平躺在担架上，并在其背部垫以平硬宽木板。在移动或送医院过程中，应继续抢救。心跳、呼吸停止者要继续用心肺复苏法抢救，在

医务人员未接替救治前不能中止。

③应创造条件，用塑料袋装入碎冰屑做成帽子状包绕在触电者头部，露出眼睛，使脑部温度降低，争取心、肺、脑完全复苏。

（6）触电者好转后处理

如果触电者的心跳和呼吸经抢救后均已恢复，则可暂停心肺复苏法操作。但心跳、呼吸恢复的早期有可能再次骤停，应严密监护，不能麻痹，要随时准备再次抢救。

初期恢复后，触电者可能神志不清或精神恍惚、躁动，应设法使其安静。

现场急救注意事项：

①现场急救贵在坚持。

②心肺复苏应在现场就地进行。

③现场触电急救，没有医务人员的诊断，不得乱用药物。对采用肾上腺素等药物应持慎重态度，如果没有必要的诊断设备和足够的把握，不得乱用。

④对触电过程中的外伤特别是致命外伤（如动脉出血等），也要采取有效的方法处理。

2. 触电预防

1）预防措施

（1）直接触电的预防

①绝缘措施。良好的绝缘是保证电气设备和线路正常运行的必要条件，是防止触电事故的重要措施。选用绝缘材料必须与电气设备的工作电压、工作环境和运行条件相适应。不同的设备或电路对绝缘电阻的要求不同。例如，新装或大修后的低压设备和线路，绝缘电阻不应低于 $0.5\ \mathrm{M\Omega}$；运行中的线路和设备，绝缘电阻要求每伏工作电压在 $1\ \mathrm{k\Omega}$ 以上；高压线路和设备的绝缘电阻不低于每伏 $1\ 000\ \mathrm{M\Omega}$。

②屏护措施。采用屏护装置，如常用电器的绝缘外壳、金属网罩、金属外壳、变压器的遮栏、栅栏等将带电体与外界隔绝开来，以杜绝不安全因素。凡是金属材料制作的屏护装置，应妥善接地或接零。

③间距措施。为防止人体触及或过分接近带电体，在带电体与地面之间、带电体与其他设备之间，应保持一定的安全间距。安全间距的大小取决于电压的高低、设备类型、安装方式等因素。

（2）间接触电的预防

①加强绝缘。对电气设备或线路采取双重绝缘的措施，可使设备或线路绝缘牢固，不易损坏。即使工作绝缘损坏，还有一层加强绝缘，不致发生金属导体裸露造成间接触电。

②电气隔离。采用隔离变压器或具有同等隔离作用的发电机，使电气线路和设备的带电部分处于悬浮状态。即使线路或设备的工作绝缘损坏，人站在地面上与之接触也不易触电。必须注意，被隔离回路的电压不得超过 500 V，其带电部分不能与其他电气回路或大地相连。

③自动断电保护。在带电线路或设备上采取漏电保护、过流保护、过压或欠压保护、短路保护、接零保护等自动断电措施，当发生触电事故时，在规定时间内能自动切断电源，起到保护作用。

（3）其他预防措施

①加强用电管理，建立健全安全工作规程和制度，并严格执行。

②使用、维护、检修电气设备，严格遵守有关安全规程和操作规程。

③尽量不进行带电作业，特别是在危险场所（如高温、潮湿地点），严禁带电工作；必须带电工作时，应使用各种安全防护工具，如使用绝缘棒、绝缘钳和必要的仪表，戴绝缘手套，穿绝缘靴等，并设专人监护。

④对各种电气设备按规定进行定期检查，如发现绝缘损坏、漏电和其他故障，应及时处理；对不能修复的设备，不可使其带"病"运行，应予以更换。

⑤根据生产现场情况，在不宜使用 380/220 V 电压的场所，应使用 12 ~ 36 V 的安全电压。

⑥禁止非电工人员乱装乱拆电气设备，更不得乱接导线。

⑦加强技术培训，普及安全用电知识，开展以预防为主的反事故演习。

电工安全操作知识：

①停电检修的安全操作规程。

a. 停电检修工作的基本要求。停电检修时，对有可能送电到检修设备及线路的开关和闸刀应全部断开，并在已断开的开关和闸刀的操作手柄上挂上"禁止合闸，有人工作"的标示牌，必要时要加锁，以防止误合闸。

b. 停电检修工作的基本操作顺序。首先应根据工作内容，做好全部停电的倒闸操作。停电后对电力电容器、电缆线等，应装设携带型临时接地线及绝缘棒放电，然后用试电笔对所检修的设备及线路进行验电，在证实确实无电时才能开始工作。

c. 检修完毕后的送电顺序。检修完毕后，应拆除携带型临时接地线，并清理好工具，然后按倒闸操作内容进行送电合闸操作。

②带电检修的安全操作规程。如果因特殊情况必须在电气设备上带电工作时，应按照带电工作安全规程进行。

a. 在低压电气设备和线路上从事带电工作时，应设专人监护，使用合格的有绝缘手柄的工具，穿绝缘鞋，并站在干燥的绝缘物上。

b. 将可能碰及的其他带电体及接地物体用绝缘物隔开，防止相间短路及触地短路。

c. 带电检修线路时，应分清相线和零线。断开导线时，应先断开相线，后断开零线。搭接导线时，应先接零线，再接相线。接相线时，应先将两个线头搭实后再进行缠接，切不可使人体或手指同时接触两根导线。

2）触电预防的基本常识

为了更好地使用电能、防止触电事故的发生，必须采取以下一些安全措施。

①各种电气设备尤其是移动式电气设备，建立经常与定期的检查制度，如发现故障或与有关规定不符时应及时加以处理。

②使用各种电气设备时应严格遵守操作制度，不得将三脚插头擅自改为二脚插头，也不得直接将线头插入插座内用电。

③尽量不要带电工作，特别是在危险场所（如工作地很狭窄、工作地周围有电压在 250 V 以上的导体等）禁止带电工作。如果必须带电工作时，应采取必要的安全措施（如站在橡胶毡上或穿绝缘橡胶靴，附近的其他导电体或接地处都应用橡胶布遮盖，并需要有专人监护等）。

④带金属外壳的家用电器的外接电源插头一般都用三脚插头，其中有一根为接地线。

⑤静电可能引起危害，重则可引起爆炸与火灾，轻则可使人受到电击。消除静电首先应尽量限制静电电荷的产生或积聚方法。

a. 良好的接地，以消除静电电荷的积累。

b. 提高设备周围的空气湿度至相对湿度为70%以上，使静电荷逸散。

⑥有条件时还可采用性能可靠的漏电保护器。

⑦严禁利用大地作为中性线，即严禁采用"三线一地""二线一地"或"一线一地"制。

电气设备安全知识：

①保护接地和保护接零的作用。

a. 保护接地。将电气设备正常运行下不带电的金属外壳和架构通过接地装置与大地连接，它是用来防护间接触电的。

保护接地的作用。在中性点不接地的三相三线低压（380 V）电网中，当电气设备因一相绝缘损坏而使金属外壳带电时，如果设备上没有采取接地保护，则设备外壳存在着一个危险的对地电压，这个电压的数值接近于相电压，此时如果有人触及设备外壳，就会有电流通过人体，造成触电事故。

b. 保护接零。将电气设备正常运行下不带电的金属外壳和架构与配电系统的零线直接进行电气连接。由于它也是用来保护间接触电的，故称为保护接零。

保护接零的作用。采用保护接零时，电气设备的金属外壳直接与低压配电系统的零线连接在一起，当其中任何一相的绝缘损坏而使外壳带电时，形成相线和零线短路。由于相零回路阻抗很小，所以短路电流很大，促使线路上的保护装置（如熔断器、自动空气断路器等）迅速动作，切断故障设备的电源，从而起到防止人身触电的保护作用及减少设备损坏的机会。

②接地和接零的注意事项。

a. 在中性点直接接地的低压电网中，电力装置宜采用接零保护；在中性点不接地的低压电网中，电力装置应采用接地保护。

b. 在同一配电线路中，不允许一部分电气设备接地，另一部分电气设备接零，以免接地设备一相碰壳短路时，可能由于接地电阻较大，而使保护电器不动作，造成中性点电位升高，使所有接零的设备外壳都带电，反而增加了触电的危险性。

c. 由低压共用电网供电的电气设备，只能采用保护接地，不能采用保护接零，以免接零的电气设备一相碰壳短路时，造成电网的严重不平衡。

d. 为防止触电危险，在低压电网中，严禁利用大地作为相线或零线。

e. 用于接零保护的零线上不得装设开关或熔断器，单相开关应装在相线上。

二、训练与考核

1. 实训器材

模拟人、面纱、医用酒精。

2. 实训内容

对模拟人进行心肺复苏急救。

1）伤情诊断

现场诊断，用看、听、试的方法判断触电者伤势，决定采取何种急救方法。

2）畅通气道

采用仰头抬颏法使触电者保持气道通畅，如发现触电者口内有异物，偏转触电者头部清除异物。让触电者头部尽量后仰，鼻孔朝天，避免舌下坠致使呼吸道梗塞。

3）口对口人工呼吸

（1）捏鼻掰嘴

救护人用一只手捏紧触电者的鼻孔（不要漏气），另一只手食指、中指并拢向下推触电者的下颌骨，使嘴张开（嘴上可盖一块纱布或薄布），使其保持气道畅通。

（2）贴近吹气

救护人作深呼气后，用自己的嘴唇包住触电者的嘴（不要漏气）吹气，先连续大口吹气两次，每次 1～1.5 s，要求快而深。

（3）放松换气

救护人吹气完毕准备换气时，应立即离开触电者的嘴，并放松捏紧的鼻孔。除开始大口吹气两次外，正常口对口（鼻）呼吸的吹气量不需过大，以免引起胃膨胀；吹气和放松时要注意伤员胸部应有起伏的呼吸动作，吹气时如有较大的阻力，可能是头部后仰不够，应及时纠正。

4）胸外心脏按压

（1）找准正确压点

使触电者仰面躺在平坦的地方，保持呼吸道畅通，背部着地处应平整稳固，以保证按压效果。救护者右手的食指和中指沿触电者的右侧肋骨弓下缘向上找到肋骨和胸骨结合处的中点，两手指并齐，中指放在切迹中点，食指放在胸骨下部，另一只手的掌根紧挨食指上缘置于胸骨上，即为正确的按压位置。

（2）按压心脏

救护人员站立或跪在触电者一侧肩旁，上身前倾，两肩位于伤员胸骨正上方，两臂伸直，肘关节固定不屈，两手掌要相叠，手指翘起不接触触电者的胸壁，以髋关节为支点，利用上身的重量，垂直将正常人胸骨压陷 3～5 cm（儿童及瘦弱者酌减）。压至要求程度后，立即放松，上抬要充分，但放松时救护人员的掌根不得离开胸壁。按压频率为每分钟 60～100 次。按压和放松的频率相等。按压必须有效，其标志是按压过程中可以触及颈动脉搏动。

模拟急救结束后，用医用酒精对器材进行消毒。

3. 实训考核

对模拟人进行救护，急救方法是否正确，整个急救过程动作是否熟练、准确。

三、练习题

①人体触电的类型有哪些？若发生应如何紧急处理？

②在触电急救中如何使触电者迅速脱离电源？

③触电急救中实施心肺复苏，如何畅通触电者气道？

④触电急救中实施心肺复苏，如何正确进行口对口（鼻）人工呼吸？如何正确进行胸外按压？

模块三　电气火灾扑灭与预防

 学习目标

- 会科学扑灭电气火灾。
- 能掌握电气火灾预防措施。
- 会合理选择、使用常用灭火器。

一、理论知识

电气火灾和爆炸事故是指由电气原因引起的火灾和爆炸。在火灾和爆炸事故中，电气火灾和爆炸事故占有很大比例。电气火灾和爆炸事故除可能造成人身伤亡和设备损坏、财产损失外，还可能造成电力系统事故，引起大面积停电或长时间停电。

电气火灾有两大特点：一是着火后电气装置或设备可能仍然带电，而且因电气绝缘损坏或带电导线断落接地，在一定范围内会存在跨步电压和接触电压，如不注意，可能引起触电事故；二是有些电气设备内部充有大量油（如电力变压器、电压互感器等），着火后受热，油箱内部压力增大，可能会发生喷油，甚至爆炸，造成火势蔓延。

电气火灾的危害很大，因此要坚决贯彻"预防为主"的方针。在发生电气火灾时，必须迅速采取正确有效的措施，及时扑灭电气火灾。

1. 扑灭电气火灾

1）断电灭火

当电气装置或设备发生火灾或引燃附近可燃物时，首先要切断电源。室外高压线路或杆上配电变压器起火时，应立即与供电公司联系切断电源；室内电气装置或设备发生火灾时应尽快断开开关切断电源，并及时正确选用灭火器进行扑救。

断电灭火时注意事项：

①断电时，应按规程所规定的程序进行操作，严禁带负荷拉隔离开关（刀闸）。在火场内的开关和闸刀，由于烟熏火烤，其绝缘可能降低或损坏。因此，操作时应戴绝缘手套、穿绝缘靴，并使用相应电压等级的绝缘工具。

②紧急切断电源时，切断地点选择适当，防止切断电源后影响扑救工作的进行。切断带电线路导线时，切断点应选择在电源侧的支持物附近，以防导线断落后触及人身、短路或引起跨步电压触电。切断低压导线时应分相在不同部位剪断，剪的时候应使用有绝缘手柄的电工钳。

③夜间发生电气火灾，切断电源时，应考虑临时照明，以利于扑救。

④需要电力部门切断电源时，应迅速用电话联系，说明情况。

2）带电灭火

发生电气火灾时应首先考虑断电灭火，因为断电后火势可减小下来，同时扑救比较安全。但有时在危急情况下，如果等切断电源后再进行扑救，会延误时机，使火势蔓延，扩大燃烧面积，或者断电会严重影响生产，这时就必须在确保灭火人员安全的情况下，进行带电灭火。带电灭火一般限制在 10 kV 及以下电气设备上进行。

带电灭火很重要的一条就是正确选用灭火器材。绝对不准使用泡沫灭火剂对有电的设备进行灭火，一定要用不导电的灭火剂灭火，如二氧化碳、四氯化碳、二氟－氯－溴甲烷（简称"1211"）和化学干粉等灭火剂。

带电灭火时，为防止发生人身触电事故，必须注意以下几点：

①扑救人员及所使用的灭火器材与带电部分必须保持足够的安全距离，并应戴绝缘手套。

②不准使用导电灭火剂（如泡沫灭火剂、喷射水流等）对有电设备进行灭火，一定要用不导电的灭火剂灭火。

③使用水枪带电灭火时，扑救人员应穿绝缘靴、戴绝缘手套并应将水枪金属喷嘴接地。

④在灭火中电气设备发生故障，如电线断落在地上，局部地区会形成跨步电压，在这种情况下，扑救人员必须穿绝缘靴。

⑤扑救架空线路的火灾时，人体与带电导线之间的仰角不应大于 45°，并应站在线路外侧，以防导线断落触及人体发生触电事故。

3）充油设备火灾扑救

充油电气设备容器外部着火时，可以用二氧化碳、"1211"、干粉、四氯化碳等灭火剂带电灭火。灭火时要保持一定安全距离。用四氯化碳灭火时，灭火人员应站在上风方向，以防灭火时中毒。

如果充油电气设备容器内部着火，应立即切断电源，有事故储油池设备的应立即设法将油放入事故储油池，并用喷雾水灭火，不得已时也可用砂子、泥土灭火；但当盛油桶着火时，则应用浸湿的棉被盖在桶上，使火熄灭，不得将黄砂抛入桶内，以免燃油溢出，使火焰蔓延。对流散在地上的油火，可用泡沫灭火器扑灭。

4）旋转电机火灾扑救

发电机、电动机等旋转电机着火时，不能用砂子、干粉、泥土灭火，以免矿物性物质、砂子等落入设备内部，严重损伤电机绝缘，造成严重后果。可使用"1211"、二氧化碳等灭火器灭火。另外，为防止轴和轴承变形，灭火时可使电机慢慢转动，然后用喷雾水流灭火，使其均匀冷却。

5）电缆火灾扑救

电缆燃烧时会产生有毒气体，如氯化氢、一氧化碳、二氧化碳等。据资料介绍，当氯化氢浓度高于 0.1% 时，或一氧化碳浓度高于 1.3% 时，或二氧化碳浓度高于 10% 时，人体吸入会导致昏迷和死亡。所以，电缆火灾扑救时需特别注意防护。

扑救电缆火灾时注意事项：

①电缆起火应迅速报警，并尽快将着火电缆退出运行。

②火灾扑救前，必须先切断着火电缆及相邻电缆的电源。

③扑灭电缆燃烧，可使用干粉、二氧化碳、"1211"和"1301"等灭火剂，也可用黄土、干砂或防火包进行覆盖。火势较大时可使用喷雾水扑灭。装有防火门的隧道，应将失火段两端的防火门关闭。有时还可采用向着火隧道、沟道灌水的方法，用水将着火段封住。

④进入电缆夹层、隧道、沟道内的灭火人员应佩戴正压式空气呼吸器，以防中毒和窒息。在不能肯定被扑救电缆是否全部停电时，扑救人员应穿绝缘靴、戴绝缘手套。扑救过程中，禁止用手直接接触电缆外皮。

⑤在救火过程中，需注意防止发生触电、中毒、倒塌、坠落及爆炸等伤害事故。

⑥专业消防人员进入现场救火时需向他们交代清楚带电部位、高温部位及高压设备等危险部位情况。

2. 电气火灾预防

1）电力变压器火灾预防

电力变压器大多是油浸自然冷却式。变压器油闪点（起燃点）一般为140 ℃左右，并易蒸发和燃烧，同空气混合能构成爆炸性混合物。变压器油中如有杂质，则会降低油的绝缘性能而引起绝缘击穿，在油中发生火花和电弧，引起火灾甚至爆炸事故。因此，对变压器油有严格要求：油质应透明纯净，不得含有水分、灰尘、氢气、烃类气体等杂质。对于干式变压器，如果散热不好，就很容易发生火灾。

（1）油浸式变压器发生火灾危险的主要原因

①变压器线圈绝缘损坏，发生短路。

②接触不良。

③铁心过热。

④油中电弧闪络。

⑤外部线路短路。

（2）预防措施

①保证油箱上防爆管完好。

②保证变压器装设的保护装置正确、可靠。

③变压器的设计安装必须符合规程、规范的规定。如变压器室应按一级防火考虑，并有良好通风；变压器应有蓄油坑、储油池；相邻变压器之间需装设隔火墙时一定要装设等。施工安装应严格按规程、规范和设计图纸进行精心安装，保证质量。

④加强变压器的运行管理和检修工作。

⑤可装设离心式水喷雾、"1211"灭火剂组成的固定式灭火装置及其他自动灭火装置。

对于干式变压器，通风冷却极为重要，一定要保证干式变压器在运行中不能过热，必要时可采取人为降温措施降低干式变压器工作环境温度。

2）电动机火灾预防

（1）电动机发生火灾原因

①电动机在运行中，由于线圈发热、机械损伤、通风不良等原因而烤焦或损坏绝缘，使电动机发生短路引起燃烧。

②电动机因带动负载过大或电源电压降低使电动机转矩减小引起过负荷；电动机运行中电源缺相（一相断线）造成电动机转速降低而在其余两相中发生严重过负荷等，电动机长时过负荷会使绝缘老化加速，甚至损坏燃烧。

③电动机定子线圈发生相间短路、匝间短路、单相接地短路等故障，使线圈中电流急增，引起过热而使绝缘燃烧。在绝缘损坏处还可能发生对外壳放电而产生电弧和火花，引起绝缘层起火。

④电动机轴承内的润滑油量不足或润滑油太脏，会卡住转子使电动机过热，引起绝缘燃烧。

⑤电动机拖动的生产机械被卡住，使电动机严重过电流，使线圈过热而引起火灾。

⑥电动机接线端子处接触不好，接触电阻过大，产生高温和火花，引起绝缘或附近的可燃物燃烧。

⑦电动机维修不良，通风槽被粉尘或纤维堵塞，热量散不出去，造成线圈过热起火。

（2）预防措施

①选择、安装电动机要符合防火安全要求。在潮湿、多粉尘场所应选用封闭型电动机；在干燥清洁场所可选用防护型电动机；在易燃、易爆场所应选用防爆型电动机。

②电动机应安装在耐火材料的基础上。如安装在可燃物的基础上时，应铺铁板等非燃烧材料使电动机和可燃基础隔开。电动机不能装在可燃结构内。电动机与可燃物应保持一定距离，周围不得堆放杂物。

③每台电动机要有独立的操作开关和短路保护、过负荷保护装置。对于容量较大的电动机，在电动机上可装设缺相保护或装设指示灯监视电源，防止电动机缺相运行。

④电动机应经常检查维护，及时清扫，保持清洁；对润滑油要做好监视并及时补充和更换润滑油；要保证电刷完整、压力适宜、接触良好；对电动机运行温度要加强控制，使其不超过规定值。

⑤电动机使用完毕应立即拉开电动机电源开关，确保电动机和人身安全。

3）电缆火灾事故预防

（1）电缆火灾原因

①电缆本身故障引发火灾。

②电缆外部火灾引燃电缆。

（2）预防措施

①保证施工质量，特别是电缆头制作质量一定要严格符合规定要求。

②加强对电缆的运行监视，避免电缆过负荷运行。

③定期进行电缆测试，发现不正常及时处理。

④电缆沟、隧道要保持干燥，防止电缆浸水，造成绝缘下降，引起短路。

⑤加强电缆回路开关及保护的定期校验和维护，保证动作可靠。

⑥电缆敷设时要保持与热力管道足够距离，一般控制电缆不小于0.5 m，动力电缆不小于1 m。控制电缆与动力电缆应分槽、分层并分开布置，不能层间重叠放置。对不符合规定的部位，电缆应采取阻燃、隔热措施。

⑦定期清扫电缆上所积煤粉，防止积粉自燃而引起电缆着火。

⑧安装火灾报警装置，及时发现火情，防止电缆着火。

⑨采取防火阻燃措施。电缆的防火阻燃措施如下。

a. 将电缆用绝热耐燃物封包起来，当电缆外部着火时，封包体内的电缆被绝热耐燃物隔离而免遭烧毁。如果电缆自身着火，因封包体内缺少氧气而使火自灭，并避免火势蔓延到封包外。

b. 将电缆穿过墙壁、竖井的孔洞时要用耐火材料封堵严密，防止电缆着火时高温烟气扩散蔓延造成火灾面扩大。

c. 在电缆表面涂刷防火涂料。

d. 用防火包带将电缆需防燃的部位缠包。

e. 在电缆层间设置耐热隔火板，防止电缆层间窜燃，扩大火情。

f. 在电缆通道设置分段隔墙和防火门，防止电缆窜燃，扩大火情。

⑩配备必要的灭火器材和设施。架空电缆着火可用常用的灭火器材进行扑救，但在电缆夹层、竖井、沟道及隧道等处宜装设自动或远控灭火装置，如"1301"灭火装置、水喷雾灭火装置等。

4）室内电气线路火灾预防

（1）电气线路短路引起的火灾预防

①线路安装好后要认真严格检查线路敷设质量；测量线路相间绝缘电阻及相对地绝缘电阻（用500 V兆欧表测量，绝缘电阻不能小于0.5 MΩ）；检查导线及电气器具产品质量，都应符合国家现行技术标准和要求。

②定期检查测量线路的绝缘状况，及时发现缺陷并进行修理或更换。

③线路中保护设备（熔断器、低压断路器等）要选择正确，动作可靠。

（2）电气线路导线过负荷引起的火灾预防

①导线的截面积要根据线路最大工作电流正确选择。而且导线质量一定要符合现行国家技术标准。

②不得在原有的线路中擅自增加用电设备。

③经常监视线路运行情况，如发现有严重过负荷现象时，应及时切除部分负荷或加大导线截面积。

④线路保护设备应完备，一旦发生严重过负荷或过负荷时间已较长而且过负荷电流很大时，应切断电源，避免事故发生。

（3）由于电气线路连接部分接触电阻过大引起的火灾预防

①导线连接以及导线与设备连接必须严格按规范进行，必须接触紧密。

②在管子内配线、槽板内配线等不准有接头。

③导线连接要求如下。

a. 连接后的导线电阻与未连接时的导线电阻应一样。

b. 导线连接后恢复绝缘的绝缘电阻应与未连接时的绝缘电阻一样。

c. 连接后导线的机械强度不能减小到80%以下。

④平时运行中监视线路和设备的连接部分，如发现有松动或过热现象应及时处理或更换。

⑤在有电气设备和电气线路的车间等场所，应设置一定数量的灭火器材（如"1211"灭火器等）。

5）预防电加热设备的火灾

（1）电加热设备火灾的原因

电熨斗、电烙铁、电炉等电加热设备表面温度很高，可达数百摄氏度，甚至更高。如果这些设备碰到可燃物，就会很快燃烧起来。这些设备如果电源线过细，运行中电流大大超过导线允许电流，或者不用插头而直接用线头插入插座内，以及插座电路无熔断装置保护等都会因过热而引发火灾事故。

（2）预防措施

①正在使用的电加热设备必须有人看管，人离开时必须切断电源。

②电加热设备必须放置在陶瓷、耐火砖等耐热、隔热材料上。使用时应远离易燃和可燃物。

③电加热设备在导线绝缘损坏或没有过电流保护（熔断器或低压断路器）时，不得使用。

④电源导线的安全载流量必须满足电加热设备的容量要求。电源插座的额定电流必须满足电加热设备容量要求。

3. 常用灭火器的使用

灭火器是一种可由人力移动的轻便灭火器具，它能在其内部压力作用下，将所充装的灭火剂喷出，用来扑救火灾。

1）灭火器种类

灭火器种类繁多，其适用范围也有所不同，只有正确选择灭火器的类型，才能有效地扑救不同种类的火灾，达到预期的效果。我国现行的国家标准将灭火器分为手提式灭火器（总重量不大于20 kg）和推车式灭火器（总重量不大于40 kg）。

灭火器按充装的灭火剂可分为五类：干粉类的灭火器（充装的灭火剂主要有两种，即碳酸氢钠和磷酸铵盐灭火剂）、二氧化碳灭火器、泡沫型灭火器、水型灭火器、卤代烷型灭火器（俗称"1211"灭火器和"1301"灭火器）。

灭火器按驱动灭火器的压力形式可分为三类：化学反应式灭火器（灭火剂由灭火器内化学反应产生的气体压力驱动的灭火器）、储气式灭火器（灭火剂由灭火器上的储气瓶释放的压缩气体或液化气体的压力驱动的灭火器）、储压式灭火器（灭火剂由灭火器同一容器内的压缩气体或灭火蒸汽的压力驱动的灭火器）。

2）常见灭火器的使用

（1）常见灭火器标志的识别

灭火器铭牌常贴在筒身上或印刷在筒身上，并应有下列内容，在使用前应详细阅读。

①灭火器的名称、型号和灭火剂类型。

②灭火器的灭火种类和灭火级别。要特别注意的是，对不适用的灭火种类，其用途代码符号是被红线划过去的。

③灭火器的使用温度范围。

④灭火器驱动器气体名称和数量。

⑤灭火器生产许可证编号或认可标记。

⑥灭火器的生产日期、制造厂家名称。

（2）常见灭火器的使用方法

常用的手提式灭火器有三种（图1-3-1）：干粉灭火器、二氧化碳灭火器和卤代烷型灭火器。

①干粉灭火器。

a. 使用：将手提式灭火器拿到距火区3~4 m处。拔去保险销，将喷嘴对准火焰根部，手握导杆提环，压下顶针，即喷出干粉，并可从近至远反复横扫。

b. 保养：保持干燥、密封，避免暴晒，半年检查一次干粉是否结块，每三个月检查一次二氧化碳重量，总有效期一般为4~5年。

（a）　　　　　　　　　　　（b）　　　　　　　　　　　（c）

图 1 - 3 - 1　常见手提式灭火器

（a）干粉灭火器；（b）二氧化碳灭火器；（c）卤代烷型灭火器

②二氧化碳灭火器。

a. 使用：一只手拿喷筒对准着火物，另一只手拧开梅花轮（手轮式）或握紧鸭舌（鸭嘴式），气体即可喷出。注意现场风向，逆风使用时效能低。二氧化碳灭火器一般用在 600 V 以下的电气装置或设备灭火。电压高于 600 V 的电气装置或设备灭火时须停电灭火。二氧化碳灭火器可用于珍贵仪器设备灭火，而且可扑灭油类火灾，但不适用于钾、钠等化学产品的火灾扑救。注意：使用时不可手摸金属枪，不可把喷筒对人。

b. 保养：二氧化碳灭火器怕高温，存放地点温度不可超过 42 ℃，也不可存放在潮湿地点。每三个月要检查一次二氧化碳重量，减轻重量不可超过额定总重量的 10%。

③卤代烷型灭火器（"1211"灭火器）。

a. 使用：使用手提式"1211"灭火器需先拔掉红色保险圈，然后压下把手，灭火剂就能立即喷出。使用推车式灭火器，需取出喷管，伸展胶管，然后逆时针方向转动钢瓶手轮，即可喷射。

b. 保养："1211"灭火器应定期检查，减轻的重量不可超过额定总重量的 10%，定期检查氮气压力，低于 1.5 MPa（15 kg/cm^2）时应充氮。

火灾分类及灭火器的选择：

①火灾的种类。

a. A 类火灾：指固体物质火灾，如木材、棉、毛、麻、纸张。

b. B 类火灾：指液体火灾和可熔性的固体物质火灾，如汽油、煤油、原油、甲醇、乙醇、沥青等。

c. C 类火灾：指气体火灾，如煤气、天然气、甲烷、丙烷、乙炔、氢气。

d. D 类火灾：指金属火灾，如钾、钠、镁、钛、锆、锂、铝镁合金等。

e. E 类火灾：指电器火灾。

②灭火器的选择。

a. 干粉类的灭火器。又分碳酸氢钠和磷酸铵盐灭火剂。碳酸氢钠灭火剂用于扑救 B 类、C 类火灾；磷酸铵盐灭火剂用于扑救 A 类、B 类、C 类、E 类火灾。

b. 二氧化碳灭火器。用于扑救 B 类、C 类、E 类火灾。

c. 泡沫型灭火器。用于扑救 A 类、B 类火灾。

d. 水型灭火器。用于扑救 A 类火灾。

e. 卤代烷型灭火器。用于扑救 A 类、B 类、C 类、E 类火灾。

二、训练与考核

1. 实训器材

各种类型灭火器。

2. 实训内容

①根据火灾类型，选择灭火器的种类。

②使用灭火器扑灭火灾。

3. 实训考核

使用灭火器扑灭火灾，灭火器选择是否正确，使用方法是否正确。

三、练习题

①电气火灾扑救中，断电灭火时有哪些注意事项？

②电气火灾扑救中，带电灭火有哪些注意事项？

③常用的电气火灾灭火器材有哪些？如何正确使用？

④室内电气线路火灾有哪些预防措施？

"电工技能鉴定应会试题一"——
安全文明生产

灭火器选用

气溶胶灭火器

项目二　电工基本技能训练

学习目标

- 能熟练使用常用电工工具。
- 会正确使用电工仪表进行测量。
- 能识别常用低压电器，会正确使用、检测与调整常用低压电器。
- 能根据用电设备的性质和容量选择导线。
- 能正确连接导线，会修复导线的绝缘。
- 能正确辨识及测试常用电子元器件，会焊接电子线路。

模块一　认识和使用常用电工工具

- 能熟练使用常用电工工具。

一、理论知识

电工常用工具是指电工维修时经常使用的工具，包括螺钉旋具、电笔、钢丝钳、尖嘴钳、断线钳、电工刀、剥线钳、扳手、压接钳等手动工具。此外，还有电钻、电动螺丝刀等电动工具。

维修电工使用工具进行带电操作之前，必须检查工具绝缘把套的绝缘是否良好，以防绝缘损坏，发生触电事故。

1. 手动工具

1）螺钉旋具

螺钉旋具又称螺丝刀、起子、螺丝批或旋凿，常见的螺钉旋具分为"一"字形和"十"字形两种，以配合不同槽型螺钉使用。其结构如图 2－1－1 所示。常用的规格有 50 mm、100 mm、150 mm 和 200 mm 等。

螺钉旋具使用

图 2-1-1　螺钉旋具

（a）"十"字形螺钉旋具；（b）"一"字形螺钉旋具

电工不可使用金属杆直通柄顶的螺钉旋具（俗称通心螺丝刀），为了避免金属杆触及皮肤或邻近带电体，应在金属杆上加套绝缘管。不能用锤子打击旋具手柄，以免手柄破裂。不许用旋具代替凿子使用。旋具不能用于带电作业。

2）电笔

电笔主要用来检查低压电气设备或低压线路是否带电。常用外形有钢笔式、旋具式。一般钢笔式和旋具式的电笔，是由金属探头、氖管、安全电阻、笔尾的金属体、弹簧和观察小窗组成，弹簧与后端外部的金属部分相接触。常用的电笔如图 2-1-2 所示。

电笔使用

图 2-1-2　电笔

（a）钢笔式；（b）旋具式

电笔使用注意事项：

①使用电笔前，一定要在有电的电源上检查氖管能否正常发光。

②使用测电笔时，由于人体与带电体的距离较为接近，应防止人体与金属带电体的直接接触，更要防止手指皮肤触及笔尖金属体，以避免触电。

③区别相线与零线。在交流电路中，正常情况下，当验电器触及相线时氖管会发亮，触及零线时氖管不会发亮。

④区别电压的高低。氖管发亮的强弱由被测电压高低决定，电压高则氖管亮，反之则暗。

⑤区别直流电与交流电。交流电通过验电笔时，氖管中的两个电极同时发亮；直流电通过验电笔时，氖管中只有一个电极发亮。

⑥区别直流电的正、负极。把验电笔连接在直流电的正、负极之间，氖管发亮的一端即为直流电的负极。

⑦识别相线碰壳。用验电笔触及未接地的用电器金属外壳时，若氖管发亮强烈，则说明该设备有碰壳现象；若氖管发亮不强烈，搭接接地线后亮光消失，则该设备存在感应电。

⑧识别相线接地。在三相三线制星形交流电路中，用验电笔触及相线时，有两根比通常稍亮，另一根稍暗，说明亮度暗的相线有接地现象，但不太严重。如果有一根不亮，则这一相已完全接地。在三相四线制电路中，当单相接地后，中性线用验电笔测量时也可能发亮。

3）钢丝钳

钢丝钳是钳夹和剪切工具，由钳头和钳柄两部分组成，钳头包括钳口、齿口、刀口和铡口，其结构如图2-1-3（a）所示。电工所用的钢丝钳，在钳柄上必须套有耐压为500 V以上的绝缘套管，它的规格用全长表示，有150 mm、175 mm和200 mm三种。使用时的握法如图2-1-3（b）所示，其刀口应朝向自己面部。

钢丝钳的功能较多：钳口主要用来弯绞或钳夹导线线头，齿口用来固紧或起松螺母，刀口用来剪切导线或剖切软导线绝缘层，铡口用来铡切导线线芯或铅丝、钢丝等较硬金属丝。

有良好绝缘柄的钢丝钳，可在额定工作电压500 V及以下的有电场合使用。用钢丝钳剪切带电导线时，不准用钳口同时剪切两根或两根以上的导线，以免相线间或相线与零线间发生短路故障。

钢丝钳使用

（a）　　　　　　　　　　　　　　　（b）

图2-1-3　钢丝钳

（a）构造；（b）握法

4）尖嘴钳

尖嘴钳如图2-1-4所示，头部尖细，适用于在狭小的工作空间操作，用来夹持较小的螺钉、垫圈、导线等，其握法与钢丝钳的握法相同。

尖嘴钳的规格以全长表示，常用的有130 mm、160 mm和180 mm三种，电工用尖嘴钳在钳柄套有耐压强度为500 V的绝缘套管。

尖嘴钳使用

5）断线钳

断线钳又称斜口钳，其头部扁斜，钳柄有铁柄、管柄和绝缘柄三种形式，其中电工用的绝缘柄断线钳的外形如图2-1-5所示，其耐压为1 000 V。断线钳是专供剪断较粗的金属丝、线材及电线电缆等用。

6）电工刀

电工刀是电工在装配维修工作时用于剖削电线绝缘外皮、割削绳索、木桩、木板等物品的常用工具。图2-1-6所示为其外形结构。

图2-1-4　尖嘴钳

图2-1-5　断线钳

图2-1-6　电工刀

电工刀使用时的注意事项：

①刀口朝外进行操作。在剖削绝缘导线的绝缘层时，必须使圆弧状刀面贴在导线上，以免刀口损伤芯线。

②一般电工刀的刀柄是不绝缘的，因此严禁用电工刀在带电导体或器材上进行剖削作业，以防止触电。

③电工刀的刀尖是剖削作业的必需部位，应避免在硬器上划损或碰缺，刀口应经常保持锋利，磨刀宜用油石为好。

7）剥线钳

剥线钳用来剥削截面为6 mm^{2}以下的塑料或橡胶绝缘导线的绝缘层，由钳头和钳柄两部分组成，如图2-1-7所示。钳头部分由压线口和切口构成，分为0.5～3 mm的多个直径切口，用于不同规格的芯线剥削。

剥线钳使用

使用时，左手持导线，右手握钳柄，右手向内紧握钳柄，导线端部绝缘层被剖断后自由飞出。使用时应将导线放在大于芯线直径的切口上切削，以免切伤芯线。另外，剥线钳不能用于带电作业。

（a）

（b）　　　　　　　（c）

图2-1-7　剥线钳

（a）自动剥线钳；（b）鸭嘴式剥线钳；（c）多功能手动剥线钳

8）扳手

扳手是一种利用杠杆原理紧持螺栓或螺母的开口或套孔固件的手工工具，通常用碳素结构钢或合金结构钢制造。扳手通常在柄部的一端或两端制有夹持螺栓或螺母的开口或套孔，使用时沿螺纹旋转方向在柄部施加外力，就能拧转螺栓或螺母。扳手基本分为两种，即呆扳手和活扳手，前者指的是已经有固定的数字尺寸的扳手，后者就是活动扳手了。常见的扳手如图2-1-8所示。

（a）　　　　　　　　　　　　　　（b）

（c）　　　　　　　　　　　　　　（d）

（e）　　　　　　　　　　　　　　（f）

（g）　　　　　　　　　　　　　　（h）

图 2 - 1 - 8　扳手

（a）呆扳手；（b）梅花扳手；（c）两用扳手；（d）活扳手；（e）钩形扳手；
（f）扭力扳手；（g）套筒扳手；（h）内六角扳手

扳手使用注意事项：

①扳手应与螺栓或螺母的平面保持水平，以免用力时扳手滑出伤人。

②不能在扳手尾端加接套管延长力臂，以防损坏扳手。

③不能用钢锤敲击扳手，扳手在冲击载荷下极易变形或损坏。

④不能将公制扳手与英制扳手混用，以免造成打滑而伤及使用者。

9）压接钳

（1）阻尼式手握型压力钳

阻尼式手握型压力钳如图 2 - 1 - 9 所示，是适用于截面较小的铜、铝导线用压线帽进行钳压连接的手动工具。

阻尼式手握型压力钳使用注意事项：

①根据导线和压线帽规格选择压力钳的加压模块。

②为了便于压实导线，压线帽内应填实，可用同材质、同线径的线芯插入压线帽内填补，也可用线芯剥出后回折插入压线帽内。

（2）液压导线压接钳

多股铝、铜芯导线，作中间连接或封端的压接，一般采用液压导线压接钳，根据压模规格，可压接铝导线截面为 16 ~ 240 mm^2，压接铜导线截面为 16 ~ 150 mm^2，压接形式为六边形围压截面，其外形如图 2 - 1 - 10 所示。

图 2 - 1 - 9　阻尼式手握型压力钳

图 2 - 1 - 10　液压导线压接钳

2. 电动工具

电动工具是利用电动机或电磁铁驱动用来做机械功能的机器，分为手持式和可移动式两种。按照电动工具的用途，可分为金属切削类、磨砂类、装配类、道路建设类、矿山类等。电工常用的电动工具有电钻、电动切割机、电动扳手和电动螺丝刀等。

1）电钻

电钻是利用电作为动力的钻孔机具。电钻既是电动工具中的常规产品，也是需求量最大的电动工具类产品。电钻主要规格有 4 mm、6 mm、8 mm、10 mm、13 mm、16 mm、19 mm、23 mm、32 mm、38 mm、49 mm 等，数字是指在抗拉强度为 390 N/mm^2 的钢材上钻孔的钻头最大直径。对有色金属、塑料等材料，最大钻孔直径可比原规格大 30%～50%。电钻可分为三类，即手电钻、冲击钻、锤钻。

①手电钻：如图 2-1-11（a）所示，手电钻是以交流电源或直流电池为动力的钻孔工具，功率较小，使用范围仅限于钻木或当作电动改锥用，部分手电钻可以根据用途改成专门工具，用途及型号较多。

②冲击钻：如图 2-1-11（b）所示，冲击钻以旋转切削为主，兼有依靠操作者推力产生冲击力的冲击机构，用于在砖、砌块及轻质墙等材料上钻孔。

③锤钻（电锤）：如图 2-1-11（c）所示，电锤是附有气动锤击机构的一种带安全离合器的电动式旋转锤钻。电锤是利用活塞运动的原理，压缩气体冲击钻头，不需要手使多大的力气，就可以在混凝土、砖、石头等硬性材料上开 6～100 mm 的孔，电锤在上述材料上开孔效率较高，但它不能在金属上开孔。

（a）　　　　　　　　　（b）　　　　　　　　　（c）

图 2-1-11　电钻

（a）手电钻；（b）冲击钻；（c）电锤

2）电动切割机

电动切割机通过电力驱动装置，将旋转切割工具（如切割盘）带动进行快速切割。通常，电动切割机使用交流电源或电池作为动力源，通过电动机驱动切割工具的旋转，实现对材料的切割。切割盘通常由高强度材料制成，可以在高速旋转下进行高效切割。

（a）　　　　　　　（b）

图 2-1-12　电动切割机

（a）手持式；（b）台式

①手持式电动切割机：如图 2-1-12（a）所示，由一个手柄和一个切割盘组成。它具有便携性和操作灵活性，适用于各种切割任务，如金属、石材和混凝土等材料的切割。

②台式电动切割机：如图 2-1-12（b）所示，是一种固定在工作台上的切割设备，通常

用于对大型材料进行精确切割。它具有更稳定的操作平台，可以实现更精细的切割。

3）电动扳手和电动螺丝刀

电动扳手如图 2 – 1 – 13 所示，是一种拧紧和旋松螺栓及螺母的电动工具。用于钢结构桥梁、厂房建筑、化工、发电设备安装大六角头高强度螺栓施工的初拧、终拧和扭剪型高强度螺栓的初拧，以及对螺栓紧固件的扭矩或轴向力有严格要求的场合。

电动螺丝刀

电动螺丝刀如图 2 – 1 – 14 所示，别名电批、电动起子，是用于拧紧和旋松螺钉用的电动工具。该电动工具装有调节和限制扭矩的机构，主要用于装配线，是大部分生产企业必备的工具之一。

图 2 – 1 – 13　电动扳手　　　　　　　　图 2 – 1 – 14　电动螺丝刀

二、训练与考核

1. 实训器材
常用电工工具。

2. 实训内容
①进行螺钉旋具（电动螺丝刀）的基本功练习。

②用电笔测试电路。

③钢丝钳、尖嘴钳的使用练习。

④用电工刀、剥线钳对废旧电线作剖削练习。

⑤使用扳手（电动扳手）装、拆螺钉、螺母。

⑥用压接钳压接线头。

⑦用电钻、电锤钻孔。

⑧使用电动切割机切割线槽和电气安装导轨。

3. 实训考核
考核及评分标准见附录中实训任务工单 2 – 1 – 1。

三、练习题

①常用电工工具有哪些？各有什么用途？

②低压验电笔的基本构造是怎样的？使用时应注意哪些事项？

模块二　认识和使用常用电工仪表

学习目标

- 掌握电工测量的基本方法。
- 会正确使用电工仪表进行测量。
- 具有严谨的工作作风。

一、理论知识

电工测量，就是将被测的电量或磁量，跟作为测量单位的同类标准电量或磁量进行比较，从而确定这个被测量大小的过程，而用于测量电量或磁量的仪器仪表称为电工仪表。按照测量方法，电工仪表主要分为直读式仪表和比较式仪表。前者根据仪表指针所指位置从刻度盘上直接读数，如电压表、电流表、万用电表、兆欧表等；后者是将被测量与已知的标准量进行比较来测量，如电桥、接地电阻测量仪等。另外，按读数方式，电工仪表可分为指针式、数字式等仪表；按安装方式，电工仪表可分为固定式仪表和携带式仪表。

1. 固定式仪表

1）电压表

测量电路中电压的仪表称电压表，它必须并联在被测电路的两端，如图2－2－1所示。

（1）直流电压的测量

测量直流电压，如选用磁电系仪表，要注意接线端钮的极性，电压表的"＋"极接入被测电路的高电位端，以免指针反偏损坏仪表。如图2－2－2

图2－2－1　电压表的接线
（a）正确接线；（b）错误接线

（a）所示，把电压表并联在被测电路上，流过电压表的电流随被测电压大小而变化，便可获得读数。

电压表的内阻直接影响到测量的准确度，内阻愈大，测量误差愈小，故电压表的内阻应尽量大些。

（2）交流电压的测量

测量交流电压，可将适当量程的交流电压表直接并联在被测电压两端，如图2－2－2（b）所示。

图2－2－2　测量电压接线
（a）直流电压测量；（b）交流电压测量

2）电流表

测量电路中电流的仪表称为电流表，它必须串联在被测电路的两端。

在测量电流时，要根据电流的种类和大小来选择仪表，一般在测量直流电时选用磁电系仪表，而在测量交流电时选用电磁系或电动系仪表。

要根据电流大小选择适当量程的电流表，不能使电流大于电流表的最大量程；否则就会烧坏仪表。在被测电路不能估计其电流大小时，最好先选择量程足够大的电流表，粗测一下，然后根据测量结果，正确选用量程适当的仪表。

（1）直流电流的测量

测量直流电流时，要将电流表串联在被测电路中，要注意电流表的量程和极性。电流表直接接入电路的方法如图 2 - 2 - 3（a）所示。

图 2 - 2 - 3　测量电流接线

（a）直流电流测量；（b）交流电流测量

电流表直接接入电路时，仪表本身的内阻会造成功率损耗，影响测量的准确度。因此，在选择电流表时，其内阻越小，测量的准确度越高。

（2）交流电流的测量

在测量交流电时，应选用电磁系仪表（图 2 - 2 - 3（b））。当被测电流大于电流表量程时，可借助电流互感器来扩大仪表的量程，其接线法如图 2 - 2 - 4 所示。测量时电路电流通过电流互感器的一次绕组，电流表串联在二次绕组中，电流表的读数应乘以电流互感器的变比才是实际电流值。应注意配套的电流表其表盘标度如已按变比标出，可以直接读数。

3）功率表

（1）功率表工作原理

电动系功率表其测量机构的线圈是这样安排的：固定线圈与负载串联，以反映负载电流，活动线圈串联附加电阻与负载并联，以反映负载电压。其电路见图 2 - 2 - 5。

图 2 - 2 - 4　扩大电流表的量程接线

图 2 - 2 - 5　功率测量电路

在直流电路中，由图 2 - 2 - 5 可知，通过电流线圈的电流 I_1 就是负载电流 I，即

$$I_1 = I \tag{2-2-1}$$

通过电压线圈的电流 I_2，在并联支路电阻不变时，与负载电压成正比，即

$$I_2 = \frac{U}{R_2} = K'U \tag{2-2-2}$$

$R_2 = R'_2 + R_{fj}$，R'_2 为电压线圈电阻。

故功率表用于直流电路时，其偏转角 α 决定于

$$\alpha = KI_1 I_2 = K'I \frac{U}{R_2} = K_p IU = K_p P \tag{2-2-3}$$

在交流电路中，用电动系功率表测量时，其偏转角由下式决定，即

$$\alpha = KI_1 I_2 \cos\psi \tag{2-2-4}$$

式中 ψ——I_1 与 I_2 电流间的相位差角。

图 2 - 2 - 6　相量图

可见，电动系功率表测交流功率，除了满足 $I_1 = I$ 和 $I_2 = \frac{U}{Z_2} = K'U$ 的条件外（Z_2 为电压支路总阻抗），还必须满足相位条件，即 I_1 与 I_2 间的相位差角 ψ 应等于 U 与 I 的相位差角 φ（即负载的功率因数角），见图 2 - 2 - 6。

因 R_{fj} 很大，故并联支路的感抗可忽略不计，其阻抗性质认为是纯阻性的。可见，并联支路的电流 I_2 与电压 U 同相，有 $\varphi = \psi$，则功率表测交流电时，其偏转角 α 取决于

$$\alpha = KI_1 I_2 \cos\psi = KK'IU\cos\varphi = K_p P \tag{2-2-5}$$

（2）功率表的正确使用

①功率表的正确接线。电动系仪表转矩方向与两线圈的电流方向有关。为此，要规定使指针正向偏转的电流方向，即功率表的接线要遵守"发电机端"原则。"发电机端"用符号"＊""±"或"↑"等表示。接线时，要使电流和电压线圈的"发电机端"的端子接到电源的同一极性上，从而保证两线圈的电流都从该端子流入。按此原则，功率表的正确接线有两种方式，见图 2 - 2 - 7。

图 2 - 2 - 7　功率表的正确接线

（a）电压线圈接后；（b）电压线圈接前

图 2 - 2 - 8 是功率表的几种错误接线，按实线或虚线连接都是错误的。

②量程的选择。功率表的量程包括功率、电流、电压三种量程。功率的量程是表示：负载功率因数 $\cos\varphi = 1$，电流和电压均为额定值时的乘积；若 $\cos\varphi < 1$，即使电压和电流已达到额定值，但功率也不会达到额定值。可见，功率表的量程选择，实质就是电流和电压的量

图 2 - 2 - 8　功率表的几种错误接线

程选择。在实际测量中，为保护功率表，使负载电流和电压不超过电流量程和电压量程，需要接入电流表和电压表，以监视负载电流和电压。

如同其他仪表一样，功率表的电流和电压量程，应大于或等于被测负载的电流和电压的最大值。

③功率表的读数。通常功率表有几种电流和电压量程，但标尺只有一条，故功率表的标尺不标瓦特数，而只能标分格数。

被测功率的结果，需用功率表常数进行换算得出，而不能直接从标尺上读取。

功率表常数 C 是表示每一分格的瓦特值，即

$$C = \frac{U_H I_H}{\alpha_m} \qquad (2-2-6)$$

式中　U_H——所接电压量程的额定值；

　　　I_H——所接电流量程的额定值；

　　　α_m——功率表标尺的满刻度格数；

有了功率表常数，便可求出被测功率，即

$$P = Cn \quad (W) \qquad (2-2-7)$$

式中　n——被测功率产生的指针偏转格数。

④正确接线的选择。

a. 电压线圈接前一种电路适用于 $R_{WA} \ll R$，即负载电阻较大的场合（R_{WA} 为功率表电流线圈电阻）。

b. 电压线圈接后一种电路适用于 $R_{WV} \gg R$，即负载电阻较小的场合（R_{WV} 为功率表电压线圈电阻）。

4）电能表

电能表是一种专门测量电能的仪表，不论是家庭照明用电还是工农业生产用电，都需要用电能表来计量在一段时间里所耗用的电能。

电能表种类很多，按工作原理分为电动系和感应系两类。电动系电能表一般用于直流的测量，感应系电能表一般用于交流的测量。感应系电能表是利用电磁感应原理制成的，具有结构简单、牢固、价格便宜、转矩较大等特点。

目前，感应系电能表根据测量对象，分为有功电能表和无功电能表两大类。有功电能表的规格常用的有 3 A、5 A、10 A、25 A、50 A、75 A、

全国"最美职工"
黄金娟

100 A 等多种，无功电能表的额定电流通常只制成 5 A。

按结构分，电能表又分为单相电能表、三相三线电能表、三相四线电能表。单相电能表用于单相用电器和照明电路，三相电能表用于三相动力电路或其他三相电路。

图 2-2-9　单相感应系电能表的结构原理

（1）单相电能表

①结构与选用。目前所用的电能表绝大多数属于感应系电能表。图 2-2-9 所示为单相感应系电能表的结构原理示意图。选用电能表时电能表的额定电流必须与负载的总功率相适应。在电压一定（220 V）的情况下，根据公式 $P=IU$ 可以计算出对于不同安培数的单相电能表，可装用电器的最大总功率见表 2-2-1。

表 2-2-1　不同规格的单相电能表可装用电器最大功率

单相电能表安培数/A	1	2.5	3	5	10
可装用电器最大总功率/W	220	550	660	1 100	2 200

注：若照明电路中用电器不完全是照明灯具，如有带单相电动机的家用电器，则电路的功率、电压、电流的关系是 $P=UI\cos\varphi$，所以表 2-2-1 中单相电能表安培数对应的可装用电器最大总功率数应小于对应表中的数值，即电能表的额定电压、电流的选择原则是：必须使负载电压、电流等于或小于其额定值。

②单相电能表的使用。单相电能表在接线前要查看附在电能表上的说明书，根据说明书的要求和接线图把进线和出线依次对号接在电能表的接线端子上。接线时遵循"电压线圈并联在被测线路中，电流线圈串联在被测线路中"的原则。各种电能表的接线端子均按由左至右的顺序编号。国产单相有功电能表统一规定为 1、3 接进线，2、4 接出线，如图 2-2-10 所示。

图 2-2-10　DD 型单相电能表的正确接线
（a）直接接入；（b）直接接入接线示意图；（c）经电流互感器接入

单相电能表的正确读数：当电能表不经互感器而直接接入电路时，可以从电能表上直接读出实际电度数（kW·h 即"度"）；如果电能表利用电流互感器或电压互感器扩大量程时，实际消耗电度数应为电能表的读数乘以电流变比或电压变比。

（2）三相有功电能表

根据被测线路的不同，三相有功电能表分为三相四线制和三相三线制两种。三相四线制有功电能表有 DT1 ~ DT28、DT862、DT864 等系列（字母 D 代表电能表，T 代表三相四线制，后面的数字为设计序号）；三相三线制有功电能表有 DS1 ~ DS28、DS862、DS864 等系列（S 代表三相三线制）。

①三相四线制有功电能表。测量三相四线制用电量，通常用 DT1 或 DT2 型三元件三相电能表，该表接线盒内有 11 个接线端子，从左至右由 1 到 11 依次编号。图 2 – 2 – 11（a）是直接接入时的接线，图 2 – 2 – 11（b）是经电流互感器接入时的接线，图 2 – 1 – 11（c）是接线端子及进出线的连接法。

如果三相四线制各相负载用电平衡时，理论上可以只装一只单相电能表，三相电度数等于单相电能表读数的 3 倍。

图 2 – 2 – 11 DT 型三相四线制电能表的正确接线
（a）直接接入时的原理图；（b）经电流互感器接入时的原理图；（c）安装接线示意图

图 2 – 2 – 11 中接线端子 1 ~ 11 位于接线盒内，端子 1、4、7 分别与 2、5、8 已在电能表内部连接好。

三相四线制三元件电能表可能发生的接线错误有：一相电流开路或一相电压断线，电能表都只计两相电度；两相电流开路或一相电流反接，电能表都只计一相电度；两相电流反接

图 2 - 2 - 12 三相三线制
电能表的结构原理图

或三相电流全反接，电能表反转；两相电流、电压不接在相应的同一相上，电能表不反转。若三相电流、电压不接在相应的同一相上，则电能表计量没有意义。

②三相三线制有功电能表。三相三线制有功电能表由两个驱动元件组成，两个铝盘固定在同一个转轴上，故称为两元件电能表，其原理结构如图 2 - 2 - 12 所示。三相三线有功电能表用于三相三线制电路中，第一个元件的电压线圈和电流线圈分别接 U_{UV}、I_U，第二个元件的电压线圈和电流线圈分别接 U_{WV}、I_W。接线时，如果将任一端子接错，就会使铝盘反转，或虽然正转但读数不等于三相电路所消耗的电能，这一点要特别注意。

三相三线制有功电能表的接线如图 2 - 2 - 13 所示。图 2 - 2 - 13（a）是直接接入时的接线，图 2 - 2 - 13（b）是它的安装方法；图 2 - 2 - 13（c）是经电流互感器接入时的接线，图 2 - 2 - 13（d）是它的安装方法。

图 2 - 2 - 13 三相三线制电能表的正确接线
（a）直接接入时的原理图；（b）直接接入时的接线示意图；
（c）经电流互感器接入时的原理图；（d）经电流互感器接入时的接线示意图

三相四线制有功电能表的额定电压一般为 220 V，额定电流有 1.5 A、3 A、5 A、6 A、10 A、15 A、20 A、25 A、30 A、40 A、60 A 等数种，其中额定电流为 5A 的可经电流互感器接入电路。

三相三线制有功电能表的额定电压（线电压）一般为 380 V，额定电流有 1.5 A、3 A、5 A、6 A、10 A、15 A、20 A、25 A、30 A、40 A、60 A 等数种，其中额定电流为 5 A 的可经电流互感器接入电路。

此外测量三相三线制用电量，也可用一只 DT 型三相四线制电能表（这时接线端子 10、

11 空着)。但通常是用一只 DS 型两元件三相电能表去测量,该表接线盒内有 8 个接线端子,其中端子 1、6 分别与 2、7 已在电能表内部连接好。

(3) 三相无功电能表

发电机或变压器等电源设备都有一定的容量,在负载功率因数较低时,虽然供电设备已经满载,但实际输出的有功功率却很低,这既降低了供电设备的效率,又增加了线路上功率的损耗。提高功率因数是电力系统挖掘供电潜力的一项重要措施。因此,无功电能的测量也是十分重要的。

在三相负载平衡的电路中,理论上可用一只单相电能表按图 2 - 2 - 14 所示接线,将读数乘以 $\sqrt{3}$,可得三相无功电能。但在实际测量中,通常用 DX 型三相无功电能表来测量无功电能。

根据被测线路的不同,三相无功电能表分为三相四线制和三相三线制两种。

① 三相四线制无功电能表。在三相四线制无功电能的测量中,最常用的是一种带附加电流线圈结构的无功电能表,如 DX1 型、DX15 型和 DX18 型等,其接线原理如图 2 - 2 - 15 所示。

图 2 - 2 - 14　用单相电能表测量三相
无功电能时的接线

图 2 - 2 - 15　带附加电流线圈的三相四线制
无功电能表的接线

② 三相三线制无功电能表。在三相三线制无功电能的测量中,最常用的是一种具有 60°相位角的三相无功电能表,如 DX2 型和 DX8 型等,其接线原理如图 2 - 2 - 16 所示。

当被测电流、电压都比较大时,三相电能表常常与电压互感器和电流互感器配合来完成测量任务。

电压互感器实质上是一个降压变压器。一般规定电压互感器的二次绕组的额定电压为 100 V,

图 2 - 2 - 16　具有 60°相位角的三相三线制
无功电能表的接线

一次绕组的匝数比二次绕组的匝数要多得多。不同量程的电压互感器,其一次绕组的匝数不同,所以一次绕组可接入不同的电压。其接线如图 2 - 2 - 17 所示。

电压互感器,其一次绕组额定电压与二次绕组额定电压之比等于其匝数之比,而一次绕组与二次绕组匝数之比是一个常数,称为电压互感器的变比,用 K_u 表示,即

$$K_u = \frac{N_1}{N_2}$$

$$(2 - 2 - 8)$$

K_u 通常标注在电压互感器的铭牌上，这样被测电压等于二次绕组电压（电压表读数）乘以变比。

电流互感器相当于一个"降流"变压器，一般规定电流互感器的二次绕组的额定电流为 5 A，一次绕组的匝数比二次绕组的匝数要少得多。不同量程的电流互感器，其一次绕组的匝数不同，所以一次绕组可接入不同的电流。其接线如图 2 - 2 - 18 所示。

图 2 - 2 - 17　电压互感器的接线　　　　图 2 - 2 - 18　电流互感器的接线

电流互感器，其一次绕组电流与二次绕组电流之比等于其匝数比的倒数，而一次绕组与二次绕组匝数之比的倒数是一个常数，称为电流互感器的变比，用 K_i 表示，即

$$K_i = \frac{N_2}{N_1} \tag{2-2-9}$$

K_i 通常标注在电流互感器的铭牌上，这样被测电流等于二次绕组电流乘以变比。

电能表通过互感器接入被测电路时，其接线如图 2 - 2 - 19 和图 2 - 2 - 20 所示。其中图 2 - 2 - 19 所示为三元件三相四线制有功电能表经互感器接入三相电路时的接线，图 2 - 2 - 20 所示为两元件三相三线制有功电能表和三相三线制无功电能表经互感器接入三相电路时的接线。

图 2 - 2 - 19　三元件三相四线制有功电能表经互感器接入三相电路时的接线

图 2 - 2 - 20　两元件三相三线制有功电能表和三相三线制
无功电能表经互感器接入三相电路时的接线

当电能表与所标明的互感器配套使用时，可以直接从电能表上读出被测电能的度（kW·h）数；当电能表与所标明的互感器不同时，则根据电压互感器的电压变比和电流互感器的电流变比对读数进行换算，才能得到被测电能的数值。

（4）新型特种电能表简介

①分时计费电能表。利用有功电能表或无功电能表中的脉冲信号，分别计量用电高峰和低谷时间内的有功电能和无功电能，以便对用户在高峰、低谷时段内用电收取不同的电费，分时计费电能表如图 2 - 2 - 21（a）所示。

（a）　　　　　　　　　（b）　　　　　　　　　（c）

图 2 - 2 - 21　新型特种电能表
（a）分时计费电能表；（b）多费率电能表；（c）电子预付费式电能表

②多费率电能表。多费率电能表是一种机电一体化式的电能表，如图 2 - 2 - 21（b）所示，它采用了以专用单片机为主电路的设计。除具有普通三相电能表的功能外，还设有高峰、峰、平、谷时段电能计量，以及连续时段或任意时段的最大需量指示功能，而且还具有

断相指示、频率测试等功能。这种电能表可广泛用于电厂、变电所、厂矿企业。发、供电部门用来实行峰谷分时电价，限制高峰负荷。

③电子预付费式电能表。顾名思义，这是一种先付费后用电、通过先进的 IC 卡进行用电管理的一种全新概念的电能表，如图 2-2-21（c）所示。因为采用了 IC 卡，因此也称为电卡式电能表。这种电能表采用微电子技术进行数据采样、处理及保存，主要由电能计量及微处理器控制两部分组成。

图 2-2-22　直流单臂电桥

2. 携带式仪表

1）直流电桥

（1）直流单臂电桥（图 2-2-22）

直流单臂电桥的主要技术特性：国产直流单臂电桥的型号用 QJ 表示，其中 Q 表示电桥，J 表示直流。电桥的主要技术特性是准确度和测量范围，电桥的准确度很高。

电桥的测量精度：直流电桥准确度等级分为 0.02、0.05、0.1、0.2、1.0、1.5、2.0 共七个级别。它表示电桥在正常工作状态下，其规定测量范围内误差不超过的百分数。如 2.0 级的 QJ23 型电桥，它的测量范围为 $1 \sim 10^5 \ \Omega$，但只是在 $10 \sim 99\ 999 \ \Omega$ 的基本量限范围内的误差不超过 ±0.2%。

电桥使用步骤：

①使用前先把检流计锁扣或短路开关打开，调节调零器使指针或光点置于零位。

②如使用外接电源，电池电压应按规定选择。

③R_x 接好后，先估计一下测量电阻的阻值范围，选择合适的比率臂倍率，以保证比较臂的四挡电阻都能充分使用。如 R_x 为几个欧姆，应选择比率为 10^{-3}，这样四个挡的比较臂均可用上。

④电源和检流计按钮的使用。测量时先按"电源"按钮，再按"检流计"按钮，若检流计指针向"+"偏转，说明比较臂电阻小了，应增加比较臂阻值；反之指针向"-"偏转，则应减少比较臂阻值。

⑤测量完毕，先松开检流计按钮，后松开电源按钮。特别是在测量具有电感的元件（如线圈）时，一定要遵守上述操作次序；否则将有很大的自感电势作用于检流计，造成检流计损坏。

⑥在电桥调平衡过程中，不要把检流计按钮按死，每改变一次比较臂电阻，按下按钮测量一次，直到检流计偏转较小时，再按死检流计按钮。

⑦将测量结果记下后，被测电阻值等于比率读数与比较臂读数的乘积。

⑧测量结束不再使用时，应将检流计的锁扣锁上。

（2）直流双臂电桥（图 2-2-23）

①使用说明。

电桥的桥臂 R_1、R_2 为固定比率臂，R_n 为可变电

图 2-2-23　直流双臂电桥

阻。在面板上有相应的刻度。测量时调节比率臂和电阻 R_n，至检流计指零，则被测电阻 =
倍率数 × 刻度盘读数 = $(R_2/R_1)R_n$。

电桥测量范围在 0.001～11 Ω 内，测量误差为 ±2%。

②使用双臂电桥注意事项。

使用双臂电桥应注意的问题，除了与单臂电桥相同外，还要考虑以下几点。

被测电阻接线必须按规定连接，即电桥电位接头 P_1、
P_2 所引出的接线应比电流接头 C_1、C_2 所引出的接线更靠近
被测电阻；若被测电阻本身具有电位和电流接头，则只要
将对应点相连即可，见图 2 - 2 - 24。

图 2 - 2 - 24　被测电阻的接线

但在实际测量中，被测电阻通常没有接头之分，此时
应自行引出电位和电流接头，如图 2 - 2 - 24 所示。应注意，不要把电位和电流接头绞在一
起，接线应尽可能用粗一些的导线，注意接牢。

双臂电桥工作时电流较大，所以它的电源容量要大，如用电池，测量时要迅速，否则
耗电很快，且容易使被测电阻发热，影响测量准确度。也可用外附电池，适当提高电源
电压。

2）万用表

万用表是一种多量程、用途广的仪表，可以用来测量交直流电压、交直流电流和电阻等
电量。万用表有指针式和数字式之分，下面分别作简单介绍。

（1）指针式万用表

①结构。指针式万用表主要由表头、测量线路和转换开关三部分组成。表头是一个高灵
敏度的磁电系微安表，通过指针和标有各种电量标度尺的表盘，用以指示
被测电量的数值；测量线路用来把各种被测量转换到适合表头测量的直流
微小电流；转换开关实现对不同测量线路的选择，以适应各种测量要求。

模拟万用表使用

各种形式的万用表外形布置不尽相同。下面以 MF47 型万用表为例，
介绍它的使用方法。图 2 - 2 - 25 是 MF47 型万用表的面板示意图。

图 2 - 2 - 25　MF47 型万用表的面板示意图

②正确使用。

a. 正确接线。应将红色和黑色测试棒的插头分别插入红色插孔和黑色插孔。测量时手不要接触测试棒的金属部分。

b. 用转换开关正确选择测量种类和量程。根据被测对象，首先选择测量种类。严禁当转换开关置于电流挡或电阻挡时去测量电压，否则将损坏万用表。

测量种类选择后，再选择该种类的量程。测量电压、电流时应使指针的偏转在量程的一半或2/3处，读数较为准确。

c. 使用前应检查指针是否在零位上，若不在零位，可用旋具调节表盖上的调零器，使指针恢复到零位。

③正确测量。

a. 测交流和直流电压时，将测试棒红、黑插头分别插入"＋"和"－"插孔，把测量范围选择开关旋到与被测电压相应的交、直流电压挡级，再将测试棒接在被测电压的两端。如果被测的交、直流电压大于1 000 V而又小于2 500 V，应将红插头插到"2 500 V"的插孔，选择开关应分别旋到交流或直流的1 000 V位置上，测直流电压时应注意被测量的正、负极性。

b. 测量直流电流时，将选择开关旋到被测电流相应的直流挡级，根据电流的方向正确地将表通过测试棒串接在被测电路中。被测电流大于500 mA小于5 A时，红插头应插到"5"的插孔，选择开关旋至500 mA挡位上。

c. 测量电阻时，将选择开关旋到与被测电阻相应的欧姆挡，首先把两根测试棒短接，旋转欧姆调零旋钮，使指针对准"Ω"标尺的零位，即欧姆挡的"调零"，然后分开测试棒进行测量，将读数乘以所选欧姆挡的倍乘率，就是被测电阻的阻值，每换一个量程，都要重新调零，如果调零时指针不能调到零位，应更换表内电池。

d. 严禁带电测量电阻，以免烧毁表头。如要测量电路中的电阻，一定要先将其一端与电路断开后再测量；否则测量的结果将是它与电路其他电阻的并联值。测高阻值电阻时，不可将双手分别触及电阻两端，以免并联上人体电阻造成测量误差。

e. 测试晶体管电流放大系数h_{FE}（即β）时，应将选择开关旋到"ADJ"位置，将测试棒短接，调节欧姆调零旋钮，使指针对准$300h_{FE}$刻度线上，然后旋动开关到"h_{FE}"位置，将测量的晶体管脚分别插入晶体管测试座的e、b、c管脚座内，指针偏转所示的数值约为β值。NPN型晶体管插入N型管孔内，PNP型插入P型管孔内。

指针式万用表使用时的注意事项：

①不允许带电转动转换开关。

②万用表欧姆挡不能直接测量微安表头、检流计、标准电池等仪器仪表。

③用欧姆挡测量晶体管（二极管、三极管）等时，一般选择$R\times100$或$R\times1$ kΩ挡，因为晶体管所能承受的电压和允许流过的电流较小。

④测量完毕，应将转换开关拨到最高交流电压挡，以免二次测量时不慎损坏表头。表内电池应及时更换，如长期不用应将其取出，以防腐蚀表内机件。

（2）数字式万用表

数字式万用表以其测量精度高、显示直观、速度快、功能全、可靠性好、小巧轻便、省电及便于操作等优点，受到人们的普遍欢迎，它已成为电子、电工测量以及电子设备维修等部门的必备仪表。下面以M830L型数字式万用表为例（图2-2-26），作简单介绍。

数字万用表使用

图 2 – 2 – 26　M830L 数字式万用表

①电压测量。

将黑表笔连至"COM"，红表笔连至"VΩmA"；挡位开关旋至"V –"或"V ~"适当量程上，如果电压大小未知，开关置于高挡位。

将表笔接至待测电路，读数，同时显示红表笔所接的极性。如果挡位太高，可降低直至测到满意读数。

②直流电流测量。

a. 高电流（200 mA ~ 10 A）测量。

ⅰ. 将黑表笔连至"COM"，红表笔连至"10 ADC"；挡位开关置于"10 A"。

ⅱ. 打开待测电路，串联表笔至待测载体。

ⅲ. 读数，同时显示红表笔所接的极性。如果小于 200 mA，按照以下低电流步骤。

ⅳ. 关掉测量电路的所有电源，断开表笔连接之前，电容放电。

b. 低电流测量。

ⅰ. 将黑表笔连至"COM"，红表笔连至"VΩmA"。挡位开关置于"A"，如果电流大小未知，开关置于高挡位。

ⅱ. 打开待测电路，串联表笔至待测电路。

ⅲ. 读数，同时显示红表笔所接的极性。如果挡位太高，可降低直至测到满意读数。

ⅳ. 关掉测量电路的所有电源，断开表笔连接之前，电容放电。

③电阻测量。

ⅰ. 将黑表笔连至"COM"，红表笔连至"VΩmA"；挡位开关置于电阻挡适当位置。

ⅱ. 如果被测电阻与电路相连，关掉被测电路所有电源，释放电容。

ⅲ. 将表笔接至待测电阻读数。当测量高电阻时，即使绝缘也不要接触附近点。一些绝缘体有小电阻会产生影响而使测量电阻值小于实际值。

④二极管测量。

a. 将黑表笔连至"COM"，红表笔连至"VΩmA"，红表笔极性为" + "；转换开关旋至电阻挡"2 k"。

b. 如果被测二极管与电路相连，关掉被测电路的电源，释放电容。

c. 电压检查：将红表笔接到二极管的阳极，黑表笔接到二极管的阴极，显示二极管近似正向压降值。通常好的硅二极管的电压降为 450 ~ 900 MV 之间。

d. 相反电压检查：交换表笔，如果二极管是好的，超挡显示会出现。如果二极管不好，会出现 000 或其他数字。

⑤三极管测量。

a. 将挡位拨至 h_{FE} 位置，将测试三极管插入相应的 NPN 或 PNP 插孔中。

b. 读数，显示 h_{FE} 的近似值。

⑥电路通断测试。将黑表笔连至"COM"，红表笔连至"VΩmA"，转换开关旋至蜂鸣器位置，将表笔接在被测电路的两点，如果该两点间的电阻小于 1.5 kΩ，蜂鸣器将发出响声说明该两点间导通。

数字式万用表使用时的注意事项：

①电池必须连接在电池夹上，同时正确放置在电池盒内。

②在表笔连接在电路之前，挡位开关必须在正确位置。

③在表笔连接在电路之前，必须确定表笔插在正确的端口。

④在改变挡位开关前，从电路上拿走其中一根表笔，不能带电操作。

⑤要求仪表使用环境满足温度 0 ~ 50 ℃、湿度小于 80%。避免阳光直射仪表或潮湿储藏。

⑥注意每个挡位和端口的最高电压，防止电压过高而损坏仪表。

⑦测量结束时，将开关置于"OFF"位置。如果长期不用仪表，要拿走电池。

3）兆欧表

兆欧表俗称摇表，它是用于测量各种电气设备绝缘电阻的仪表。

电气设备绝缘性能的好坏，直接关系到设备的运行安全和操作人员的人身安全。为了对绝缘材料因发热、受潮、老化、腐蚀等原因所造成的损坏进行监测，或检查修复后电气设备的绝缘电阻是否达到规定的要求，都需要经常测量电气设备的绝缘电阻。测量绝缘电阻应在规定的耐压条件下进行，所以必须采用备有高压电源的兆欧表，而不用万用表测量。

一般绝缘材料的电阻都在 10^6 Ω 以上，所以兆欧表标度尺的单位以兆欧（MΩ）表示。

（1）兆欧表的接线和测量方法

兆欧表如图 2 – 2 – 27 所示，有三个接线柱，其中两个较大的接线柱上标有"接地 E"和"线路 L"，另一个较小的接线柱上标有"保护环"或"屏蔽 G"。

①测量照明或电力线路对地的绝缘电阻。按图 2 – 2 – 28（a）所示把线接好，顺时针摇摇把，转速由慢变快，约 1 min 后，发电机转速稳定时（120 r/min），表针也稳定下来，这时表针指示的数值就是所测得的电线与大地间绝缘电阻。

②测量电动机的绝缘电阻。将兆欧表的接地柱接机壳，L 接电动机的绕组，如图 2 – 2 – 28（b）所示，然后进行摇测。

图 2 – 2 – 27　兆欧表外形

③测量电缆的绝缘电阻。测量电缆的线芯和外壳的绝缘电阻时，除将外壳接 E、线芯接 L 外，中间的绝缘层还需和 G 相接，如图 2 – 2 – 28（c）所示。

图 2 – 2 – 28　兆欧表的接线

（a）测量线路的绝缘电阻；（b）测量电机的绝缘电阻；（c）测量电缆的绝缘电阻

（2）兆欧表的选用

根据测量要求，选择兆欧表的额定电压等级。测量额定电压在 500 V 以下的设备或线路的绝缘电阻，选用电压等级为 500 V 或 1 000 V 的兆欧表；测量额定电压在 500 V 以上设备或线路的绝缘电阻时，应选用 1 000 ~ 2 500 V 的兆欧表。

兆欧表使用

通常在各种电器和电力设备的测试检修规程中，都规定有应使用何种额定电压等级的兆欧表。表 2 – 2 – 2 列出了在不同情况下选择兆欧表的要求，供使用时参考。

表 2 – 2 – 2　兆欧表电压等级选择

测试对象	被测设备的额定电压/V	所选兆欧表的额定电压/V
线圈的绝缘电阻	<500	500
	>500	1 000
发电机线圈的绝缘电阻	<380	1 000
电力变压器、电动机线圈的绝缘电阻	>500	1 000 ~ 2 500
电气设备绝缘电阻	<500	500 ~ 1 000
	>500	2 500
瓷瓶	—	2 500 ~ 5 000
母线、闸刀	—	2 500 ~ 5 000

选择兆欧表时，要注意不要使测量范围超出被测绝缘电阻值过大；否则读数将产生较大的误差。有些兆欧表的标尺不是从 0 开始，而是从 1 MΩ 或 2 MΩ 开始的，这种兆欧表不适宜测量处于潮湿环境中低压电气设备的绝缘电阻。

使用兆欧表时的注意事项：

①测量电气设备绝缘电阻时，必须先断电，经短路放电后才能测量。

②测量时兆欧表应放在水平位置上，未接线前先转动兆欧表做开路试验，看指针是否指在"∞"处，再把 L 和 E 短接，轻摇发电机，看指针是否为"0"，若开路指"∞"、短路指

"0"，则说明兆欧表是好的。

③兆欧表接线柱的引线应采用绝缘良好的多股软线，同时各软线不能绞在一起。

④兆欧表测完后应立即使被测物放电，在兆欧表摇把未停止转动和被测物未放电前，不可用手去触及被测物的测量部分或拆除导线，以防触电。

⑤测量时，摇动手柄的速度由慢逐渐加快，并保持 120 r/min 左右的转速 1 min 左右，这时读数较为准确。如果被测物短路，指针指零，应立即停止摇动手柄，以防表内线圈发热烧坏。

⑥在测量了电容器、较长的电缆等设备的绝缘电阻后，应先将"线路L"的连接线断开，再停止摇动，以避免被测设备向兆欧表倒充电而损坏仪表。

⑦测量电解电容的介质绝缘电阻时，应按电容器耐压的高低选用兆欧表。接线时，使 L 端与电容器的正极相连接，E 端与负极连接，切不可反接，否则会使电容器击穿。

4）钳形电流表

（1）钳形电流表的结构和用途

通常在测量电流时需要将被测电路断开，才能将电流表或电流互感器的一次绕组接到被测电路中。而利用钳形电流表则无须断开被测电路，就可以测量被测电流。由于钳形电流表的这一独特优点，故而得到了广泛的应用。

钳形电流表是根据电流互感器的原理制成的，其结构外形如图 2 - 2 - 29 所示。钳形电流表用于测量电压不超过 500 V 的负荷电流。

钳形电流表使用

图 2 - 2 - 29　钳形电流表

经常使用的钳形电流表有：只测交流电流的 T301 型钳形电流表；既测电流又测电压的 T302 型钳形电流表；还有 MG 系列的交、直流两用钳形电流表等。

（2）钳形电流表的使用方法

使用时，将量程开关转到合适位置，手持胶木手柄，用食指勾紧铁心开关，便可打开铁心，将被测导线从铁心缺口引入到铁心中央。然后，放松勾紧铁心开关的食指，铁心被自动闭合，被测导线的电流就在铁心中产生交变磁力线，表上便有感应电流，可以直接读数。

①测量前应估计被测电流的大小，选择适当量程，不可用小量程挡去测大电流。对被测电流大小心中无数时，应将量程开关置于最高挡，然后根据测量值的大小，变换到合适量程。

②钳形电流表一般量程较大，在测量小于 5 A 以下电流时，为获得准确读数，可将被测在铁心上绕几匝再测量，但实际的电流数值应为读数除以匝数。

使用钳形电流表时的注意事项：

①测量前，应检查电流表指针是否指向零位；否则，应进行机械调零。

②测量前,应检查钳口的开合情况,要求钳口可动部分开合自如,两边钳口结合面紧密。钳口有污垢,可用汽油擦拭干净。

③测量时,量程选择旋钮应置于适当位置,以便在测量时使指针超过中间刻度,并使被测导线置于钳口的中央,以减少测量误差。

④钳形电流表不用时,应将量程选择旋钮置于最高量程挡,以避免下次使用时未选择量程而损坏仪表。

⑤钳形电流表不得测高压线路的电流,被测线路的电压不得超过钳形电流表所规定的额定电压,以防绝缘击穿和人身触电。

二、训练与考核

1. 实训器材

交、直流电压表各一只,交、直流电流表各一只,单、双臂电桥各一只,万用表一只,单相功率表一只,兆欧表一只,钳形电流表一只。

2. 实训内容

①练习用电压表、电流表测量直、交流电压及电流。
②练习用钳形电流表测量交流电流。
③练习用万用表的正确挡位测量交、直流电。
④练习用万用表欧姆挡、单臂电桥和双臂电桥测量电阻。
⑤练习用兆欧表测量单相变压器、三相异步电动机绕组对外壳的绝缘电阻。
⑥练习用单相功率表测量一个 40 W 白炽灯的功率。

3. 实训考核

考核及评分标准见附录中实训任务工单 2 – 2 – 1。

三、练习题

①叙述兆欧表的工作原理。使用兆欧表应注意哪些问题?
②单相电能表的工作原理是什么?它是如何接线的?
③指针式万用表如何读数?

模块三 认识和检测常用低压电器

 学习目标

- 能识别常用低压电器。
- 能拆装低压电器,会分析低压电器结构原理。
- 能正确使用、检测与调整常用低压电器。

一、理论知识

电器对电能的生产、输送、分配与应用起着控制、调节、检测和保护的作用，在电力输配电系统和电力拖动自动控制系统中应用极为广泛。

低压电器是指工作在交流1 200 V、直流1 500 V及以下的电路中，以实现对电路或非电对象的控制、检测、保护、变换、调节等作用的电器。

1. 开关

1）刀开关

刀开关又称闸刀开关，是结构最简单、应用最广泛的一种低压电器，其种类很多，这里介绍两种带有熔断器的刀开关。

（1）瓷底胶盖刀开关

瓷底胶盖刀开关又称开启式负荷开关，HK系列瓷底胶盖闸刀开关是由刀开关和熔断体组合而成的一种电器，瓷底板上装有进线座、静触点、熔丝、出线座及三个刀片式动触点，上面覆有胶盖以保证用电安全，其结构及外形如图2-3-1所示。

图2-3-1 HK系列瓷底胶盖刀开关

1—胶盖；2—胶盖紧固螺钉；3—进线座；4—静触点；5—熔丝；

6—瓷底；7—出线座；8—动触点；9—瓷柄

HK系列刀开关没有专门的灭弧设备，用胶木盖来防止电弧灼伤人手，拉闸和合闸时应动作迅速，使电弧较快地熄灭，可减轻电弧对刀片和触座的灼伤。

HK系列刀开关易被电弧烧坏，引起接触不良等故障，因此不宜用于经常分合的电路。但因其价格便宜，在一般的照明电路和功率小于5.5 kW电动机的控制电路中仍常采用。用于照明电路时可选用额定电压250 V、额定电流等于或大于电路最大工作电流的两极开关；用于电动机的直接起动时，可选用额定电压为380 V或500 V、额定电流等于或大于电动机额定电流3倍的三极开关。

HK系列刀开关分为两极和三极两种，两极的额定电压为220 V或250 V，额定电流有10 A、15 A、30 A三种；三极的额定电压为380 V或500 V，额定电流有15 A、30 A和60 A三种。

瓷底胶盖刀开关型号意义如下：

（2）铁壳开关

铁壳开关又称封闭式负荷开关，常用 HH 系列铁壳开关的结构及外形如图 2-3-2 所示。这种铁壳开关装有速断弹簧。弹力使刀片快速从夹座拉开或嵌入夹座，提高灭弧效果。为了保证用电安全，装有机械联锁装置，必须将壳盖闭合后手柄才能（向上）合闸；只有手柄（向下）拉闸后，壳盖才能打开。

常用的三极结构铁壳开关的额定电压为 380 V，额定电流有 15 A、30 A、60 A、100 A 和 200 A 等多种。60 A 及以下的用铸铁制成壳体；60 A 以上的，用薄钢板制成壳体。动触点基本上有两种结构形式，30 A 及以下的采用 Ⅱ 型双断点刀片，30 A 以上的采用单刀式，但附有弧刀片，在静触点上通常还装有灭弧罩。

图 2-3-2 HH 系列铁壳开关

1—熔断器；2—夹座；3—闸刀；
4—手柄；5—转轴；6—速断弹簧

刀开关在电气原理图中的图形及文字符号如图 2-3-3 所示。

图 2-3-3 刀开关在电气原理图中的图形及文字符号

（a）单极；（b）双极；（c）三极

安装时，刀开关在合闸状态下手柄应该向上，不能倒装和平装，以防止闸刀松动落下时误合闸。接线时，电源进线应接在静触点一边的进线端，用电设备应接在动触点一边的出线端。这样，当拉闸后刀片与电源隔离，用电器件和熔丝均不带电，以保证更换熔丝时的安全。

2）组合开关

组合开关又称转换开关，其外形结构及图形符号如图 2-3-4 所示。它是由多节触点组合而成，故称组合开关。同一平面上的两个触片构成一对触点。

组合开关有三副静触片，分别装在三层绝缘垫板上，并附有接线柱，伸出盒外，以便和电源、用电设备相接；三副动触片是由两个磷铜片或硬紫铜片和消弧性能良好的绝缘钢纸板铆合而成的，和绝缘垫板一起套在附有手柄的绝缘杆上。

手柄每次转动 90°角，带动三个动触片分别与三对静触片接通和断开，顶盖部分由凸轮、弹簧及手柄等零件构成操作机构，这个机构由于采用了弹簧储能使开关快速闭合及分断。

组合开关在低压电器系统中多用作电源隔离开关，也可用于小容量电动机不频繁的起停控制。

在控制电动机正、反转时，一定要使电动机先经过完全停止的位置，然后才能接通反向旋转电路。

（a）　　　　　　　　（b）　　　　　　　　（c）

图 2 – 3 – 4　HZ10 – 10/3 型组合开关

（a）外形图；（b）结构图；（c）符号

1—手柄；2—转轴；3—扭簧；4—凸轮；5—绝缘垫板；6—动触片；7—静触片；8—绝缘杆；9—接线柱

HZ10 系列组合开关，额定电压在 500 V 以下，额定电流有 10 A、25 A、60 A、100 A 几个等级。

HZ10 系列组合开关是根据电源种类、电压等级、所需触点数、电动机容量进行选用。开关的额定电流一般取电动机额定电流的 1.5 ~ 2.5 倍。

HZ10 系列组合开关型号意义如下：

3）自动空气断路器

自动空气断路器，又称自动空气开关或自动开关，它是既具有开关作用又能进行自动保护的电器。正常情况下，可用于不经常接通或断开电路，当电路中发生短路、过载、欠压等不正常现象时，能自动切断电路（俗称自动跳闸）；或在正常情况下用于不太频繁的切换电路。

（1）自动空气开关的结构和工作原理

自动空气开关有塑壳式（又称装置式）和万能式（又称框架式）两种，常用的 DZ5 – 20 型空气断路器是塑壳式，属于容量较小的一种，其额定工作电流为 20 A；容量较大的有 DZ10 系列，其额定工作电流为 100 ~ 600 A；万能式有 DW1、DW2、DW10 系列。

自动空气开关主要由触点系统、操作机构和保护元件三部分组成。全部机构装在塑料外壳内，外壳上有"分"按钮（红色）和"合"按钮（绿色）及触点接线柱。其工作原理如

图 2 – 3 – 5 所示。

　　开关的三个主触点 1 串接在被保护的三相电路中，电磁脱扣器 3 的线圈和热脱扣器的热元件 5 电阻丝与电路串联，失压脱扣器 6 和分励脱扣器 4（用于远距离控制）的线圈与电路并联。

图 2 – 3 – 5　自动空气开关原理

（a）外形图；（b）原理图；（c）符号

1—主触点；2—自由脱扣器的搭钩；3—电磁脱扣器；4—分励脱扣器；

5—热脱扣器的热元件；6—失压脱扣器；7—按钮

　　当按下绿色"合"按钮时，三个触点被自由脱扣器的搭钩 2 钩住，保持闭合状态。当按下红色"分"按钮时，搭钩松钩，触点分断；或按下按钮 7，分励脱扣器线圈通电，衔铁被吸合，撞击自由脱扣器机构杠杆，把搭钩顶上去，触点分断。

　　空气断路器的优点是：与使用刀开关和熔断器相比，所占面积小，安装方便，操作安全。电路短路时，电磁脱扣器自动脱扣进行短路保护，故障排除后可重复使用，不像熔断器短路保护那样要更换新的熔体。短路时，空气断路器将三相电源同时切断，因而可避免电动机的缺相运行。所以，空气断路器在机床自动控制中广泛应用。

　　自动空气开关型号含义如下：

　　例如，型号 DZ5 – 20/330，表示是无辅助触点、复式脱扣器式、三极、主触点额定电流为 20 A 的塑壳式空气断路器。

　　（2）自动空气开关的选用

　　① 额定电压和额定电流应不小于电路的正常工作电压和工作电流。

　　② 各脱扣器的整定。

a. 热脱扣器的整定电流，应与所控制电动机的额定电流或负载额定电流相等。

b. 失压脱扣器的额定电压，等于主电路的额定电压。

c. 电流脱扣器又称过电压脱扣器，整定电流应大于负载正常工作时的尖峰电流，对于电动机负载，通常按起动电流的1.7倍整定。

d. 电磁脱扣器的瞬时脱扣整定电流，应大于负载电路正常工作时的尖峰电流。对于电动机来说，DZ型空气断路器电磁脱扣器瞬时脱扣整定电流值为

$$I_Z \geqslant K \cdot I_{st} \tag{2-3-1}$$

式中　K——安全系数，可取1.7；

　　　I_{st}——电动机的起动电流，A。

2. 熔断器

1）熔断器概述

熔断器是配电电路及电动机控制电路中用作短路保护的电器。它串联在线路中，当线路或电气设备发生短路故障时，熔断器中的熔体首先熔断，使线路或电气设备脱离电源，起到保护作用。

熔断器主要由熔体和安装熔体的熔管（或熔座）两部分组成。熔体是熔断器的主要部分，常做成片状或丝状；熔管是熔体的保护外壳，在熔体熔断时兼有灭弧作用。

熔体的材料有两种：一种是低熔点材料，如铅、锡等合金制成的不同直径的圆丝（俗称保险丝），由于熔点低，不易熄弧，一般用在小电流电路中；另一种是高熔点材料，如银、铜等，用在大电流电路中，它熄弧较容易，但会引起熔断器过热，对过载时保护作用较差。

每一种规格的熔体都有额定电流和熔断电流两个参数。通过熔体的电流小于其额定电流时，熔体不会熔断，只有在超过其额定电流并达到熔断电流时，熔体才会发热熔断。

通过熔体的电流越大，熔体熔断越快。一般规定，熔体通过的电流为额定电流的1.3倍时，应在1 min以上熔断；通过额定电流的1.6倍时，应在1 min内熔断；电流达到2倍额定电流时，熔体在30～40 s熔断；当达到8～10倍额定电流时，熔体应瞬间熔断。熔断器对于过载是很不灵敏的，当设备轻度过载时，熔断时间延迟很长，甚至不熔断。因此，熔断器不宜作为过载保护用，它主要作为短路保护用。熔断电流一般是熔体额定电流的2倍。

熔管有三个参数，即额定工作电压、额定电流和断流能力。

若熔管的工作电压大于其额定工作电压，则当熔体熔断时可能出现电弧不能熄灭的危险，熔管内所装熔体的额定电流必须小于或等于熔管的额定电流；断流能力是表示熔管断开线路故障所能切断的最大电流。

2）熔断器的选择方法

熔断器经过正确的选择才能起到应有的保护作用。

（1）熔体额定电流的选择

①对变压器、电炉及照明等负载的短路保护，熔体的额定电流应稍大于线路负载的额定电流。

②对一台电动机负载的短路保护，熔体的额定电流I_{RN}应大于或等于1.5～2.5倍电机额定电流I_N，即

$$I_{RN} \geqslant (1.5 \sim 2.5)I_N \tag{2-3-2}$$

③对几台电动机同时保护，熔体的额定电流应大于或等于其中最大容量的一台电动机的

额定电流 I_{Nmax} 的 1.5 ~ 2.5 倍，再加上其余电动机的额定电流总和 $\sum I_N$，即

$$I_{RN} \geq (1.5 \sim 2.5) I_{Nmax} + \sum I_N \qquad (2-3-3)$$

在电动机功率较大而实际负载较小时，熔体额定电流可适当选小些，小到以起动时熔体不断为准。

（2）熔壳的选择

①熔壳的额定电压必须大于或等于线路的工作电压。

②熔壳的额定电流必须大于或等于所装熔体的额定电流。

3）常用熔断器系列产品

（1）瓷插式熔断器

常用产品有 RC1A 系列，主要用于交流 50 Hz、额定电压 380 V 及以下的线路中，作为供配电系统导线及电气设备的短路保护，也可作为民用照明等电路保护。常用 RC1A 系列瓷插式熔断器的外形及结构如图 2-3-6 所示。

RC1A 系列瓷插式熔断器的额定电压为 380 V，额定电流有 5 A、10 A、15 A、30 A、60 A、100 A 及 200 A 等。RC1A 系列熔断器价格便宜，更换方便，因而广泛用作照明和小容量电动机的短路保护。因熔丝熔断过程中产生声光现象，因而对于易爆炸、有腐蚀性的工作场合禁止使用。

图 2-3-6 RC1A 系列瓷插式熔断器

（a）外形图；（b）结构图；（c）熔断器符号

（2）螺旋式熔断器

常用产品有 RL1、RL6、RL7、RLS2 等系列，其中 RL1、RL6、RL7 多用于机床配线电路中，RLS2 为快速熔断器，主要用于保护硅整流元件和晶闸管等半导体元件。螺旋式熔断器主要由瓷帽、熔体、瓷套、上接线端、下接线端及底座六部分组成。常用 RL1 系列螺旋式熔断器的外形及结构如图 2-3-7 所示。

RL1 系列螺旋式熔断器的熔断管内，除了装熔丝外，还在熔丝周围填满石英砂，作为熄灭电弧用。熔体的一端有一小红点，熔丝熔断后红点自动脱落，显示熔丝已熔断。使用时将熔断管有红点的一端插入瓷帽，瓷帽上有螺纹，将瓷帽连同熔管一起拧进瓷底座，熔丝便接通电路。

在安装接线时，用电设备的连接线应接到连接金属螺纹壳的上接线端，电源线接到瓷底座上的下接线端，这样在更换熔丝时，旋出瓷帽后螺纹壳上不会带电，保证了安全。

图 2 - 3 - 7　RL1 系列螺旋式熔断器

（a）外形图；（b）结构图

1—瓷帽；2—熔体；3—熔断指示器；4—瓷套；5—上接线端；6—下接线端；7—底座

RL1 系列螺旋式熔断器的额定电压为 500 V，额定电流有 15 A、60 A、100 A 及 200 A 等。RL1 螺旋式熔断器的断流能力大，体积小，安装面积小，更换熔丝方便，安全可靠，熔丝熔断后有显示。在额定电压为 500 V、额定电流为 200 A 以下的交流电路或电动机控制电路中作为短路保护。

（3）无填料封闭管式熔断器

常用产品有 RM10 系列，其外形及结构如图 2 - 3 - 8 所示。它由钢纸管两端紧套黄铜套管用两排铆钉固定，防止熔断时钢纸管爆破。在套管上旋有黄铜帽用来固定熔体，熔片在装入钢纸管前用螺钉固定在插刀上。使用时将插刀插进夹座。

图 2 - 3 - 8　RM10 系列无填料封闭管式熔断器

1—钢纸管；2—黄铜套管；3—铜帽；4—插刀；5—熔体

熔断器的熔体用锌片制成，锌片冲成有宽有窄的不同截面，宽处电阻大，窄处电阻小。当有大电流通过时，窄处温度上升较宽处快，首先达到熔化温度而熔断。

为保证能可靠地切断所规定的断流能力的电流，按规定，RM 系列熔断器在切断过三次相当于断流能力的电流后，必须更换新的。

（4）有填料封闭管式熔断器

随着低压电网容量的增大，当线路发生短路故障时，短路电流常高达 25 ~ 50 kA。上面三种系列的熔断器都不能分断这么大的短路电流，必须采用 RT0 系列有填料封闭管式熔断器。RT0 系列熔断器的外形及结构如图 2 – 3 – 9 所示。

在图 2 – 3 – 9 中，熔管采用高频陶瓷制成，它具有耐热性强、机械强度高、外表面光洁美观等优点。熔体是两片网状紫铜片，中间用锡把它们焊接起来，这个部分称为"锡桥"；熔管内填满石英砂，在切断电流时起迅速灭弧作用；熔断指标器为一机械信号装置，指示器有与熔体并联的康铜熔断丝，能在熔体烧断后烧断，弹出红色醒目的指示件表示熔断信号；熔断器的插刀插在底座的插座内。

图 2 – 3 – 9　RT 系列有填料封闭管式熔断器
1—盖板；2—指示器；3—触角；4—熔体；5—熔管

3. 接触器

接触器是机床电气控制系统中使用量大、涉及面广的一种低压控制电器，用来频繁地接通和分断交、直流主回路和大容量控制电路。主要控制对象是电动机，能实现远距离控制，并具有欠（零）电压保护。

1）结构和工作原理

接触器主要由电磁机构、触点系统和灭弧装置组成，其结构如图 2 – 3 – 10（b）所示。

（a）　　　　　　　　（b）　　　　　　　　（c）

图 2 – 3 – 10　交流接触器

（a）外形图；（b）结构图；（c）电气符号（线圈、主触点、常开触点、常闭触点）
1—灭弧罩；2—触点压力弹簧片；3—主触点；4—反作用弹簧；5—线圈；6—短路环；
7—静铁心；8—弹簧；9—动铁心；10—辅助常开触点；11—辅助常闭触点

（1）电磁机构。电磁机构包括动铁心（衔铁）、静铁心和电磁线圈三部分，其作用是将电磁能转换成机械能，产生电磁吸力带动触点动作。

（2）触点系统。触点是接触器的执行元件，用来接通或断开被控制电路。触点的结构形式很多，按其所控制的电路可分为主触点和辅助触点。主触点用于接通或断开主电路，允许通过较大的电流；辅助触点用于接通或断开控制电路，只能通过较小的电流。

触点按其原始状态可分为常开触点（动合触点）和常闭触点（动断触点）。原始状态时（即线圈未通电）断开、线圈通电后闭合的触点叫常开触点；原始状态时闭合、线圈通电后断开的触点叫常闭触点。线圈断电后所有触点复位，即恢复到原始状态。

（3）灭弧装置。在分断电流瞬间，触点间的气隙中会产生电弧，电弧的高温能将触点烧损，并可能造成其他事故。因此，应采用适当措施迅速熄灭电弧。常采用灭弧罩、灭弧栅和磁吹灭弧装置。例如，CJ20型接触器就有灭弧罩（灭弧室），它是由陶瓷或三聚氰胺（耐弧塑料）制成。

（4）工作原理。接触器根据电磁工作原理，当电磁线圈通电后，线圈电流产生磁场，使静铁心产生电磁吸力吸引衔铁，并带动触点动作，使常闭触点断开、常开触点闭合，两者是联动的。当电磁线圈断电时，电磁力消失，衔铁在释放弹簧的作用下释放，使触点复原，即常开触点断开、常闭触点闭合。接触器的图形符号、文字符号如图2-3-10（c）所示。

2）交、直流接触器的特点

接触器按其主触点所控制主电路电流的种类，可分为交流接触器和直流接触器。

（1）交流接触器

交流接触器线圈通以交流电，主触点接通、分断交流主电路。

当交变磁通穿过铁心时，将产生涡流和磁滞损耗，使铁心发热。为减少铁损，铁心用硅钢片冲压而成。为便于散热，线圈做成短而粗的圆筒状绕在骨架上。为防止交变磁通使衔铁产生强烈振动和噪声，交流接触器铁心端面上都安装一个铜制的短路环，如图2-3-11所示。

短路环的作用是减少交流接触器吸合时产生的振动和噪声。短路环一般用钢、康铜或镍铬合金等材料制成。交流接触器的灭弧装置通常采用灭弧罩和灭弧栅。

（2）直流接触器

直流接触器线圈通以直流电流，主触点接通、切断直流主电路。

图2-3-11　交流接触器的短路环

直流接触器铁心中不产生涡流和磁滞损耗，所以不发热，铁心可用整块钢制成。为保证散热良好，通常将线圈绕制成长而薄的圆筒状。直流接触器灭弧较难，一般采用灭弧能力较强的磁吹灭弧装置。

3）接触器型号

接触器型号意义如下：

4）接触器的选择

①选择接触器触点的额定电压。通常选择接触器触点的额定电压大于或等于负载回路的额定电压。

②选择接触器主触点的额定电流。选用接触器主触点的额定电流应大于或等于电动机的额定电流或负载额定电流。电动机的额定电流可按下式推算，即

$$I_{N} = \frac{P_{N} \times 10^{3}}{\sqrt{3}U_{N}\eta\cos\varphi} \qquad (2-3-4)$$

式中　I_{N}——电动机额定电流，A；

　　　P_{N}——电动机额定功率，kW；

　　　U_{N}——电动机额定电压，V；

　　　$\cos\varphi$——电动机功率因数，额定负载运行时，为 0.7~0.8；

　　　η——电动机效率，即

$$\eta = \frac{P_{N} \times 10^{3}}{\sqrt{3}U_{N}I_{N}\cos\varphi} \qquad (2-3-5)$$

额定电压为 380 V、功率为 100 kW 以下的电动机，其 $\cos\varphi$ 为 0.7~0.82。

③选择接触器吸引线圈的电压。接触器吸引线圈电压一般从人身和设备安全角度考虑，可选择低一些；当控制线路简单、用电不多时，可选用 220 V 或 380 V。

④接触器的触点数量、种类选择。接触器的触点数量、种类等应满足控制线路的要求。

5）接触器的安装和使用

①接触器安装前应先检查接触器的线圈电压是否符合实际使用要求；然后将铁心极面上的防锈油擦净，以免油垢黏滞造成接触器线圈断电后铁心不释放；并用手分合接触器的活动部分，检查各触点接触是否良好、有无卡阻。

②接触器安装时，其底面与地面的倾斜度应小于 5°。安装 CJ0 系列接触器时，应使有孔两面放在上下方向，以利散热。

③接触器的触点不允许涂油，当触点表面因电弧作用形成金属小珠时，应及时铲除；但银及银合金触点表面产生的氧化膜由于其接触电阻很小，不必挫修，否则将缩短触点的使用寿命。

4. 继电器

继电器主要用在控制和保护电路中，起到信号转换的作用。它具有输入电路（又称感应元件）和输出电路（又称执行元件），当感应元件中的输入量（如电流、电压、温度、压力等）变化到某一定值时继电器动作，执行元件便接通和断开控制回路。

控制继电器种类繁多，常用的有电流继电器、电压继电器、中间继电器、时间继电器、热继电器以及温度、压力、计数、频率继电器等。

电压继电器、电流继电器和中间继电器属于电磁式继电器，其结构、工作原理与接触器相似，由电磁系统、触点系统和释放弹簧等组成。由于继电器用于控制电路，流过触点的电流小，所以不需要灭弧装置。

1）电磁式继电器

电磁式继电器按吸引线圈电流的种类不同有直流和交流两种。其结构及工作原理与接触器相似，但因继电器一般用来接通和断开控制电路，故触点电流容量较小（一般在 5 A 以下）。图 2-3-12 所示为电磁式继电器结构示意图。

图 2-3-12　电磁式继电器结构示意图

1—调整螺钉；2—衔铁；3—触点；4—线圈；5—铁心；6—磁轭；7—弹簧；8—调整螺母；9—非磁性垫片

下面介绍一些常用的电磁式继电器。

（1）电流继电器

电流继电器的线圈串接在被测量的电路中，以反映电路电流的变化。为了不影响电路工作情况，电流继电器的线圈匝数少，导线粗，线圈阻抗小。

电流继电器有欠电流继电器和过电流继电器两类。欠电流继电器的吸引电流为线圈额定电流的 30%～65%，释放电流为额定电流的 10%～20%，因此，在电路正常工作时，衔铁是吸合的，只有当电流降低到某一整定值时，继电器释放，输出信号。过电流继电器在电路正常工作时不动作，当电流超过某一整定值时才动作，整定范围通常为 1～4 倍额定电流。

在机床电气控制系统中，电流继电器主要根据主电路内的电流种类和额定电流来选择。

（2）电压继电器

电压继电器的结构与电流继电器相似，不同的是电压继电器线圈为并联的电压线圈，所以匝数多、导线细、阻抗大。

电压继电器按动作电压值的不同，有过电压继电器、欠电压继电器和零电压继电器之分。过电压继电器在电压为额定电压的 110%～115% 以上时有保护动作；欠电压继电器在电压为额定电压的 40%～70% 时有保护动作；零电压继电器当电压降至额定电压的 5%～25% 时有保护动作。

（3）中间继电器

中间继电器实质上是电压继电器的一种，它的触点数多（有六对或更多），触点电流容量大，动作灵敏。其他主要用途是，当其他继电器的触点数或触点容量不够时，可借助中间继电器来扩大它们的触点数或触点容量，从而起到中间转换的作用。

中间继电器主要依据被控制电路的电压等级、触点数量、种类及容量来选用。机床上常用的中间继电器有交流中间继电器和交直流两用中间继电器。

电磁式继电器的图形符号一般是相同的，如图 2 - 3 - 13 所示。电流继电器的文字符号为 KI，线圈方格中用 $I >$（或 $I <$）表示过电流（或欠电流）继电器。电压继电器的文字符号为 KV，线圈方格中用 $U <$（或 $U = 0$）表示欠电压（或零电压）继电器。

图 2 - 3 - 13　电磁式继电器符号

(a) 线圈；(b) 常开触点；(c) 常闭触点

（4）时间继电器

时间继电器是一种用来实现触点延时接通或断开的控制电器，按其动作原理与构造不同，可分为电磁式、空气阻尼式、电动式和晶体管式等类型。机床控制线路中应用较多的是空气阻尼式时间继电器，目前晶体管式时间继电器也获得了愈来愈广泛的应用。

①空气阻尼式时间继电器。空气阻尼式时间继电器是利用空气阻尼作用获得延时的，有通电延时和断电延时两种类型。

时间继电器的结构如图 2 - 3 - 14 所示，它主要由电磁机构、延时机构和工作触点三部分组成。其工作原理如下。

图 2 - 3 - 14（a）所示为通电延时型时间继电器。当线圈 1 通电后，铁心 2 将衔铁 3 吸合，推板 5 使不延时微动开关 16 立即动作，活塞杆 6 在塔形弹簧的作用下，带动活塞 13 及橡皮膜 9 向上移动，由于橡皮膜下方气室空气稀薄，形成负压，因此活塞杆 6 不能迅速上移。当空气由进气孔 12 进入时，活塞杆 6 才逐渐上移，当移到最上端时，杠杆 14 才使延时微动开关 15 动作。延时时间为自电磁铁吸引线圈通电时刻起到微动开关动作时为止的这段时间。通过调节螺杆 11 调节进气孔的大小，就可以调节延时时间。

图 2 - 3 - 14　时间继电器结构示意图

(a) 通电延时型；(b) 断电延时型

1—线圈；2—铁心；3—衔铁；4—复位弹簧；5—推板；6—活塞杆；7—塔型弹簧；8—弱弹簧；9—橡皮膜；
10—空气室壁；11—调节螺杆；12—进气孔；13—活塞；14—杠杆；15—延时微动开关；16—不延时微动开关

当线圈 1 断电时，衔铁 3 在复位弹簧 4 的作用下将活塞 13 推向最下端。因活塞被往下推时，橡皮膜下方气室内的空气，通过橡皮膜 9、弱弹簧 8 和活塞 13 肩部所形成的单向阀，经上气室缝隙顺利排掉，因此延时与不延时的微动开关 15 与 16 都迅速复位。

将电磁机构翻转 180°安装后，可得到图 2 - 3 - 14（b）所示的断电延时型时间继电器。它的工作原理与通电延时型相似，延时微动开关 15 是在吸引线圈断电后延时动作的。

空气阻尼式时间继电器的优点是：结构简单、寿命长、价格低廉，还附有不延时的触点，所以应用较为广泛；缺点是：准确度低，延时误差大，因此在要求延时精度高的场合不宜采用。

②晶体管式时间继电器。晶体管式时间继电器具有延时范围广、体积小、精度高、调节方便及寿命长等优点，所以发展快，应用广泛。

时间继电器主要根据控制回路所需要的延时触点的延时方式、瞬时触点的数目以及使用条件来选择。

时间继电器的图形符号如图2-3-15所示，文字符号为KT。

图 2 - 3 - 15　时间继电器图形符号

（a）线圈一般符号；（b）通电延时线圈；（c）断电延时线圈；（d）延时闭合常开触点；（e）延时断开常闭触点；（f）延时断开常开触点；（g）延时闭合常闭触点；（h）瞬动常开触点；（i）瞬动常闭触点

2）热继电器

很多工作机械因操作频繁及过载等原因，会引起电动机定子绕组中电流增大、绕组温度升高等现象。若电动机过载不大、时间较短，只要电动机绕组不超过允许的温升，这种过载是允许的。若过载时间过长或电流过大，使绕组温升超过了允许值时，将会损坏绕组的绝缘，缩短电动机的使用年限，严重时甚至会使电动机绕组烧毁。电路中虽有熔断器，但熔体的额定电流为电动机额定电流的1.5~2.5倍，故不能可靠地起过载保护作用，为此，要采用热继电器作为电动机的过载保护。

（1）热继电器的结构和工作原理

热继电器主要由热元件、双金属片、触点系统等组成。其外形结构如图2-3-16所示。

图 2 - 3 - 16　热继电器的外形及结构

在一般情况下，由于电源的三相电压均衡，电动机的绝缘良好，电动机的三相线电流必将相等，应用两相结构的热继电器已能对电动机的过载进行保护；但当三相电源严重不平衡或电动机的绕组内部发生短路故障时，就有可能使电动机的某一相的线电流比其余两相的线电流要高。若该相线路中恰巧没有热元件，就不能可靠地起到保护作用。因此，考虑到这种情况，就必须选用三相结构的热继电器。

热继电器所保护的电动机，如果是星形联结的，当线路上发生一相断路（如一相熔断器熔体熔断）时，另外两相发生过载，但此时流过热元件的电流也就是电动机绕组的电流（线电流等于相电流），因此，用普通的两相或三相结构的热继电器都可以起到保护作用。

如果电动机是三角形联结的，发生断相时，由于是在三相中发生局部过载，而线电流大于相电流，故用普通的两相和三相结构的热继电器就不能起到保护作用，必须采用带断相保护装置的热继电器，它不仅具有一般热继电器的保护性能，而且当三相电动机的一相断路或三相电流严重不平衡时，它能及时动作，起到保护作用（即断相保护特性）。

热继电器适用于轻载起动长期工作或间断工作时作为电动机的过载保护；对频繁和重载起动时，则不能起到充分的保护作用，也不能作短路保护，原因是双金属片受热膨胀需要一定时间，当电动机发生短路时，电流很大，热继电器还来不及动作时，供电线路和电源设备就有可能已受损坏。因此，短路保护必须由熔断器来完成。

热继电器的型号意义如下：

例如，JR16-20/3D 表示额定电流为 20 A 的带断相保护的三相结构热继电器；JR0-40 表示额定电流为 40 A 的两相结构的热继电器。

（2）热继电器的选用

原则上热继电器的额定电流应按电动机的额定电流选择。但对于过载能力较差的电动机，其配用的热继电器的额定电流应适当小些。通常选取热继电器的额定电流（实际上是选取热元件的额定电流）为电动机额定电流的 60% ~ 80%，并应校验动作特性。

在不频繁起动的场合，要保证热继电器在电动机的起动过程中不产生误动作。通常当电动机起动电流为其额定电流的 6 倍及以下、起动时间不超过 5 s 时，若很少连续起动，就可按电动机的额定电流选用热继电器。当电动机起动时间较长，就不宜采用热继电器，而采用过电流继电器作为保护。

热继电器的主要参数是热元件的整定电流范围，通常选择的整定电流范围的中间值应等于或稍大于电动机的额定电流。每一种额定工作电流等级的热继电器都有若干不同额定电流的热元件可供选择。

热继电器在电气原理图中的符号如图 2-3-17 所示。

3）速度继电器

速度继电器是根据电磁感应原理制成的，用于转速的检测。例如，用来在三相交流异步电动机反接制动转速过零时，自动断开反相序电源。图2-3-18所示为其结构原理。

图2-3-17　热继电器的符号

图2-3-18　速度继电器结构原理

1—转轴；2—转子；3—定子；4—绕组；

5—摆锤；6—簧片；7—触点

速度继电器主要由转子、圆环（笼型空心绕组）和触点三部分组成。

转子由一块永久磁铁制成，与电动机同轴相连，用以接收转动信号。当转子（磁铁）旋转时，笼型绕组切割转子磁场产生感应电动势，形成环内电流；此电流与磁铁磁场相作用，产生电磁转矩；圆环在此转矩的作用下带动摆锤，克服弹簧力而顺转子转动的方向摆动，并拨动触点改变其通断状态（在摆锤左、右各设一组切换触点，分别在速度继电器正转和反转时发生作用）。

速度继电器的动作转速一般不低于120 r/min，复位转速在100 r/min以下，工作时允许的转速高达1 000～3 600 r/min。

图2-3-19　速度继电器符号

速度继电器的图形符号如图2-3-19所示，文字符号为KS。

5. 主令电器

自动控制系统中用于发送控制指令的电器称为主令电器。常用的主令电器有控制按钮、行程开关、接近开关、万能开关等几种。

1）控制按钮

控制按钮通常用作短时接通或断开小电流控制电路的开关。

控制按钮是由按钮帽、复位弹簧、桥式触点和外壳等组成。通常制成具有常开触点和常闭触点的复合式结构，其结构示意图如图2-3-20所示。

指示灯式按钮内可装入信号灯显示信号；紧急式按钮装有蘑菇形钮帽，以便于紧急操作。旋钮式按钮是用手扭动旋钮来进行操作的。

按钮帽有多种颜色，一般红色用作停止按钮，绿色用作起动按钮。按钮主要根据所需触点数、使用场合及颜色来进行选择。

按钮开关的图形符号及文字符号如图2-3-20所示。

图 2 – 3 – 20　控制按钮的外形、结构和符号

1—按钮帽；2—复位弹簧；3—常闭静触点；4—动触点；5—常开静触点

2）行程开关

行程开关又称限位开关，是根据运动部件位置而切换的自动控制电器，用来控制运动部件的运动方向、行程大小或位置保护。行程开关有机械式和电子式两种，机械式常见的有按钮式和滑轮式两种。

图 2 – 3 – 21 所示为行程开关的外形、结构及符号。

图 2 – 3 – 21　行程开关外形、结构及符号

3）接近开关

行程开关是有触点开关，工作时由挡块与行程开关的滚轮或触杆碰撞使触点接通或断开的。在操作频繁时，易产生故障，工作可靠性较低。接近开关是无触点开关，具有工作稳定可靠、使用寿命长、重复定位精度高、动作迅速等优点，因此在工业控制系统中应用越来越广泛。

二、训练与考核

1. 实训器材

各种型号的低压电器元件一套（不低于 10 个类组），万用表一只，电工工具一套，零件箱一只，标签若干。

2. 实训内容

（1）常用低压电器的识别

①根据电器元件实物，正确写出各电器元件的型号与规格。电器元件数量应不少于五个类组的 10 件电器元件。

②根据元器件清单的名称，如 DZ15、RL1、CJ10、LA10 等，正确选出清单中所列的电器元件实物。

③根据提供的低压电器的名称和型号，能默画出对应的电器元件文字符号和图形符号。

67

（2）低压电器的拆装

要求分别写出各个元件的拆装步骤和基本拆装方法。

①按钮的拆装。

②行程开关的拆装。

③熔断器的拆装。

④接触器的拆装。

⑤热继电器的拆装。

⑥时间继电器的拆装。

3. 实训考核

考核及评分标准见附录中实训任务工单2－3－1。

三、练习题

①什么是低压电器？目前我国生产的低压电器有哪几大类？

②三相交流接触器有无短路环？为什么？

③如何选用接触器？

④什么是继电接触控制？除了低压电器外，知道目前还有哪些控制元件或装置吗？

⑤继电保护有哪些基本类型？哪些低压电器具有自动保护功能？

⑥说明低压电器拆装的一般步骤和注意事项。

模块四 选用和修复导线

学习目标

- 能根据用电设备的性质和容量选择合适导线。
- 能利用常用电工工具对绝缘导线的绝缘层进行剖削。
- 能正确连接直线电路、分支电路。
- 会修复导线的绝缘。
- 能安全文明生产。

一、理论知识

1. 导线选择及计算

1）导线制品

（1）裸绞线

其主要有7股、19股、37股、61股等，主要用于电力线路中，常用裸绞线如图2－4－1所示。

裸绞线具有结构简单、制造方便、容易架设和维修等优点。常用的裸绞线有 TT 型铝绞线、LGJ 型钢芯铝绞线和 HLJ 型铝合金绞线三种。

图2－4－1 裸绞线

（2）硬母线

硬母线多用于工厂高、低压配电装置中，用作汇集和分配电流的导体。硬母线用铜或铝材料经加工做成，截面形状有矩形、管形、槽形，10 kV 以下多采用矩形铝材，如图 2 - 4 - 2 所示。

硬母线交流电的三相用 L1（U）、L2（V）、L3（W）表示，分别涂以黄、绿、红三色，黑色表示零线。新国标规定，三相母线均涂黑色，分别在线端处粘黄、绿、红色点，以区别 U、V、W 三相。

（3）软母线

其用于 35 kV 及以上的高压配电装置中，如图 2 - 4 - 3 所示。

图 2 - 4 - 2 硬母线

图 2 - 4 - 3 软母线

（4）电气装备用电线电缆

它包括各种电气设备内部的安装连接线、电气装备与电源间连接的电线电缆、信号控制系统用的电线电缆以及低压电力配电系统用的绝缘电线。

按产品的使用特性，可分为通用电线电缆、电机电器用电线电缆、仪器仪表用电线电缆、信号控制电缆、交通运输用电线电缆、地质勘探用电线电缆、直流高压软电缆等数种。维修电工常用的是前两种的六个系列。常见电线电缆如图 2 - 4 - 4 所示。

图 2 - 4 - 4 电线电缆

2）导线载荷计算

在实际生产过程中，经常要对所使用的低压导线、电缆的截面进行选择配线，下面具体介绍其方法和步骤。

（1）根据在线路中所接的电气设备容量，计算线路中的电流

①单相电热、照明的电流计算，即

$$I = \frac{P}{U} \text{（A）} \tag{2-4-1}$$

式中　P——线路中的总功率，W；

　　　U——单相配线的额定电压，V。

②电动机电流。电动机是工厂企业的主要用电设备，大部分是三相交流异步电动机，每相中的电流值可按下式计算，即

$$I = \frac{P \times 1000}{\sqrt{3}\, U\eta\cos\varphi}\ \text{(A)} \qquad\qquad (2-4-2)$$

式中　P——电动机的额定功率，kW；

　　　U——三相线电压，V；

　　　η——电动机效率；

　　　$\cos\varphi$——电动机的功率因数。

（2）根据计算出的线路电流、按导线的安全载流量选择导线

导线的安全载流量是指在不超过导线的最高温度的条件下，允许长期通过的最大电流。

不同截面、不同线芯的导线在不同使用条件下的安全载流量在各有关手册上均可查到。现根据经验总结将手册上的数据划分成几段，得出一套口诀，用来估算绝缘铝导线明敷设、环境温度为25℃时的安全载流量，以及条件改变后的换算方法，口诀如下：

10下五，100上二；25、35，四、三界；70、95，两倍半；穿管温度八、九折；裸线加一半；铜线升级算。

①10下五，100上二。10 mm² 以下的铝导线以截面积数乘以 5 即为该导线的安全载流量，100 mm² 以上的铝导线以截面积数乘以 2 即为该导线的安全载流量。

②25、35，四、三界。16 mm²、25 mm² 的铝导线以截面积数乘以 4 即为该导线的安全载流量，35 mm²、50 mm² 的铝导线以截面积数乘以 3 即为该导线的安全载流量。

③70、95，两倍半。70 mm²、95 mm² 的铝导线以截面积数乘以 2.5 即为该导线的安全载流量。

④穿管温度八、九折。当导线穿管敷设时，因散热条件变差，所以将导线的安全载流量打八折。

例如，6 mm² 铝导线明敷设时的安全载流量为 30 A，穿管敷设时为 30×0.8 =24（A）。若环境温度过高时将导线的安全载流量打九折。

例如，6 mm² 铝导线明敷设时的安全载流量为 30 A，环境温度过高时导线的安全载流量为 30×0.9 =27（A）。假如导线穿管敷设，环境温度又过高，则将导线的安全载流量打八折，再打九折，即 0.8×0.9 =0.72，可按乘 0.72 计算。

⑤裸线加一半。当为裸导线时，同样条件下通过导线的电流可增加，其安全载流量为同样截面积、同种导线安全载流量的 1.5 倍。

⑥铜线升级算。铜导线的安全载流量可以相当于高一级截面积铝导线的安全载流量，即 1.5 mm² 铜导线的安全载流量和 2.5 mm² 铝导线的安全载流量相同，依次类推。

在实际工作中可按此方法，根据线路负荷电流的大小选择合适截面积的导线。

（3）按允许的电压损失进行校验

当配电线路较长时，根据线路的负荷电流按导线安全载流量选择适当截面的导线后，还应按允许的电压损失进行校验，看所选导线是否符合要求。一般工业用动力和电热设备所允许的电压损失为 5%。

例题　已知有一单相线路 U =220 V，线路长 L =100 m，传输功率 P =22 kW，允许电压

损失为5%，应选多大截面积的铝导线？（$\rho = 0.0283\ \Omega\text{mm}^2/\text{m}$）

解：（1）按安全载流量选择

①求线路中的负荷电流 I，即

$$I = \frac{P}{U} = \frac{22 \times 10^3}{220} = 100\ （A）$$

②根据口诀选导线。35 mm² 铝导线的安全载流量为

$$35 \times 3 = 105\ （A）$$

因为 105 A > 100 A，所以可选 35 mm² 铝导线。

③根据允许的电压损失进行校验。

求导线长度 L，即

$$L = 2L' = 2 \times 100 = 200\ （m）$$

求导线的电阻 R，即

$$R = \rho \frac{L}{S} = 0.0283 \times \frac{200}{35} \approx 0.1617\ （\Omega）$$

④35 mm² 铝导线时的电压损失 $\Delta U'\%$，即

$$\Delta U'\% = \frac{IR}{U} = \frac{100 \times 0.1617}{220} = 7.35\%$$

因为 7.35% > 5%，所以应再选截面积大一些的铝导线。

（2）根据允许电压损失选择导线

①允许电压损失为5%时导线上的电压降 U_R，即

$$U_R = U \times 5\% = 220 \times 5\% = 11\ （V）$$

②导线上电压降为11 V时导线的电阻 R'，即

$$R' = \frac{U_R}{I} = \frac{11}{100} = 0.11\ （\Omega）$$

③铝导线的截面积 S'，即

$$S' = \rho \frac{L}{R'} = 0.0283 \times \frac{200}{0.11} = 51.45\ （mm^2）$$

根据计算结果，选择 75 mm² 铝导线。

实际工作中计算导线的电压损失是比较复杂的，需要时可参看有关的教材和书籍。

2. 导线连接和绝缘修复

在低压系统中，导线连接点是故障率最高的部位。电气设备和线路能否安全可靠地运行，在很大程度上取决于导线连接和封端的质量。

导线连接的方式很多，常见的有绞接、缠绕连接、焊接、管压接等。出线端与电气设备的连接，有直接连接和经接线端子连接。

导线连接的基本要求：接触紧密，接头电阻不应大于同长度、同截面导线的电阻值；接头的机械强度不应小于该导线机械强度的80%；接头处应耐腐蚀，防止受外界气体的侵蚀；

接头处的绝缘强度与该导线的绝缘强度应相同。

1）导线接头绝缘层的剖削

绝缘导线连接前，应先削去导线端部的绝缘层，并将裸露的导体表面擦拭干净。削去绝缘层的长度一般为 50～100 mm，截面积小的单股导线削去长度可以小些，截面积大的多股导线削去长度应大些。

图 2-4-5　钢丝钳剖削塑料硬线绝缘层

（1）塑料硬线绝缘层的剖削

① 4 mm² 及以下塑料硬线，其绝缘层一般用钢丝钳来剖削，剖削方法如下。

a. 用左手捏住导线，根据所需线头长度用钢丝钳的钳口切割绝缘层，但不可切入芯线。

b. 用右手握住钢丝钳头部用力向外移，勒去塑料绝缘层，如图 2-4-5 所示。

c. 剖削出的芯线应保持完整无损。如果芯线损伤较大，则应剪去该线头，重新剖削。

② 4 mm² 以上塑料硬线，可用电工刀来剖削其绝缘层，方法如下。

a. 根据所需线头长度，用电工刀以 45°角倾斜切入塑料绝缘层，如图 2-4-6（a）所示，应使刀口刚好削透绝缘层而不伤及芯线。

b. 使刀面与芯线间的角度保持 45°左右，用力要均匀，向线端推削。注意不要割伤金属芯线，削去上面一层塑料绝缘，如图 2-4-6（b）所示。

c. 将剩余的绝缘层向后扳翻，如图 2-4-6（c）所示，然后用电工刀齐根削去。

图 2-4-6　电工刀剖削塑料硬线绝缘层

（a）刀以 45°角倾斜切入；（b）刀以 25°角倾斜挂削；（c）翻下塑料层

（2）塑料软线绝缘层的剖削

塑料软线绝缘层只能用剥线钳或钢丝钳剖削。用钢丝钳剖削的方法同塑料硬线。

剥线钳是用于剥削小直径导线头绝缘层的专用工具，一般在控制柜配线时用得最多。使用时，将要剥削的导线绝缘层长度定好，右手握住钳柄，用左手将导线放入相应的刀口槽中，右手将钳柄向内一握，导线的绝缘层即被剥割拉开，自动弹出，如图 2-4-7 所示。

图 2-4-7　剥线钳剖削塑料软线绝缘层

注意：塑料软线绝缘层不可用电工刀来剖削，因为塑料软线太软，并且芯线又由多股导线组成，用电工刀剖削容易剖伤芯线。

（3）塑料护套线绝缘层的剖削

塑料护套线绝缘层由公共护套层和每根芯线的绝缘层两部分组成。公共护套层只能用电工刀来剖削，剖削方法如下。

①按所需线头长度用电工刀刀尖对准芯线缝隙划开护套层，如图2-4-8（a）所示。

②将护套层向后翻扳，用电工刀齐根切去，如图2-4-8（b）所示。

③用钢丝钳或电工刀按照剖削塑料硬线绝缘层法，分别将每根芯线的绝缘层剖除。钢丝钳或电工刀切入绝缘层时，切口应距离护套层5~10 mm，如图2-4-8（c）所示。

（a）　　　　　　　（b）　　　　　　　（c）

图2-4-8　塑料护套线绝缘层剖削
（a）刀在芯线缝隙间划开护套层；（b）翻扳护套层并齐根切去；（c）剖削芯线绝缘层长度

（4）橡皮线绝缘层的剖削

橡皮线绝缘层外面有柔纤维编织保护层，切削方法如下。

①先按剖削护套线护套层的方法，用电工刀刀尖将编织保护层划开，并将其向后翻扳，再齐根切去。

②按剖削塑料线绝缘层的方法削去橡胶层。

③将棉纱层散开到根部，用电工刀切去。

（5）花线绝缘层的剖削

花线绝缘层分外层和内层，外层是柔韧的棉纱编织物，内层是橡胶绝缘层和棉纱层。其剖削方法如下。

①在所需线头长度处用电工刀在棉纱织物保护层四周割切一圈，将棉纱织物拉去。

②在距棉纱织物保护层10 mm处，用钢丝钳的刀口切割橡胶绝缘层，注意不可损伤芯线，方法与图2-4-5所示相同。

③将露出的棉纱层松开，用电工刀割断，如图2-4-9（a）和图2-4-9（b）所示。

（a）　　　　　　　　　　　（b）

图2-4-9　花线绝缘层的剖削
（a）将棉纱层散开；（b）割断棉纱层

（6）铅包线绝缘层的剖削

铅包线绝缘层由外部铅包层和内部芯线绝缘层组成，内部芯线绝缘层用塑料（塑料护套）或橡胶（橡胶护套）制成。其剖削方法如下。

①先用电工刀将铅包层切割一刀，如图2-4-10（a）所示。

②用双手来回扳动切口处，使铅包层沿切口折断，把铅包层拉出来，如图 2-4-10（b）所示。

③内部绝缘层的剖削方法与塑料线绝缘层或橡胶绝缘层的剖削方法相同，如图 2-4-10（c）所示。

（a）　　　　　　　　（b）　　　　　　　　（c）

图 2-4-10　铅包层的剖削

（a）按所需长度切入；（b）折扳切口拉出铅包层；（c）剖削绝缘层

（7）橡套软电缆绝缘层的剖削

橡套软线外包橡胶护套层，内部每根芯线上又有各自的橡胶绝缘层，其剖削方法如下。

①用电工刀从端头任意两芯线缝隙中割破部分护套层，如图 2-4-11（a）所示。

②把割破已可分成两片的护套层连同芯线一起进行反向分拉来撕破护套层，当撕拉难以破开护套层时，再用电工刀补割，直到所需长度时为止，如图 2-4-11（b）所示。

③翻扳已被分割的护套层，在根部分别切断，如图 2-4-11（c）所示。

④拉开护套层以后部分的剖削与花线绝缘层的剖削方法大体相同。

芯线

护套层　加强麻线

护套层

（a）　　　　　　　　（b）　　　　　　　　（c）

图 2-4-11　橡套软电缆绝缘层的剖削

图 2-4-12　刮削漆包线
线头绝缘层

（8）漆包线绝缘层的去除

漆包线绝缘层是喷涂在芯线上的绝缘层。线径不同，去除绝缘层的方法也不一样。直径在 1.0 mm 以上的，可用细砂纸或细砂布擦除；直径为 0.6～1.0 mm 的，可用专用刮线刀刮去，如图 2-4-12 所示。

直径在 0.6 mm 以下的，也可用细砂纸或细砂布擦除。操作时应细心；否则易造成芯线折断。有时为了保持漆包线芯直径的准确，也可用微火烤焦线头绝缘漆层，再将漆层轻轻刮去。注意不可用大火，以免芯线变形或烧断。

2）导线连接

当导线不够长或要分接支路时，就要将导线与导线连接。常用绝缘导线的芯线股数有单股、七股和 19 股等多种，其连接方法随芯线材质与股数的不同而各不相同。

（1）铜芯导线的连接

根据铜芯导线股数的不同，有以下几种连接方法。

①单股铜芯导线的直线连接。连接时，先将两导线芯线线头呈"X"形相交，如图 2－4－13（a）所示；互相绞合 2~3 圈后扳直两线头，如图 2－4－13（b）所示；将每个线头在另一芯线上紧贴并绕六圈，用钢丝钳切去余下的芯线，并钳平芯线末端，如图 2－4－13（c）所示。

单股铜芯导线的
直接连接

| （a） | （b） | （c） |

图 2－4－13　单股铜芯导线的直接连接

②单股铜芯导线的 T 形分支连接。将支路芯线的线头与干线芯线十字相交，在支路芯线根部留出 5 mm，然后顺时针方向缠绕支路芯线，缠绕 6~8 圈后，用钢丝钳切去余下的芯线，并钳平芯线末端。如果连接导线截面较大，两芯线十字交叉后直接在干线上紧密缠八圈即可，如图 2－4－14（a）所示。小截面的芯线可以不打结，见图 2－4－14（b）。

| （a） | （b） |

图 2－4－14　单股铜芯导线的 T 字分支连接

单股铜芯导线的
T 形分支连接

③双股线的对接。将两根双芯线线头剖削成图 2－4－15 所示的形式。连接时，将两根待连接的线头中颜色一致的芯线按小截面直线连接方式连接。用相同的方法将另一颜色的芯线连接在一起。

图 2－4－15　双股线的对接

④七股铜芯导线的直线连接。先将剥去绝缘层的芯线头散开并拉直，再把靠近绝缘层 1/3 线段的芯线绞紧，然后把余下的 2/3 芯线头按图 2－4－16（a）所示分散成伞状，并将每根芯线拉直。把两伞骨状线端隔根对叉，必须相对插到底，并拉平两端芯线，如图 2－4－16（b）所示。捏平叉入后的两侧所有芯线，并应理直每股芯线且使每股芯线的间隔均匀，同时用钢丝钳钳紧叉口处消除空隙，如图 2－4－16（c）所示。先在一端把邻近两股芯线在距叉口中线约三根单股芯线直径宽度处折起，并形成 90°，如图 2－4－16（d）所示。接着把这两股芯线按顺时针方向紧缠两圈后，再折回 90°并平卧在折起前的轴线位置上，如图 2－4－16（e）所示。接着把处于紧挨平卧前邻近的两根芯线折成 90°，再把这两

股芯线按顺时针方向紧缠两圈后，再折回90°并平卧在折起前的轴线位置上，如图2-4-16（f）所示。把余下的三根芯线按顺时针方向紧缠两圈后，把前四根芯线在根部分别切断，并钳平，如图2-4-16（g）所示。接着把三根芯线缠足三圈，然后剪去余端，钳平切口，不留毛刺，如图2-4-16（h）所示。

用同样的方法再缠绕另一侧芯线。

图2-4-16　七股铜芯导线的直接连接

⑤七股铜芯导线的T形分支连接。将分支芯线散开并拉直，再把紧靠绝缘层1/8线段的芯线绞紧，把剩余7/8的芯线分成两组，一组四根，另一组三根，排齐。用旋凿把干线的芯线撬开分为两组，再把支线中四根芯线的一组插入干线芯线中间，而把三根芯线的一组放在干线芯线的前面，如图2-4-17（a）所示。把三根芯线的一组在干线右边按顺时针方向紧紧缠绕3~4圈，并钳平线端；把四根芯线的一组在干线芯线的左边按逆时针方向缠绕，如图2-4-17（b）所示。按逆时针方向缠绕4~5圈后，钳平线端，如图2-4-17（c）所示。

图2-4-17　七股铜芯导线的T形分支连接

⑥19股铜芯导线的直线连接。19股铜芯导线的直线连接与七股铜芯导线的直线连接方法基本相同。由于19股导线的股数较多，可剪去中间的几股，按要求在根部留出长度绞紧，隔股对叉，分组缠绕。连接后，在连接处应进行钎焊，以增加其机械强度和改善导电性能。

⑦19 股铜芯导线的 T 形分支连接。19 股铜芯导线的 T 形分支连接与七股铜芯导线的 T 形分支连接方法也基本相同，只是将支路芯线按九根和十根分成两组，将其中一组穿过中缝后，沿干线两边缠绕。连接后，也应进行钎焊。

⑧不等径铜导线的连接。如果要连接的两根铜导线的直径不同，可把细导线线头在粗导线线头上紧密缠绕 5~6 圈，弯折粗线头端部，使它压在缠绕层上，再把细线头缠绕 3~4 圈，剪去余端，钳平切口即可，如图 2-4-18 所示。

⑨软线与单股硬导线的连接。连接软线和单股硬导线时，可先将软线拧成单股导线，再在单股硬导线上缠绕 7~8 圈，最后将单股硬导线向后弯曲，以防止绑线脱落，如图 2-4-19 所示。

图 2-4-18　不等径铜导线的连接

图 2-4-19　软线与单股硬导线的连接

⑩铜芯导线接头的锡焊。

a. 电烙铁锡焊。通常，截面为 10 mm² 及以下的铜芯导线接头，可用 150 W 电烙铁进行锡焊。焊接前，先清除接头上的污物，然后在接头处涂上一层无酸焊锡膏，待电烙铁烧热后，即可锡焊。

b. 浇焊。截面为 16 mm² 及以上的铜芯导线接头，应实行浇焊。浇焊时，先将焊锡放在化锡锅内，用喷灯或在电炉上熔化。当熔化的锡液表面呈磷黄色，就表明锡液已到高温。此时可将导线接头放在锡锅上面，用勺盛上锡液，从接头上浇下，如图 2-4-20 所示，直到完全焊牢为止。最后用清洁的抹布轻轻擦去焊渣，使接头表面光滑。

图 2-4-20　铜芯导线接头浇焊法

（2）铝芯导线的连接

由于铝的表面极易氧化，而氧化薄膜的电阻率又很高，所以铝芯导线主要采用压接管压接和沟线夹螺栓压接。

（3）铜（导线）、铝（导线）之间的连接

铜导线与铝导线连接时，要采取防电化腐蚀的措施。

（4）线头与接线端子（接线桩）的连接

通常，各种电气设备、电气装置和电器用具均设有供连接导线用的接线端子。常见的接线端子有柱形端子和螺钉端子两种，如图 2-4-21 所示。

①线头与针孔接线柱的连接。

端子板、某些熔断器、电工仪表等的接线，大多利用接线部位的针孔并用压接螺钉来压住线头以完成连接。如果线路容量小，可只用一只螺钉压接；如果线路容量较大或对接头质量要求较高，则使用两只螺钉压接。

单股芯线与接线柱连接时，最好按要求的长度将线头折成双股并排插入针孔，使压接螺钉顶紧在双股芯线的中间。如果线头较粗，双股芯线插不进针孔，也可将单股芯线直接插入，

图 2 - 4 - 21　接线端子

（a）柱形端子；（b）螺钉端子；（c）具有瓦形垫圈的螺钉端子

图 2 - 4 - 22　单股芯线与针孔接线压接法

但芯线在插入针孔前，应朝着针孔上方稍微弯曲，以免压紧螺钉稍有松动线头就脱出，如图 2 - 4 - 22 所示。

多股芯线与接线柱连接时，必须把多股芯线按原拧紧方向，用钢丝钳进一步绞紧，以保证压多股芯线受压紧螺钉顶压时而不致松散。由于多股芯线的载流量较大，孔上部往往有两个压紧螺钉，连接时应先拧紧第一枚螺钉（近端口的一枚），后拧紧第二枚，然后再加拧第一枚和第二枚，要反复加拧两次。

此时应注意，针孔与线头的大小应匹配，如图 2 - 4 - 23（a）所示。

如果针孔过大，则可选一根直径大小相宜的导线作为绑扎线，在已绞紧的线头上紧紧地缠绕一层，使线头大小与针孔匹配后再进行压接，如图 2 - 4 - 23（b）所示。如果线头过大，插不进针孔，则可将线头散开，适量剪去中间几股，如图 2 - 4 - 23（c）所示，然后将线头绞紧就可进行压接。通常七股芯线可剪去 1~2 股，19 股芯线可剪去 1~7 股。

图 2 - 4 - 23　多股芯线与针孔接线柱连接

（a）针孔合适的连接；（b）针孔过大时线头的处理；（c）针孔过小时线头的处理

无论是单股芯线还是多股芯线，线头插入针孔时必须插到底，导线绝缘层不得插入孔内，针孔外的裸线头长度不得超过 3 mm。

②线头与螺钉平压式接线柱的连接。

单股芯线（包括铝芯线）与螺钉平压式接线柱，是利用半圆头、圆柱头或六角头螺钉加垫圈将线头压紧完成连接的。对载流量较小的单股芯线，先将线头弯成压接圈（俗称"羊眼圈"），再用螺钉压紧。为保证线头与接线柱有足够的接触面积，日久不会松动或脱落，压接圈必须弯成圆形。单股芯线压接圈弯法如图 2 - 4 - 24 所示。

单股芯线压
接圈制作

（a）　　　　　（b）　　　　　（c）　　　　　（d）

图 2 - 4 - 24　单股芯线压接圈弯法

（a）离绝缘层根部约 30 mm 处向外侧折角；（b）按略大于螺钉弯曲圆弧；

（c）剪去芯线余端；（d）修正圆圈成圆

图 2 - 4 - 25 所示的八种压接圈都不规范：图 2 - 4 - 25（a）的压接圈不完整，接触面积太小；图 2 - 4 - 25（b）的线头根部太长，易与相邻导线碰触造成短路；图 2 - 4 - 25（c）的导线余头太长，压不紧，且接触面积小；图 2 - 4 - 25（d）的压接圈内径太小，套不进螺钉；图 2 - 4 - 25（e）的压接圈不圆，压不紧，易造成接触不良；图 2 - 4 - 25（f）的压接圈余头太长，易发生短路或触电事故；图 2 - 4 - 25（g）的压接圈只有半个圆圈，压不住；图 2 - 4 - 25（h）的压接圈软线线头未拧紧，有毛刺，易造成短路。

（a）　　　　　（b）　　　　　（c）　　　　　（d）

（e）　　　　　（f）　　　　　（g）　　　　　（h）

图 2 - 4 - 25　不规范的压接法

对于横截面不超过 10 mm^2 的七股及以下多股芯线，应按图 2 - 4 - 26 所示弯制压接圈。把离绝缘层根部约 1/2 长的芯线重新绞紧，越紧越好，图 2 - 4 - 26（a）所示；绞紧部分的芯线，在离绝缘层根部 1/3 处向左外折角，然后弯曲圆弧，如图 2 - 4 - 26（b）所示；当圆弧弯曲得将成圆圈（剩下 1/4）时，应将余下的芯线向右外折角，然后使其成圆，捏平余下线端，使两股芯线平行，如图 2 - 4 - 26（c）所示；把散开的芯线按二、二、三根分成三组，将第一组两根芯线扳起，垂直于芯线，要留出垫圈边宽，如图 2 - 4 - 26（d）所示；按七股芯线直线对接的自缠法加工，如图 2 - 4 - 26（e）所示。

图 2 - 4 - 26（f）是缠成后的七股芯线压接圈。

图 2-4-26　七股导线压接口弯法

对于横截面超过 10 mm² 的七股以上软导线端头，应安装接线耳。

软导线线头也可用螺钉平压式接线柱连接。软导线线头压接螺钉之间的绕结方法如图 2-4-27 所示，其工艺要求与上述多股芯线的压接相同。

③线头与瓦形接线柱的连接。

瓦形接线柱的垫圈为瓦形。为了保证线头不从瓦形接线柱内滑出，压接前应先将已去除氧化层和污物的线头弯成 U 形，如图 2-4-28（a）所示，然后将其卡入瓦形接线柱内进行压接。

如果需要把两个线头接入一个瓦形接线柱内，则应使两个弯成 U 形的线头重合，然后将其卡入瓦形垫圈下方进行压接，如图 2-4-28（b）所示。

图 2-4-27　软导线线头用
平压式接线柱的连接方法

（a）围绕螺钉后再自缠；
（b）自缠一圈后将端头压入螺钉

图 2-4-28　单股芯线与瓦形接线柱的连接

（a）一个线头连接方法；（b）两个线头连接方法

3）导线绝缘层的恢复

导线绝缘层破损和导线接头连接后均应恢复绝缘层。恢复后的绝缘层的绝缘强度不应低于原有绝缘层的绝缘强度。

恢复导线绝缘层常用的绝缘材料是黄蜡带、涤纶薄膜带和黑胶带，黄蜡带和黑胶带选用规格为 20 mm 宽的较为适宜，包缠也方便。

（1）绝缘带包缠方法

包缠时，将黄蜡带从导线左边完整的绝缘层上开始，包缠两个带宽后就可进入连接处的芯线部分。包至连接处的另一端时，也同样应包入完整绝缘层上两个带宽的距离，如

图 2 - 4 - 29（a）所示。

　　包缠时，绝缘带与导线应保持约 55°的倾斜角，每圈包缠压叠带宽的 1/2，如图 2 - 4 - 29（b）所示。包缠一层黄蜡带后，将黑胶带接在黄蜡带的尾端，按另一斜叠方向包缠一层黑胶带，也要每圈压叠带宽的 1/2，如图 2 - 4 - 29（c）和图 2 - 4 - 29（d）所示。

（a）　　　　　　　　　　　　　　　　（b）

（c）　　　　　　　　　　　　　　　　（d）

图 2 - 4 - 29　绝缘带包缠方法

　　（2）绝缘带包缠注意事项

　　①恢复 380 V 线路上的导线绝缘时，必须先包缠 1~2 层黄蜡带（或涤纶薄膜带），然后再包缠一层黑胶带。

　　②恢复 220 V 线路上的导线绝缘时，先包缠一层黄蜡带（或涤纶薄膜带），然后再包缠一层黑胶带，也可只包缠两层黑胶带。

　　③包缠绝缘带时，不可出现图 2 - 4 - 30 所示的几种缺陷，特别是不能过疏，更不允许露出芯线，以免发生短路或触电事故。

　　④绝缘带不可保存在温度很高的地点，也不可被油脂浸染。

绝缘带包缠演示

不从完整的保护层开始　　　　　　叠得过疏

叠得过密　　　　　　　　　　露出芯线

图 2 - 4 - 30　绝缘带包缠常见缺陷

二、训练与考核

1. 实训器材

常用电工工具，各型线缆，绝缘胶带。

2. 实训内容

1）实训内容

①根据线路性质判别和容量计算。

②练习用电工刀剖削废旧塑料硬线、塑料护套线、橡胶软线和铅包绝缘层。

③练习用钢丝钳剖削废旧塑料硬线和塑料软线绝缘层。

④导线连接练习。

a. 用一根 BV2.5 mm^2（1/1.76 mm）塑料铜芯线进行打 ϕ1.5 mm、ϕ3 mm、ϕ6 mm 羊眼圈练习。

b. 用两根 BV2.5 mm^2（1/1.76 mm）塑料铜芯线做直线连接练习。

c. 用两根 BV4 mm^2（1/2.24 mm）塑料铜芯线做 T 形分支连接练习。

d. 恢复绝缘层。

2）实训要求

①剖削导线绝缘层时不能损伤芯线。

②导线缠绕方法要正确。

③导线缠绕后要平直、整齐和紧密。

3. 实训考核

考核及评分标准见附录中实训任务工单 2 - 4 - 1。

三、练习题

①有一用户需安装一房间用电线路，该房间内需安装一台 1.5 匹（3 500 kW）的空调，一台 150 W 的冰箱，4 只 40 W 的照明灯具，至少能承受 2.5 kW 独立的插座动力线路，试选择各段线路所需导线、熔断器的规格型号。

②恢复导线绝缘层应掌握哪些基本方法？380 V 线路导线的绝缘层应怎样恢复？

模块五　识别和焊接常用电子元器件

- 会识别、检测常用电子元器件。
- 掌握电子线路焊接方法，能熟练焊接电子线路。

一、理论知识

1. 常用电子元器件的识别

1）电阻器

电阻可以说是电子设备中最常用的零件。电阻按材料分，一般有碳膜电阻、金属膜电阻、水泥电阻、线绕电阻等。一般的家庭电器使用碳膜电阻较多，因为它成本低廉。金属膜电阻精度要高些，使用在要求较高的设备上。水泥电阻和线绕电阻都是能够承受比较大功率的，线绕电阻的精度也比较高，常用在要求很高的测量仪器上。

电阻器和电位器的判别与检测方法如下。

（1）电阻阻值的识读方法

①直标法。它是直接将电阻器的阻值和允许偏差，用阿拉伯数字和文字符号直接标记在电阻体上。

②文字符号法：它是将电阻器的标称阻值用文字符号表示，并规定阻值的整数部分写在单位标志的前面，阻值的小数部分写在阻值单位标志符号的后面。例如，R33 表示阻值为 0.33 Ω；5.1 Ω 标志为 5R1；4.7 kΩ 标志为 4K7；2.2 MΩ 标志为 2M2 等。

③色标法。它是指用不同颜色表示电阻器的不同的标称阻值和允许偏差（规定见表 2 - 5 - 1），在电阻上用色环标志。每种颜色代表不同的数字，根据色环的颜色及排列来判断电阻的大小。色环电阻分为四色环和五色环。如四色环，顾名思义，就是用四条有颜色的环代表阻值大小。

小功率碳膜和金属膜电阻，一般都用色环表示电阻阻值的大小，常见的色环电阻表示方法如图 2 - 5 - 1 所示。

表 2 - 5 - 1　电阻器的色环表示意义

颜色	银色	金色	黑色	棕色	红色	橙色	黄色	绿色	蓝色	紫色	灰色	白色	无色
有效数字	—	—	0	1	2	3	4	5	6	7	8	9	—
乘数	10^{-2}	10^{-1}	10^0	10^1	10^2	10^3	10^4	10^5	10^6	10^7	10^8	10^9	—
允许偏差/%	±10	±5	—	±1	±2	—	—	±0.5	±0.2	±0.1	—	$\begin{array}{c}+50\\-20\end{array}$	±20

色标法则也可熟记以下口诀：

棕一红二橙三，黄四绿五蓝六，紫七灰八白九，金五银十黑零。

图 2 - 5 - 1　电阻器色环的表示含义

a. 四色环电阻表示。

第一条色环：阻值的第一位数字；第二条色环：阻值的第二位数字；第三条色环：10 的幂数；第四条色环：误差表示。

例如，电阻色环：棕 绿 红 金。

第一位：1；第二位：5；第三位：10 的幂为 2（即 100）；第四位：误差为 5%，即阻值为：$15 \times 100 = 1\,500\ \Omega = 1.5\ \text{k}\Omega$（即 1.5 k）。

b. 五色环电阻表示（精确度更高）。

第一条色环：阻值的第一位数字；第二条色环：阻值的第二位数字；第三条色环：阻值的第三位数字；第四条色环：阻值乘数的 10 的幂数；第五条色环：误差表示（常见的是棕色，误差为 1%）。

例如，电阻色环：黄 紫 红 橙 棕。

第一位：4；第二位：7；第三位：2；第四位：10 的幂为 3（即 1 000）；第五位：误差为 1%，

即阻值为：$472 \times 1\,000\ \Omega = 472\ \text{k}\Omega$（即 472 k）

（2）电阻器的检测

通常在测试 ±5%、±10%、±20% 的电阻器时，可采用万用表、电桥检查，看其阻值是否与标称值相符。还要注意每个电阻器所承受的电压、功率是否合适。

（3）电位器的检测

使用电位器前要先用万用表合适的欧姆挡挡位，测量电位器两固定端的电阻值是否与标称值相符，然后再测量滑动端与任一固定端之间阻值变化情况，慢慢移动滑动端，如果万用表指针移动平稳，没有跳动和跌落现象，转动转轴或移动滑动端时，应感觉平滑，且松紧适中，听不到"咝咝"声，表明电位器的电阻体良好，滑动端接触可靠。

2）电容器

被绝缘介质隔开的两个导体的组合，称为电容器。在电路里，电容跟电阻一样是电子设备中最常用的零件。电容器在电路中可起到滤波、移相、隔直流、旁路、选频及耦合等作用。

常见的电容按制造材料的不同，可以分为瓷介电容、涤纶电容、电解电容，还有先进的聚丙烯电容等，它们各有不同的用途。例如，瓷介电容常用于高频，电解电容用于电源滤波等。

（1）电容器主要参数

①电容器的标称容量和误差。电容容量的大小就是表示能储存电能的大小，电容对交流信号的阻碍作用称为容抗，它与交流信号的频率和电容容量有关。电容器的标称容量和误差一般标在电容器外壳上。

②额定直流工作电压（耐压值）。电容器的工作电压不允许超过其额定工作电压，否则会出现击穿，严重的会因漏电发热，产生爆裂事故。对有极性电容器（电解电容），不允许反极性使用，否则会产生爆裂事故。

③绝缘电阻。电容器的绝缘电阻是指电容器两极之间的电阻，或称漏电阻。绝缘电阻总的来讲越大越好。

（2）电容器判别与选用

①识读方法。

a. 直标法。在电容器表面直接标出标称容量的数值和单位，如 470 pF、0.22 μF、100 μF 等。大多数电路图中对以 pF 为单位的小容量电容器，仅标出数值而不标出单位，如 10 用来表示 10 pF、1 000 表示 1 000 pF。而对 μF 为单位，在数值上存在小数点的电容器 μF 也均在电路原理图上省略，如 0.22 表示 0.22 μF、0.47 表示 0.47 μF。也有些电容器将小数点用 R 来表示，如 R47 表示 0.47 μF。

b. 全数字表示法。全数字表示法的单位用 pF，由三位数码构成：第一位、第二位表示容量的有效数字，第三位表示在前两位有效数字后面加 "0" 的个数，如 102 表示 1 000 pF、224 表示 22×10^4 pF（即 0.24 μF）。

表示 "0" 的个数的第三位数字最大只表示到 "8"，一旦第三位数字为 "9" 时，则表示的是 10^{-1}，如 569 表示 56×10^{-1} pF，即 5.6 pF。

c. 字母表示法。这种方法属于国际电工委员会推荐的表示法，使用四个字母：p（皮法）、n（纳法）、μ（微法）、m（毫法）来表示电容器的容量单位。

1 F（法）$= 10^3$ mF（毫法）$= 10^6$ μF（微法）$= 10^9$ nF（纳法）$= 10^{12}$ pF（皮法）

通常用两个数夹一个字母表示电容器的标称容量，字母前为容量值的整数，字母后为容量值的小数，如 4.7 μF 写为 4μ7、1 500 μF 写为 1m5。

d. 色标法。色标与电阻器的色标相似。色标通常有三种颜色，沿着引线方向，前两种色标表示有效数字，第三色标表示有效数字后面零的个数，单位为 pF。有时一、二色标为同色，就涂成一道宽的色标，如橙橙红，两个橙色标就涂成一道宽的色标，表示 3 300 pF，如图 2-5-2 所示。

图 2-5-2　电容量的色码表示法

②电容器的检测。

a. 小电容的检测。

ⅰ. 对于几百 pF 的小电容器，可用万用表 $R \times 10$ k 挡，两表笔分别接电容任意两个引脚，测得的阻值应为无穷大，若指针有偏转，说明电容存在漏电或击穿现象。如要测出具体容量，可采用数字万用电表电容挡测量。

ⅱ. 对于 0.01 μF 以上的电容器，可以用万用表 $R \times 10$ k 挡直接测试电容器有无充放电现象以及内部有无漏电和短路，并可根据指针摆动幅度的大小估计出电容容量的大小。如要精确测量则可使用数字万用表。

b. 判别电解电容器的极性。根据电解电容器正接时漏电小、反接时漏电大的现象可判别其极性。用万用表欧姆挡测电解电容器的漏电电阻，并记下该阻值，然后调换表笔再测一次，两次漏电阻中，大的那次，黑表笔接的是电解电容器的正极，红表笔接的是负极。

3）电感器

电感线圈是将绝缘导线在绝缘骨架上绕一定的圈数制成。直流可通过线圈，直流电阻就是导线本身的电阻，压降很小；当交流信号通过线圈时，线圈两端将会产生自感电动势，自感电动势的方向与外加电压的方向相反，阻碍交流的通过，所以电感的特性是通直流阻交流，频率越高，线圈阻抗越大。

电感量的单位是亨利，简称亨，用 H 表示。电感量小的用毫亨（mH）表示，更小的用微亨（μH）表示。其换算关系为：$1\ H = 10^3\ mH = 10^6\ \mu H$。

电感一般有直标法和色标法，色标法与电阻类似。

电感一般可用万用表欧姆挡 $R \times 1$ 或 $R \times 10$ 挡来测量，若测得阻值为无穷大，表明电感器已断路；如测得阻值很小，说明电感器正常。相同电感量的多个电感，阻值小的品质因数 Q 高。要正确测量电感线圈的电感量和品质因数 Q，需要用专门仪器。

4）半导体器件手册的查询方法

半导体器件主要是半导体二极管、稳压管、双极型三极管和晶闸管等。半导体器件的参数是其特性的定量描述，也是实际工作中根据要求选用器件的主要依据。各种器件的参数都可由器件手册查得。而各个国家的分类方式又不尽相同，如国产的 3DD15A 标为 DD15A、日本的 2SC1942 标为 C1942；另一种是只标明数字的，如韩国的 9012、9013 等。以上都必须要查手册才知其详细参数。

我国半导体器件的命名法见表 2 - 5 - 2。

表 2 - 5 - 2 　我国半导体器件的命名法

第一部分		第二部分		第三部分			
用数字表示电极数目		用汉语拼音字母表示材料和极性		用汉语拼音字母表示类型			
符号	意义	符号	意义	符号	意义	符号	意义
2	二极管	A	N 型，锗材料	P	普通管	D	低频大功率管 $(f<3\ MHz\ \ P_c \geqslant 1W)$
		B	P 型，锗材料	V	微波管		
		C	N 型，硅材料	W	稳压管	A	高频大功率管 $(f \geqslant 3\ MHz\ \ P \geqslant 1W)$
		D	P 型，硅材料	C	变容管		
				Z	整流管	T	体效应器件
				L	整流堆	B	雪崩管
3	三极管	A	PNP 型，锗材料	S	隧道管	J	阶跃恢复管
		B	NPN 型，锗材料	N	阻尼管	CS	场效应器件
		C	PNP 型，硅材料	U	光电器件	BT	半导体特殊器件
		D	NPN 型，硅材料	X	低频小功率管 $(f<3\ MHz\ \ P<1W)$	FH	复合管
		E	化合物材料			PIN	PIN 型管
				G	高频小功率管 $(f \geqslant 3\ MHz\ \ P<1W)$	JG	激光器件

第四部分　　　　　第五部分
用数字表示序号　　用汉语拼音字母表示规格号
注：场效应管、半导体特殊器件、复合管、PIN 管和激光器件的型号命名只有第三、四、五部分

3 D G 130 C
└── 规格号
└─── 序号
└──── 高频小功率管
└───── NPN，硅材料
└────── 三极管

国际电子联合会半导体器件命名法见表 2 - 5 - 3。德国、法国、意大利等国家，都采用国际电子联合会半导体器件命名法。

美国、日本、韩国分别有自己国家的半导体器件命名法。

表 2 – 5 – 3　国际电子联合会半导体器件命名法

第一部分		第二部分				
用字母表示材料		用字母表示类型和特性				
符号	意义	符号	意义		符号	意义
A B C D R	锗材料 硅材料 砷化镓材料 锑化铟材料 复合材料	A B C D E F G H K L	检波二极管、开关二极管、混频二极管 变容二极管 低频小功率三极管 低频大功率三极管 隧道二极管 高频小功率三极管 复合器件及其他器件 磁敏二极管 开放磁路中的霍尔元件 高频大功率三极管		M P Q R S T U X Y Z	封闭磁路中的霍尔元件 光敏元件 发光元件 小功率晶闸管 小功率开关管 大功率晶闸管 大功率开关管 倍增二极管 整流二极管 稳压二极管
第三部分		第四部分				
用数字或字母加数字表示等级序号		用字母对同一型号器件进行分级				
符号	意义	符号	意义			
三位数字 一个字母 二位数字	代表通用半导体器件的等级序号 代表专用半导体器件的等级序号	A B C D E	表示同一型号的半导体器件按某一参数进行分级的标志 　A　F　293　S 　器件的S级 　通用器件等级号 　高频小功率三极管 　锗材料			

最后还需要从手册中查半导体器件的封装形式和尺寸，了解器件的形状、管脚排列位置，以便于进行工艺设计和正确的作用器件。

5）晶体二极管

（1）结构和性能

晶体二极管就是由一个 PN 结，加上两条电极引线和管壳而制成的，P 区引出线为正极，N 区引出线为负极。常用二极管的特性见表 2 – 5 – 4。

表 2 – 5 – 4　常用二极管的特性

名称	原理特性	用途
整流二极管	多用硅半导体制成，利用 PN 结单向导电性	把交流电变成脉动直流，即整流

名称	原理特性	用途
检波二极管	常用点接触式，高频特性好	把调制在高频电磁波上的低频信号检出来
稳压二极管	利用二极管反向击穿时，两端电压不变原理	稳压限幅，过载保护，广泛用于稳压电源装置中
开关二极管	利用正偏压时二极管电阻很小，反偏压时电阻很大的单向导电性	在电路中对电流进行控制，起到接通或关断的开关作用
变容二极管	利用 PN 结电容随加到管子上的反向电压大小而变化的特性	在调谐等电路中取代可变电容器
发光二极管	正向电压为 1.5 ~ 3 V 时，只要正向电流通过，可发光	用于指示，可组成数字或符号的 LED 数码管
光电二极管	将光信号转换成电信号，有光照则其反向电流随光照强度的增加而正比上升	用于光的测量或作为能源即光电池

（2）晶体二极管的简易测试

普通二极管的外壳上一般均印有型号和标记。标记有箭头、色点、色环三种，箭头所指方向或靠近色环的一端为负极，有色点的一端为正极。

若遇到型号和标记不清楚时，可用万用表的欧姆挡进行判别二极管的正、负两极。还可用万用表来大致测量二极管的质量好坏。在测量时，应把万用表拨到欧姆挡的 $R \times 100\ \Omega$ 或 $R \times 1\ k$ 挡。测量方法见表 2 – 5 – 5。

表 2 – 5 – 5　晶体二极管的简易测试

测试项目	测试方法	电阻正常值
正向电阻	 正向电阻 万用表黑表笔（"－"端）接在二极管的正极， 红表笔（"＋"端）接在二极管的负极	几百欧至几千欧

续表

测试项目	测试方法	电阻正常值
反向电阻	![反向电阻测试]　反向电阻 黑表笔接二极管的负极，红表笔接二极管的正极	大于几千欧至无穷大 （表针基本不动）

测试项目	极性判断	质量判别		
		好	损坏	不佳
正向电阻	黑表笔"－"连接的一端为二极管的正极（阳极）	较小	0 或 ∞	正反向电阻 比较接近
反向电阻	黑表笔"－"连接的一端为二极管的负极（阴极）	较大	0 或 ∞	

6）晶体三极管

晶体三极管在电子电路中能够起到放大、振荡、调制等多种作用，且具有体积小、重量轻、耗电省、寿命长的优点，因此得到了广泛的应用。

（1）结构

晶体三极管的内部由两个 PN 结和三个电极所构成，三极管的两个 PN 结分别称为发射结和集电结，三个电极分别叫做发射极（e）、基极（b）、集电极（c）。按内部半导体极性结构不同，三极管可分 PNP 和 NPN 两大类型，其结构示意图和符号如图 2-5-3 所示。

（a）　　　　　　　　　　　　（b）

图 2-5-3　晶体三极管结构示意图及图形符号

（a）PNP 型；（b）NPN 型

（2）晶体三极管的检测

判断出三极管的管脚和极性的方法见表 2-5-6。测试晶体三极管放大倍数 $h_{FE}(\beta)$ 如图 2-5-4 所示。

表 2-5-6　判别三极管管脚和极性

内容	第一步判断基极	
	PNP 型	NPN 型
方法		
读数	两次读数阻值均较小	两次读数阻值均较小
	以红表笔为准，黑表笔分别测另外两个管脚，当测得两个阻值均较小时，红表笔所接管脚为基极	以黑表笔为准，红表笔分别测另外两个管脚，当测得两个阻值均较小时，黑表笔所接管脚为基极
内容	第二步判断集电极	
	PNP 型	NPN 型
方法		
读数	红表笔接基极，黑表笔连同电阻分别按图示方法测试，当指针偏转角度最大时，黑表笔所接的管脚为集电极	黑表笔接基极，红表笔连同电阻分别按图示方法测试，当指针偏转角度最大时，红表笔所接的管脚为集电极

注：①判断基极要反复测几次，直到两次读数均较小为止。
②根据上述方法可判断 PNP 型和 NPN 型。

图 2-5-4　用万用表测量晶体三极管放大倍数 h_{FE}（β）

7）晶体闸流管

晶体闸流管简称晶闸管，具有和半导体二极管相似的单向导电性，但它又具有可以控制的单向导电性，所以又称为可控硅。

晶闸管属于电力半导体器件，主要用于整流、逆变、调压、开关四个方面。目前应用最多的是晶闸管整流电路，可广泛用于可控整流器。

晶闸管由阻断变为导通的条件是：晶闸管阳极和阴极之间加正向电压，同时控制极加适当的正向电压（实际中控制极上加正脉冲）。一旦晶闸管导通，控制极就失去了控制作用。

当阳极电流小于一定的值时（维持电流 I_H），晶闸管由导通变为关断。

（1）晶闸管的简易测试

在测量时，万用表的量程应取 $R \times 10\ \Omega$ 或 $R \times 100\ \Omega$ 挡，以防电压过高将控制极击穿。

用万用表的红表笔和黑表笔交替测量晶闸管的阳极与阴极之间、阳极与门极之间的正向与反向电阻，若阻值都在几百千欧以上时，说明晶闸管的这一部分是好的。

门极与阴极之间有一个 PN 结，相当于一个二极管，因此门极到阴极的正向电阻大约是几欧到几百欧的范围，而阴极与门极的反向电阻比正向电阻要大，但由于晶闸管的分散性，因此有时测得的反向电阻即使比较小，也并不说明门极的特性不好。

如出现下述任一情况时，则说明晶闸管已损坏：

①阳极和阴极间的电阻接近于零。

②阴极与门极间的电阻接近于零。

③门极与阴极间的反向电阻接近于零。

④门极与阴极间的电阻为无限大。

（2）晶闸管元件的保护

晶闸管的突出弱点就是它承受过电流、过电压能力差，即使短时间的过电流、过电压都可能造成元件的损坏。所以，在晶闸管装置中必须采取适当的保护措施。

2. 电子元器件的焊接技术

1）手工钎焊的工具和材料

（1）手工钎焊的工具

手工钎焊的主要工具是电烙铁。电烙铁是烙铁钎焊的热源，通常以电热丝作为热元件，分内热式和外热式两种，其外形如图 2-5-5 所示。常用的规格有 25 W、45 W、75 W、100 W 和 300 W 等多种。焊接弱电元件时，宜采用 25 W 和 45 W 两种规格；焊接强电元件时，需用 45 W 以上规格。

（a）　　　　　　　　　　　（b）

图 2-5-5　电烙铁

（a）外热式电烙铁；（b）内热式电烙铁

电烙铁的功率应选用适当，过大既浪费电力又会烧毁元件，过小会因热量不够而影响焊接质量。

电烙铁用毕，要随时拔去电源插头，以节约电力，延长使用寿命和保证安全。在导电地面（如混凝土和泥土地面等）使用时，电烙铁的金属外壳必须妥善接地，以防漏电时触电。

电烙铁在选用时主要考虑以下四个因素：设备的电路结构形式；被焊器件的吸热、散热状况；焊料的特性；使用是否方便。选用的电烙铁的功率、加热形式和烙铁头的形状等应满足上述四方面的要求。

一般小件焊接，如小型元器件、集成电路、CMOS 电路和印制电路板等的焊接，适合选用 20～25 W 的电烙铁；大件焊接，如焊接分立元件、铜铆钉板、接线柱、电子管收音机和扩音机装配、维修等，适合选用 35～75 W 的电烙铁。

烙铁头有多种形状，烙铁头的形状要适合焊接面的要求和焊点的密度。圆斜面式适用于焊接印制板上不太密集的焊点，凿式和半凿式多用于电气维修工作，尖锥式适用于焊接高密度的焊点。

使用电烙铁注意事项：

①使用之前应检查电源电压与电烙铁上的额定电压是否相符，一般为 220 V。

②新烙铁在使用前应先用砂纸把烙铁头打磨干净，然后在焊接时和松香一起在烙铁头上沾上一层锡（称为搪锡），上锡过程如图 2-5-6 所示。

图 2-5-6　电烙铁铜头上锡过程

③电烙铁不能在易爆场所或腐蚀性气体中使用。

④电烙铁在使用中一般用松香作为焊剂，特别是电线接头、电子元器件的焊接，一定要用松香做焊剂，严禁用含有盐酸等腐蚀性物质的焊锡膏焊接，以免腐蚀印制电路板或短路电气线路。

⑤电烙铁在焊接铁、锌等金属物质时，可用焊锡膏焊接。

⑥如果在焊接中发现紫铜制的烙铁头氧化不易沾锡时，可用锉刀锉去氧化层，在酒精内浸泡后再使用，切勿在酸内浸泡，以免腐蚀烙铁头。

⑦焊接电子元器件时，最好选用低温焊丝，头部涂上一层薄锡后再焊接。焊接场效应晶体管时，应将电烙铁电源线插头拔下，利用余热去焊接，以免损坏管子。

⑧使用外热式电烙铁还要经常将铜头取下，清除氧化层，以免日久造成铜头烧死。

⑨电烙铁通电后不能敲击，以免缩短使用寿命。

⑩电烙铁使用时需掌握正确握法，电烙铁握法如图 2-5-7 所示。

焊接所用的其他工具有尖嘴钳、斜口钳、镊子、旋具、元件剪和小刀等。

（a）　　　　　　（b）　　　　　　（c）　　　　　　（d）

图 2 – 5 – 7　电烙铁的握法

（a）大烙铁握持法；（b）小烙铁握持法；（c）向下焊接握持法；（d）向上焊接握持法

（2）手工钎焊的材料

锡钎焊材料有钎料和钎剂两种。钎料是锡钎料或纯锡，常用的有锭状和丝状两种。丝状的通常在中心包含松香，这样一物两用，在焊接中较为方便。焊剂有松香、松香酒精溶液。

2）电子元器件的引线成形和插装

（1）电子元器件的引线成形要求

电子元器件引线的成形主要是为了满足安装尺寸与印制电路板的配合等要求。手工插装焊接的元器件引线加工形状如图 2 – 5 – 8 所示。需要注意以下几点：

①引线不应在根部弯曲，至少要离根部 1.5 mm 以上。

②弯曲处的圆角半径 R 要大于两倍的引线直径。

③弯曲后的两根引线要与元件本体垂直，且与元件中心位于同一平面内。

④元器件的标志符号应方向一致，便于观察。

一般元器件的引线成形多采用模具手工成形，另外也可用尖嘴钳或镊子加工元件引线来成形。

（a）　　　　　　　　　　　　　　　　（b）

图 2 – 5 – 8　元器件引线加工的形状

（a）轴向引线元件卧式插装方式；（b）竖式插装方式

L_a—两焊点的跨接间距；l_a—元件轴向引线元件体的长度；d_a—元件引线的直径或厚度

（2）元器件在印制电路板上插装的原则

①电阻、电容、晶体管和集成电路的插装应是标记和色码朝上，易于辨认。元器件的插装方向在工艺图样上没有明确规定时，必须以某一基准来统一元器件的插装方向。

②有极性的元器件由极性标记方向决定插装方向，如电解电容、晶体二极管等，插装时只要求能看出极性标记即可。

③插装顺序应该先轻后重、先里后外、先低后高。如先插卧式电阻、二极管，其次插立式电阻、电容和三极管，再插大体积元器件，如大电容、变压器等。

④印制电路板上元器件的距离不能小于 1 mm，引线间的间隔要大于 2 mm，当有可能接触时，引线要套绝缘套管。

⑤特殊元器件的插装方法。特殊元器件是指较大、较重的元器件，如大电解电容、变压器、扼流圈及磁棒等，插装时必须用金属固定件或固定架加强固定。

3）焊接工艺

（1）焊前准备

电烙铁的准备：烙铁头上应保持清洁，并且镀上一层锡钎料，这样才能使传热效果好，容易焊接。新的烙铁使用前必须先对烙铁头进行处理，按需要将烙铁头挫成一定形状，再通电加热，将烙铁沾上锡钎料在松香中来回摩擦，直至烙铁头上镀上一层锡。如烙铁使用时间长久，烙铁头表面会产生氧化层及凹凸不平，也需先挫去氧化层，修整后再镀锡。

（2）焊接操作方法

如图 2 - 5 - 9 所示，焊接按准备焊接、送烙铁预热、送锡钎焊丝、移开锡钎焊丝、移开烙铁等工序进行。对于热容量小的焊件，如印制电路板上元器件细引线的焊接，要特别注意焊接时间的掌握，以防损坏电路板及元件。

（a）　　　　　（b）　　　　　（c）　　　　　（d）　　　　　（e）

图 2 - 5 - 9　焊接操作步骤

（a）准备焊接；（b）送烙铁；（c）送焊丝；（d）移焊丝；（e）移烙铁

（3）焊点质量要求

①焊接点必须焊牢，具有一定的机械强度，每一个焊接点都是被钎料包围的接点。

②焊接点的锡液必须充分渗透，其接触电阻要小。

③焊接点表面光滑并有光泽，焊接点大小均匀。

在焊接中要避免虚焊、夹生焊接等现象的出现。

二、训练与考核

1. 实训器材

万用表，电烙铁，RLC 元器件，半导体器件，空心铆钉板，印制线路板等。

2. 实训内容

①RLC 元器件的辨识和测量练习。

②晶体管的测量练习。

③焊接练习。

3. 实训考核

考核及评分标准见附录中实训任务工单 2 - 5 - 1。

三、练习题

①四色环电阻和五色环电阻各代表什么意思？

②固定电容性能好坏怎样判断？

③怎样判别电解电容的极性？

④使用半导体二极管时应注意哪些问题？

⑤怎样用万用表测试半导体三极管的穿透电流？

项目三　家庭用电线路设计与安装

学习目标

- 掌握家庭用电线路设计方法。
- 会计算家庭用电线路负荷，会选择家用电器。
- 能设计、安装、检修常用家庭用电线路。
- 具有节能环保意识。

模块一　设计家庭用电线路

 学习目标

- 掌握家庭用电线路设计方法。
- 会选用家用电气产品，能按要求设计家庭用电线路。

一、理论知识

随着家庭生活的电器化和智能化，家庭用电量也随之大幅度上升，人们对家庭用电的安全、舒适、经济、可靠、维护、检修等各方面的要求越来越高，因此优化分配电路负荷、合理设计室内用电线路也成为家庭装饰的重要内容。

1. 家庭用电线路分类

根据目前家居户型及家用电器的增长率综合分析，现代家庭住宅用电一般应分五路较为合适。

这五路是空调专用线路（一只空调一路）、厨房用电线路、卫生间用电线路、普通照明用电线路、普通插座用电线路。

上述家庭住宅用电线路设计方案，可有效地避免空调起动时造成的其他电器电压过低、电流不稳定的弊端，又方便了局部区域性用电线路的检修，一旦其中某一路跳闸，不会影响其他线路正常使用。因此，从功能性、经济性、实用性等方面分析，以上家庭用电的五路分线方案是较为科学合理的。

1）空调专用线路

对空调、电热水器等大容量电气设备宜一个设备设置一个回路。如果以上设备合用一个回路，当它们同时使用时，导线易发热，即使不超过导线允许的工作温度，也会降低导线绝缘层的寿命。此外，加大导线的截面也可大大降低电能在导线上的损耗。

2）厨房用电线路

厨房电器越来越多，必须事先设计好各自的合理位置，并安好插座。应注意冰箱最好不要与其他电器共用一个插座。厨房里通常使用的电器包括冰箱、微波炉、食品加工机、电饭锅、抽油烟机、消毒柜、洗碗机、豆浆机等，应根据各自的功率分别安装插座，避免一个接线板同时接好几个大功率电器的情况。另外，插座均需安装漏电保护装置。

3）卫生间用电线路

卫生间分两类，即干湿分开的卫生间和干湿合在一起的卫生间。湿式卫生间内有浴缸和坐便器；干式卫生间放置洗脸盆和洗衣机。放置浴缸的卫生间是潮湿环境，用湿手操作电源开关有一定的危险性，因此电源开关可装在湿式卫生间外面的门旁墙上。若装在卫生间内，应采用拉线开关或防水开关。

在卫生间内配置电热淋浴器，要配备专用的插座。镜前灯下还必须设置插座供电剃须刀、电吹风和烘手器等使用。浴霸的电源线应直接从住户配电箱内用 3 根 2.5 mm^2 的铜芯导线引来。浴霸用一只开关控制普通照明，用一只或两只开关控制红外灯。浴室的配电回路应具有漏电保护，灯具金属外壳都应该接地。

卫生间里比较潮湿，所以在安装电灯、电线时要格外小心。开关最好有安全保护装置，插座最好选用带有防水盖的。因为卫生间的电线不宜暴露在外，所以要事先想到哪里需要留插座、接头。卫生间常用的电器有热水器、暖风机、顶灯、洗衣机等。

4）普通照明用电线路

照明线路应分成几个回路，这样做是因为一旦某一回路的照明灯出现短路故障，也不会影响到其他回路的照明，使整个家庭处于黑暗中。

5）普通插座用电线路

插座所接的用电负荷基本上都是人手可触及的移动电器（吸尘器、落地或台式风扇）或固定电器（电冰箱、微波炉、电加热淋浴器和洗衣机等）。当这些电气设备的导线受损（尤其是移动电器的导线）或人手可触及电气设备的带电外壳受损时，就有电击危险。为此规定：电源插座均应设置漏电保护装置。

2. 家庭用电线路设计相关规定

《家庭装潢中的电气设计和安装》（DBJ 08—20—98）规定每户的电气设备应符合以下标准。

①每套住宅进户处必须设嵌墙式住户配电箱。住户配电箱设置电源总开关，该开关能同时切断相线和中性线，且有断开标志。每套住宅应设电度表，电度表箱应分层集中嵌墙暗装设在公共部位。住户配电箱内的电源总开关应采用两极开关，总开关容量选择不能太大，也不能太小；要避免出现与分开关同时跳闸的现象。

电度表箱通常分层集中安装在公共通道上，这是为了便于抄表和管理，嵌墙安装是为了不占据公共通道。

②小套（使用面积不低于 38 m²）用电负荷设计功率为 4 kW，电度表选用 5（20）A；中套（使用面积不低于 49 m²）用电负荷设计功率为 4.6 kW，大套（使用面积不低于 59 m²）用电负荷设计功率为 6~8 kW，电度表全部采用 10（40）A 单相电度表。

③电气插座宜选用防护型，其配置不应少于以下规定。

a. 单人卧室设单相两极和单相三极组合插座两只，单相三极空调插座一只。

b. 起居室、双人卧室和主卧室设单相两极和单相三极组合插座三只，单相三极空调插座一只。

c. 厨房设单相两极和单相三极组合插座及单相三极带开关插座各一只，并在排油烟机高度附近处设单相三极插座一只。

d. 卫生间设单相两极和单相三极组合插座一只，有洗衣机的卫生间，应增加单相三极带开关插座一只，卫生间插座应采用防溅式。

④插座回路必须加漏电保护。《家庭装潢中的电气设计和安装》（DBJ 08—20—98）规定，除挂壁式空调电源插座外，其他电源插座均应设置漏电保护装置。

⑤阳台应设人工照明。阳台装置照明，可改善环境、方便使用。尤其是封闭式阳台设置照明十分必要。阳台照明线宜穿管暗敷。若建房时未预埋，则应用护套线明敷。

⑥住宅公用部位必须设置人工照明，除高层住宅的电梯厅和应急照明外，其余应采用节能开关。电源应接至公共电度表上。

根据消防规范，高层住宅的电梯厅和应急照明是不能关的，因此不能用节能开关。

⑦住宅应设有线电视系统，其设备和线路应满足有线电视网的要求，小套每户应设电视系统双孔终端盒一只，中套、大套每户应设不少于两只的电视系统双孔终端盒，终端盒边应有电源插座。在装潢施工时，不管该地区有线电视是否到位，都应暗设电视终端盒。

⑧住宅电话通信管线必须到户，每户电话进线不应少于两对。小套电话插座不应少于两只，中套、大套电话插座不应少于三只。

随着家用计算机的普及，每户一对电话线已不能满足需要，因此规定每户电话进线不应少于两对，其中一对应通到计算机桌旁，以满足上网需要。

⑨电源、电话、电视线路应采用阻燃型塑料管暗敷。电话和电视等弱电线路也可采用钢管保护，电源线采用阻燃型塑料管保护。

⑩电气线路应采用符合安全和防火要求的敷设方式配线。导线应采用铜导线。家庭装潢中线路已转为穿管暗敷，既符合安全又能达到防火要求。

⑪由电度表箱引至住户配电箱的铜导线截面不应小于 10 mm²，住户配电箱的配电分支回路的铜导线截面不应小于 2.5 mm²。

导线线径加大和分支回路增加，不仅仅是考虑未来发展的需要，更重要的是提高了住宅电气安全水平，避免了许多电气火灾和其他电气事故。配电回路少，每个回路的负荷电流增加，会导致线路发热加剧、电压质量变差，影响家用电器的性能和寿命，导致导线寿命缩短、短路和火灾增多。

⑫接地。防雷接地和电气系统的保护接地是分开设置的。

3. 电气产品的选用

1）隔离电器

家庭或类似场所使用的配电箱，属非熟练人员使用的组合电器，因此主开关应采用具有明显隔离断口或者明显隔离指示的隔离电器。当发生电气故障时，只要分断隔离电器，用户端就与电源切断，此时即使是非熟练人员也可安全地修理电气设备。

2）漏电断路器

为了保证家庭用电安全，对人手很容易触及的家用电器的电源应具有漏电保护功能。通常，固定的照明器具因人手触及不到，其电源回路可不加漏电保护；插座回路除挂壁式空调插座外，都应带有漏电保护装置。

DZ47 系列漏电断路器是小型塑壳模数化断路器，它不仅具有电击保护功能，还具有过载和短路保护作用。采用这种漏电断路器时，不必装总熔丝。DZ47 - 32 的额定电流有 6 A、10 A、16 A、20 A、25 A、32 A 六种。住户配电箱内一般根据漏电断路器控制的回路数和负载电流选用 16 ~ 32 A。DZ47 用专用导轨固定在 PZ 系列开关箱内，如图 3 - 1 - 1 所示。

图 3 - 1 - 1　PZ 系列开关箱

3）分路开关和分路熔丝

以前家用电器尚未普及，家庭用电主要是照明。家庭电气设计时，总开关往往是采用带熔丝的闸刀开关，几个分路并头后全部接到闸刀开关的下桩头上。每户还备有手电筒或蜡烛，一旦熔丝熔断，可在手电筒光或烛光下更换熔丝。

随着家用电器的普及，分路控制十分重要，如把插座和照明分为两个分路，分别设置熔丝作为分路过载保护。当接于插座上的家用电器发生短路时，插座分路的熔丝熔断，故障就不会扩大，而照明分路仍能工作，就不必借助手电筒光或烛光更换熔丝。

分路可用模数化开关或模数化熔丝加以控制。若采用开关，此开关应具有过载、短路保护功能，此时分路不必装熔丝。分路开关可采用 DZ47 - 32 等塑壳断路器（图 3 - 1 - 2），一般照明回路采用 1P 的 DZ47，插座回路采用 2P 的 DZ47LE，具体电流等级根据实际情况选用。

分路也可用熔丝加以控制，如采用 HG30 熔断器式隔离器（图 3 - 1 - 3）。这种熔断器式隔离器有 1 ~ 4 极四种规格，住户配电箱应采用双极的熔断式隔离器。采用熔断器作为分路控制，其价格比断路器便宜，而一旦发生故障，更换熔丝比较麻烦。

4）照明开关

照明开关种类很多，选择时应从实用、质量、美观、价格等几个方面加以考虑。

以前常见的拉线开关和扳动开关因外形不美观，在家庭装潢中已很少采用。目前家庭装潢中普遍使用的照明开关是跷板开关（图 3 - 1 - 4），这种类型的开关由于受到用户的欢迎，故生产厂极多，不同厂家的产品价格相差很大，质量也有

图 3 - 1 - 2　常见家用 DZ47 系列塑壳断路器

很大的差别。选购时首先要考虑质量，其次再考虑价格。质量的好坏可从开关活动是否轻巧、接触是否可靠、面板是否光洁等来衡量。

跷板开关的接线端子，有螺钉外露和不外露两种，选购螺钉不外露的开关更安全。

在浴室中，由于环境潮湿，为了用电安全，可用防水开关取代拉线开关；在厨房中用湿手操作开关也是难免的，如果采用防水开关就很安全。家庭用的防水开关，其结构是在跷板开关外加一个防水软塑料罩（图3-1-5）。目前市场上还有一种结构新颖的防水开关，其触点全部密封在硬塑料罩内，在塑料罩外面利用活动的两块磁铁来吸合罩内的磁铁，以带动触点的分、合，操作十分灵活。

家庭装潢中还有触摸开关、声控开关等，这里不作介绍。选用开关时，每户应选用同一系列的产品。

图3-1-3　HG30熔断器

图3-1-4　跷板开关

图3-1-5　防水开关

5）插座

家庭用电线路中常见的插座有移动式和固定式两种，移动式插座俗称排插、拖线板，是把多个插座集中放在一起，从而形成的多孔插座。固定式插座就是常见的面板插座，分空调专用插座（16 A）、普通插座（10 A）、卫生间用防水插座。常见的插座如图3-1-6所示。

市场上常见的插座为五孔式面板插座（两眼与三眼），两个插座因间距较小，在工作时只允许用一只插头，当三眼插座使用时两眼插座就无法使用。

也可选用新型的五孔插座，如图3-1-7（a）所示，该插座设计时将两个插座偏置安放。有条件的最好选用带开关的插座，如图3-1-7（b）所示，这种插座可以不用经常插拔插头，直接用自带的开关切断电路。市场上还有一种隐藏式插座（地板插座），这种插座常用在餐厅的餐桌下，如图3-1-7（c）所示。

选用插座，品牌很重要，劣质产品虽然价格便宜，但往往接触不良。一定要选用有安全认证的插座。

（a）　　　　　　　（b）　　　　　　　（c）　　　　　　　（d）

图 3 – 1 – 6　家用插座

（a）排插；（b）空调专用插座；（c）普通插座；（d）防水插座

（a）　　　　　　　　　　（b）　　　　　　　　　　（c）

图 3 – 1 – 7　常见新型插座

（a）新型五孔插座；（b）带开关的插座；（c）地板插座

6）照明灯具

在现代家庭装饰中，灯具的作用已经不仅仅局限于照明，更多的时候它起到装饰作用。因此灯具的选择就要更加复杂，它不仅涉及安全、省电，还涉及材质、种类、风格、品位等诸多因素。一个好的灯饰，可以成为家庭装修的灵魂，让客厅或者卧室焕然一新。所以，灯饰选择在家庭装修里就变得非常重要。一般应从灯具的样式、照明、材料、安全等方面进行选择。

（1）样式

从不同的角度来说，灯具可以分为不同类型。从光照上来分，可以分为荧光灯、镁光灯、白炽灯、节能灯、霓虹灯等，它们颜色不同、亮度各异，因此，使用的地方也不尽相同。例如，节能灯高效节能，可能更适合于厨卫场所；白炽灯光线柔和，则更适合于卧室；霓虹灯色彩艳丽多姿，多用于需要点缀气氛的地方。

从外形和功能上来分，灯具主要可分为吊灯、吸顶灯、罩灯、射灯、荧光灯和台灯等。

①吊灯。吊灯的样式有很多种。一般有单头吊灯和多头吊灯两种。单头吊灯多适合于厨房和餐厅，而多头吊灯则适合于客厅。吊灯一般都有乳白色的灯罩。灯罩有两种，一种是灯口向下的，灯光可以直接照射室内，光线明亮；另一种是灯口向上的，灯光投射到天花板上

101

再反射到室内，光线柔和。单头的吊灯有乳白色球形灯罩的、花盆形灯罩等，高雅明亮，五光十色。多头的吊灯一般为花卉造型，颜色品种繁多，有一层多盏和多层多盏两种。吊灯式样繁多，选购的时候不仅要注重美观，还要从实际出发，考虑到房间的整体风格以及安全用电等因素，慎重选择。

②吸顶灯。吸顶灯属于低档灯具，一般是直接装到天花板上。用于过道、走廊、阳台、厕所等地方。灯罩一般有乳白玻璃和聚苯乙烯（PS）板两种。外形多种多样，有长方形、正方形、圆形、球形、圆柱形等，里面的光源有白炽灯、节能灯、荧光灯等，其特点是较大众化、经济实惠。

③罩灯。罩灯使用灯罩将灯光罩住，再固定地投射于某一区域范围内。一般用在顶棚、床头、橱柜内部。可以悬挂，也可以落地。在样式上则有筒式、管式、花盆式、凹槽式和下照壁式等多种。用处多种多样，可以照明，也可以制造特殊的光影效果。一般情况下，罩灯瓦数不宜过大，更便于创造柔和的室内环境。

④射灯。射灯种类繁多，多用于制造效果、点缀气氛。颜色有纯白、米色、浅灰、金色、银色、黑色等色调；外形有长形、圆形，规格尺寸大小不一。因为造型玲珑小巧，非常具有装饰性。所以一般来说，多以各种组合形式置于装饰性较强的地方，在选择时注重外形及档次和所产生的光影效果，因为是典型的装饰灯具，明亮程度上可不予过多考虑。

⑤荧光灯。荧光灯又名日光灯，用途非常广泛。在造型上也有柱形、环形、U形等多种。其最大特点是光亮、节电、散射、无影，是典型的照明灯具，装饰效果较差。所以在选购时应更注重其照明效果。

⑥台灯。台灯多用于床头、写字台等处，一般有两种，工艺用台灯和书写用台灯，前者装饰性较强，后者则重在使用。所以，在选购台灯时应该注意这点区别，考虑自己选购台灯的目的，如果重在装饰房间，可重点关注工艺用台灯；如果重在写字照明，则重点考虑书写用台灯。

（2）照明

除了灯具的装饰作用外，人们购买灯具的根本目的还是室内照明。很多人认为既然灯具是用来照明的，那肯定是越亮越好。其实不然，室内空间面积和灯具的光亮程度之间是存在着一定关系的，太亮和太暗对眼睛都会造成伤害，并且从节电的角度来说也不合算。

如果单纯考虑照明效果，不考虑制造气氛等其他因素，一般按照表3-1-1来配置照明灯具。

表3-1-1　照明配置表

居室空间面积	灯光照明瓦数								
面积/m²	15	18	30	40	45	50	60	70	75	80
照明瓦数/W	60	80	100	150	220	280	300	350	400	450

（3）材料

除了照明因素以外，制作灯具的材料也是一个需要重点考虑的因素，因为这可能直接关系到灯具的寿命。制作灯具的材料很多，一般来说可能有金属、塑料、玻璃、陶瓷等，金属灯具一般来说使用寿命较长，耐腐蚀，不易老化。塑料灯具使用时间较短，老化速度较快，受热容易变形。在安装时应当特别注意底座支架等部件的牢固程度。玻璃、陶瓷的灯具一般来说使用寿命也较长。灯具上的金属部件，如螺钉等，可能会缓慢氧化，使用时间一般在5年左右。

（4）安全

卫生间、浴室及厨房的灯具，如果没有防潮措施，会出现锈蚀损坏或漏电短路，需装有防潮灯罩，现在市场上有专门的防潮浴室灯，比较安全可靠。

灯具选择参考要点：

①吊灯适合于客厅照明。吊灯的形式繁多，常用的有锥形罩花灯、尖扁罩花灯、束腰罩花灯、五叉圆球吊灯、玉兰罩花灯、橄榄吊灯等。

②吸顶灯适合于客厅、卧室、厨房、卫生间等处照明。吸顶灯常用的有方罩吸顶灯、圆球吸顶灯、尖扁圆吸顶灯、半圆球吸顶灯、半扁球吸顶灯、小长方罩吸顶灯等。

③壁灯适合于卧室、卫生间照明。常用的有双头玉兰壁灯、双头橄榄壁灯、双头鼓形壁灯、双头花边杯壁灯、玉柱壁灯、镜前壁灯等。

④在卧室、客厅、卫生间的周边天棚上可装设筒灯。

⑤在各个房间中不宜采用长棒形荧光灯，吊灯中应配置普通灯泡。吸顶灯中可配置普通灯泡或圆形、蛇形节能灯管，壁灯、台灯中宜配置普通灯泡，筒灯可配置彩色灯泡。普通灯泡不宜超过40 W；彩色灯泡不宜超过25 W。

⑥吊灯的安装高度，其最低点应离地面不小于2.2 m。壁灯的安装高度，其灯泡应离地面不小于1.8 m。落地灯的灯罩，下边应离地面1.8 m以上。

4. 家庭电路设计

现代住宅是由走廊（过厅）、厨房、餐厅、客厅、书房、卧室、卫生间、阳台等部分组成的。现代住户的家用电器较多，且在不断增加，设计家庭电路，首先必须要明确住宅中各房间电器安排，插座的设置应以方便电气设备用电为前提，照明灯具选择要合适。下面就各个部分的具体设置予以介绍。

1）走廊（过厅）

走廊（过厅）一般应为两条支路：插座线（2.5 mm²铜线）和照明线（2.5 mm²铜线）。预留插座1~2个。灯光应根据走廊长度、面积而定。如果走廊较宽，可安装顶灯、壁灯；如果狭窄，只能安装顶灯或透光玻璃顶，在户外内侧安装开关。

2）厨房

厨房一般应为两条支路：插座线（4 mm²铜线）和照明线（2.5 mm²铜线）。插座线部分尤为重要，最好选用4 mm²线，因为随着厨房设备的更新，目前使用的微波炉、抽油烟机、洗碗机、消毒柜、食品加工机、电烤箱、电冰箱等设备增多，所以应根据要求在不同部位预留插座，并稍有富余，以备日后增添新的厨房设备使用。一般在炉台侧面布置两组多用插座，在切菜台上方及其他位置均匀布置三组多用插座，作为其他电器（榨汁机、食品加工机、咖啡机、刨冰机、打蛋器等）备用，容量均为10 A。插座距地不得低于50 cm，避免因潮湿造成短路。照明宜选用光照明亮的荧光灯，照明灯具的开关最好安装在厨房门的外侧。

3）餐厅

餐厅一般应为三条支路：插座线（2.5 mm² 铜线）、照明线（2.5 mm² 铜线）、空调线（4 mm² 铜线）。餐厅是人们吃饭的地方，家用电器较少，冬天有电火锅，夏天有落地风扇等，沿墙均匀布置 2~3 组多用插座即可，安装高度底边距地 0.3 m，容量为 10 A。如有条件可在餐桌下设一个地板插座，这样遇到餐桌上需要使用电器时会十分方便。灯光照明最好选用暖色光源，开关选在门内侧。空调也需按专业人员要求预留插座。

4）客厅

客厅一般应为三条支路：插座线（2.5 mm² 铜线）、照明线（2.5 mm² 铜线）、空调线（4 mm² 铜线）。客厅各线终端预留分布：在电视柜上方预留电视、DVD、计算机等线路插座。客厅如果需要摆放冰箱、饮水机、加湿器等设备，根据摆放位置预留插座，一般情况下客厅至少应留七个插座。

一般设计中，客厅插座安装高度大部分是底边距地 0.3 m 或 1.4 m。底边距地 0.3 m 的缺点是：住户用装饰板进行墙裙装修时，需在墙上打龙骨架，必须要把插座移出来固定在龙骨架上，否则会被装饰板盖住，如果在装饰板上开个口子，露出插座很不美观且位置较低易被遮挡，插、拔插头很不方便，且造成低柜不能紧靠墙摆放，要留出插、拔插头的空间，影响美观。底边距地 1.4 m 的缺点是：住户装修墙裙一般是 1 m 高，插座底边距墙裙顶的距离是 0.4 m，显得不协调，有碍观瞻。因此，客厅插座底边距地 1.0 m 较为合适，既使用方便，也易于墙裙装修，并保持统一。

另外，面积小于 20 m² 的客厅，空调机一般采用壁挂式，那么这个空调机插座底边距地为 1.8 m。如客厅面积大于 20 m²，采用柜机插座高度为 1.0 m，客厅插座容量选择是：壁挂式空调机选用 10 A 三孔插座，柜式空调机选用 16 A 三孔插座，其余选用 10 A 的多用插座。

客厅照明一般运用主照明和辅助照明，主照明为客厅空间的大部分面积提供光线，担任此任务的光源通常来自上方的吊灯或吸顶灯，可采用单联开关控制。辅助照明泛指立灯、壁灯、台灯等尺寸较小的灯具，能够加强光线的层次感。壁灯大多安装在门厅、走廊等部位，设计时还要给这些辅助照明灯具预留插座。

5）书房

书房一般应为三条支路：插座线（2.5 mm² 铜线）、照明线（2.5 mm² 铜线）、空调线（4 mm² 铜线）。书房是人们学习的地方，有时兼作健身锻炼之用。主要家用电器有计算机、电话、打印机、传真机、空调机、台灯、健身器具等。人们一般习惯把书桌摆在窗前，所以窗前墙一边设置电视、电话双孔插座后，另一边布置三组电源多用插座，供计算机、传真机、打印机之用，适当布置一个壁挂式空调机插座一组，在其他适当的位置分别布置两组多用插座，以供健身器具使用。除空调机底边距地 1.8 m 外，其余强、弱电插座底边距地均为 1.0 m。空调机插座选用 10 A 三孔插座，其余强电插座选用 10 A 二、三孔多用插座。

书房的基础照明，可选用造型简洁的吸顶灯安装在房顶中央，光线明亮均匀、无阴影。照明开关可安装在书房门内侧。书房灯具的选择首先要以保护视力为基准。一般的阅读和书写常采用较高照度的局部照明，一般照明也需具有相当的照度，局部照明应能调整亮度。

6）卧室

卧室一般应为三条支路：插座线（2.5 mm² 铜线）、照明线（2.5 mm² 铜线）、空调线

（4 mm² 铜线）。卧室是人们休息、睡眠的地方。主要的家用电器有电话、电视、空调机、灯具（台式、床头）、风扇、电热毯等。确定床的位置是卧室插座布置的关键。一般双人床都是摆在房间中央，一头靠墙，双人床宽一般为 1.5～2.0 m，床头两边各设一组多用插座，以供床头台灯、落地风扇及电热毯之用。根据电视摆放位置，在电视插座旁设两组电源插座，空调位置附近设空调专用电源插座，其他适当位置设一组多用插座作为备用。住户在卧室装修中，用装饰板墙裙的比较少，故建议空调电源底边距地为 1.8 m，其余强、弱电插座底边距地 0.3 m，注意床头插座安装高度以防止床头柜遮挡。空调机电源选用 16 A 三孔插座，其余选用 10 A 二、三孔多用插座。

卧室照明需满足多方面的要求，如柔和、轻松、宁静、浪漫。但同时又要满足装扮、着装，或者睡前阅读的需求。梳妆台和衣柜需要明亮的光；床周围的阅读照明，适合使用调光开关的头顶照明。卧室照明开关宜使用双控开关。

7）卫生间

卫生间一般应为两条支路：插座线（4 mm² 铜线）和照明线（2.5 mm² 铜线）。插座线以选用 4 mm² 线为宜。考虑电热水器、电加热器等大电流设备，插座最好安装在不易受到水浸泡的部位，如在电热水器上侧，或在吊顶上侧，采用防溅型插座。电加热器，目前一般用的是浴霸，同时可解决照明、加热、排风等问题，浴霸开关应放在室内。而照明灯光或镜灯开关，应放在门外侧。最好在坐便器旁再安装一个排风扇开关。

8）阳台

阳台一般应为两条支路：电源线（2.5 mm² 铜线）和照明线（2.5 mm² 铜线）。可装一个 10 A 防溅型多用插座备用（较多用户将洗衣机置于阳台），底边距地 1.4 m。照明灯光应设在不影响晾衣物的墙壁上或暗装在挡板下方，开关应装在与阳台门相连的室内，不应安装在阳台内。

家庭用电线路设计注意事项：

①开关不要放在门背后等距离狭小的地方。走道和卧室最好设计一个双控灯，方便控制。

②餐厅灯要考虑餐桌摆放的位置；否则灯不在餐桌正中。小的射灯一定要装变压器；否则会有安全隐患。

③插座要多装。楼梯间一定要有插座。炉罩旁边不要设计插座，否则会出现安全隐患。

④为了省电，精确规划平时微弱耗电电器（如电视、DVD 机、微波炉、空调等）的插座。不拔插头都处于待机状态的电器最好使用装有开关的插座，因为待机所耗的电在普通电表里读不出来，但在分时电表会读出来。

⑤应选择带安全门的插座，以防儿童用铁钉或其他金属物插入插座中。

⑥要加强插座回路的保护措施，设计专门的 PE 线，且不能与 N 线相混，PE 线与建筑物共用接地装置，接地电阻 $R \geqslant 4\ \Omega$。每户的厨房插座、卫生间插座、空调插座、其他插座均应设计专用回路，用漏电开关保护。卫生间插座还须注意等电位连接。

二、训练与考核

1. 实训器材

纸、笔等文具。

2. 实训内容

设计图 3 – 1 – 8 所示户型的用电线路。

图 3 – 1 – 8　某商品房户型图

①根据房型规划用电线路（需要布置几条支路）。

②规划每条支路的用电器件，设计各电器布置位置，确定开关、插座布置位置。

③查阅资料计算用电负荷，选定开关、插座、电线的规格及型号。

3. 实训考核

根据房型，由学生设计。设计应合理，电气规格选择应符合要求。

三、练习题

①现代家庭住宅用电一般应分五路，介绍一下各有什么要求。

②家庭用电线路综合设计有何要求？

模块二　安装家庭用电装置

学习目标

- 掌握家庭用电装置工作原理。
- 会安装、调试家庭用电装置。
- 具有安全操作意识。

一、理论知识

　　家庭用电线路一般可分为配电箱（板）、插座线路、照明线路等三部分，包含几个常见的用电设备，即单相电能表（计量）、闸刀开关（总电源）、熔断器（保护）、插座（用于电视、冰箱、空调等家用电器)、开关(单个单联开关控制、两个双联开关双控)以及白炽灯、日光灯(照明)。

家庭用电线路的构成如图 3 – 2 – 1 所示。

图 3 – 2 – 1　家庭用电线路构成图

1. 配电箱(板)的安装

家庭用电线路的配电箱(板)由计量部分、分配部分组成。

1)计量部分

计量部分是用来计算用户消耗电能的单元,主要使用电能表来计量。

2)分配部分

配电箱(配电板)是连接电源与用电设备的中间装置,它除了分配电能外,还具有对用电设备进行控制、测量、指示及保护等功能。

以前家庭用电一般使用木制配电板(图 3 – 2 – 2),配电板上安装了 HK 系列瓷底胶盖刀开关(图 3 – 2 – 3)作为家庭用电线路的总开关,RC1A 系列瓷插式熔断器(图 3 – 2 – 4)作为家庭用电线路的短路保护措施。

图 3 – 2 – 2　木制
配电板

图 3 – 2 – 3　HK 系列瓷底
胶盖刀开关

图 3 – 2 – 4　RC1A 系列
瓷插式熔断器

随着人们生活水平的提高以及现代家庭用电器件的增多,老式的木制配电板已不适合现代的家庭用电线路,模数化终端组合电器在家庭用电线路中逐步地替代老式配电板,目前深受广大用户欢迎的是 PZ 系列模数化终端组合电器,模数化终端组合电器在家庭用电线路中常用作分路配电箱,如图 3 – 2 – 5 所示。

图 3 - 2 - 5　单相用电配电箱

　　模数化终端组合电器具有外形美观（设有透明罩盖）、品种齐全（外壳分全塑、塑面铁底、钢和不锈钢，安装容量有 2 ~ 45 单元）、安全性强（额定短路电流分断能力为 20 kA）、尺寸紧凑（尺寸大致与国外先进产品一样）、组合灵活（可选用各种模数化终端电器）等特点。

　　模数化终端组合电器按外壳材料可分为金属外壳和塑料外壳；按性能可分为非熟练人员用的 PZ20 系列和专职人员用的 PZ30 系列；按安装方式可分为明装式与嵌墙式；按有无预埋箱可分为带与不带预埋箱；按组合方式可分为有进线开关与无进线开关；按门的方式可分为横开门、直开门或无门。

　　PZ 系列模数化终端组合电器型号含义：

　　常用的 PZ20、PZ30 品种规格见表 3 - 2 - 1。

表 3 - 2 - 1　PZ20、PZ30 系列模数化终端组合电器品种规格

型号	可安装单元数（每单元宽为 18 mm）	防护等级	开门方式	外壳材料
PZ20J	6、10、15、30、45	30	横（侧开）	钢
PZ20H	6、10、15、30、45	30	横（侧开）	不锈钢
PZ20S Ⅰ	6、10、18	41	横（侧开）	全塑
PZ20 Ⅱ	6、12、18、24、36	41	直（向上开）	全塑
PZ20S Ⅲ	6、12、18、24、36	41	直（向上开）	塑面铁底
PZ20S0	2、4、4.5、6	30	无门	全塑
PZ30J	15	30	直开门	钢
PZ30S	6、10、15	41	直开门	全塑

　　家庭用电线路配电箱内空开一般设置方法如图 3 - 2 - 6 所示，总开关采用 2P 隔离开关、照明支路采用 1P 空开、插座支路采用 1P 或 2P 的带漏电保护空开。

图 3-2-6 配电箱内空开的配置

家庭用电线路配电箱内配线如图 3-2-7 所示，箱内配线一般采用单芯硬线，照明回路用 1.5 mm² 或 2.5 mm² 导线，普通插座回路用 2.5 mm² 或 4 mm² 导线，空调回路用 2.5 mm²、4.0 mm²、6.0 mm² 导线。相线颜色一般为红色，也可用黄色或绿色；零线颜色采用蓝色或黑色；地线颜色采用黄绿双色。

箱体内总空开与各分空开之间配线一般走左边，配电箱出线一般走右则。箱内配线要顺直不得有绞接现象，导线要用塑料扎带绑扎（图 3-2-8），扎带大小要合适，间距要均匀。导线弯曲应一致，且不得有死弯，防止损坏导线绝缘皮及内部铜芯。

图 3-2-7 配电箱内配线

图 3-2-8 配电箱内导线的绑扎

配电箱内配线应清晰美观，如果分配的支路过多，配线麻烦且不美观，安装要求过高。目前市场上出现一种 L 型断路器连接用汇流排，很好地解决了配线复杂的问题。L 型断路器连接用汇流排是一种用于连接母线汇流排和分支断路器的连接装置（图 3-2-9），这种汇流排安装方便、使用可靠，可以减少配电箱内的配线数量，使配电箱装配起来更加简洁、方便。采用汇流排配线的配电箱如图 3-2-10 所示。

图 3-2-9 L 型断路器连接用汇流排

图 3-2-10 汇流排配线

2. 插座线路的安装

现代住宅一般将电视、冰箱、空调等家用电器连接的用电线路称为动力线路。其实就是传统所说的插座线路。插座是为了方便用户在使用电视、冰箱、空调等家用电器时不需要重新布线而设置的电源接线板，其作用等同于接线端子，只不过插座是一个特殊的接线端子。一般家用电器电源引出线上有一个插头，使用时将插头直接插入插座即可。插头根据电器要求分两插（相线、零线）及三插（相线、零线、接地线），对应的插座也就分为两孔及三孔插座。

图 3 - 2 - 11   插座接线规则

根据电工接线规则，插座接线如图 3 - 2 - 11 所示，将来自电源的火线连接至标有"L"的接线端子上，零线接至标有"N"的接线端子上，保护接地线接至标有"⏚"的接线端子上。

插座的使用要求：

①插座应有质量监督管理部门认定的防雷检测标志，壳体应使用阻燃的工程塑料，不能使用普通塑料和金属材料。

②插头、插座的额定电流应大于被控负荷电流，以免接入过大负载因发热而烧坏或引起短路事故。

③插座宜固定安装，切忌吊挂使用。插座吊挂会使电线受摆动，造成螺钉松动，并使插头与插座接触不良。

④对于单相双线或三线的插座，接线时必须按照左零线、右相线、上接地的方法进行，与所有家用电器的三线插头配合。

⑤空调、电冰箱、洗衣机、电饭锅、饮水机等功率较大和需要接地的家用电器，应使用单独安装的专用插座，不能与其他电器共用一个多联插座。

3. 照明线路的安装

1）照明灯具

早些年白炽灯因结构简单、使用可靠、价格低廉、电路便于安装和维修、应用较广等优点作为家庭照明的主力产品。白炽灯在灯泡颈状端头上有灯丝的两个引出线端，电源由此通入灯泡内的灯丝。灯丝出线端的构造分为插口式（也称卡口）和螺口式两种，如图 3 - 2 - 12 所示。安装白炽灯的灯座也分为插口式和螺口式两种，如图 3 - 2 - 13 所示。灯座上两个接线端子，一个与电源的中性线（俗称零线）连接，另一个与来自开关的一根连接线（即通过开关的相线，俗称火线）连接。插口灯座上两个接线端子，可任意连接上述两个线头。但是螺口灯座上的接线端子，为了使用安全，切不可任意乱接，必须把中性线线头连接在连通螺纹圈的接线端子上，而把来自开关的连接线线头，连接在连通中心铜簧片的接线端子上。

由于白炽灯会把消耗能量中的90%转化成无用的热能，只有不到10%的能量会成为光。因此白炽灯光效低、寿命短、电能消耗大、维护费用高，使用时间长的工厂车间照明不宜采用。相比之下，荧光灯（Fluorescent lamp，也称光管）的效率高很多，接近40%，所产生的热只是相同亮度白炽灯的1/6。传统的荧光灯由灯管、起辉器、镇流器、灯架和灯座等组成，如图 3 - 2 - 14 所示。

图 3 - 2 - 12　钨丝白炽灯

图 3 - 2 - 13　白炽灯座

图 3 - 2 - 14　荧光灯

　　我国高度重视照明节电工作，1996 年启动实施"中国绿色照明"工程，发改委预计 10 年内禁用（禁售）白炽灯，从 2016 年 10 月 1 日起，禁止销售和进口 15 W 及以上普通照明用白炽灯。随着白炽灯的逐步淘汰，近年来市面上出现了许多新型的节能灯具，常见的新型节能灯如图 3 - 2 - 15 所示。

　　2）控制开关

　　开关的分类品种很多，一般按应用结构分为单联（单刀单掷）和双联（单刀双掷）两种。单联开关有两个接线端子（L、L1），L 与电源线路中的相线连接，L1 接至灯座的接线端子。双联开关内有三个接线端子（L、L1、L2），L 为公共端，与电源相线连接，另两个都是与灯座相连的接线端子，使用时 L 与 L1 或 L 与 L2 分别构成一组开关电路，开关内部接线端子如图 3 - 2 - 16 所示。

　　市面上还有一种多控开关，如图 3 - 2 - 17 所示，这种开关其实是由两个双联开关组合且共用一个操作按键的开关，主要应用于多地操作。

图 3-2-15　新型节能灯

（a）　　　　　　　　　（b）

图 3-2-16　开关内部接线端子
（a）单联开关；（b）双联开关

图 3-2-17　多控开关
内部接线端子

3）照明控制线路

一个开关控制一盏灯时，只需使用单联开关即可。使用双联开关时，公共端 L 与电源相线连接，另两个接线端子只需选用其中一个与灯座连接，如图 3-2-18 所示。但接线时需注意，开关向下按压时为开灯，图 3-2-19 所示的开关位置为开灯状态。如果一个开关需要同时控制多盏灯，只需将其他的灯与第一盏灯并联即可。

图 3 - 2 - 18　单控照明电路

图 3 - 2 - 19　开灯时开关的状态

若在楼梯间、走廊两端、卧室与床头等不同的地方都可以控制同一盏灯时，应采取图 3 - 2 - 20 所示的安装方法，一个开关的公共端 L 与电源相线连接，另一个开关的公共端 L 与灯座中心铜簧片的接线端子连接，两个开关剩余的接线端子需要相互并联。

图 3 - 2 - 20　双控照明电路

图 3 - 2 - 21 所示为多控电路的安装方法。需要注意的是，中间开关为特殊的多控开关（即两个双联开关共用一个操作按钮）。

图 3 - 2 - 21　多控照明电路

4. 家庭用电线路布线工艺

家庭用电线路在布线过程中常采用明线布线和暗线布线两种方法，如图3－2－22所示。明线布线是导线沿墙壁、天花板、横梁及柱子等表面敷设；暗线布线是将导线穿管埋设在墙内、地下或装设在顶棚里。

图3－2－22　明线布线（左）和暗线布线（右）

1）明线布线

明线布线是指在装修过程中的水电安装中采用线路明装的方式布线，就是在外观上可以一眼看出。线路明装有许多便利之处，譬如可以根据主人的喜好以及临时想法，随时增加或减少线路中灯具、插座、开关等的数量以及线路走向，可以根据房屋的结构、空间、负载性质、容量、线径等各种因素，选择比较适用的线槽、接线盒、圆木、开关、插座等各种配件。

护套线布线是一种常见的明线布线。塑料护套线是一种具有塑料保护层的双芯或多芯绝缘导线，具有防潮、耐酸和耐腐蚀等性能。塑料护套线线路的优点是施工简单、维修方便、外形整齐美观及造价较低，广泛用于住宅楼、办公室等建筑物内，但这种线路中导线的截面积较小，大容量电路不宜采用。

（1）技术要求

①护套线芯线的最小截面积规定为：户内使用时，铜芯的不小于1.0 mm²，铝芯的不小于1.5 mm²；户外使用时，铜芯的不小于1.5 mm²，铝芯的不小于2.5 mm²。

②护套线敷设在线路上时，不可采用线与线的直接连接，应采用接线盒或借用其他电气装置的接线端子来连接线头。接线盒由瓷接线桥（也叫瓷接头）和保护盒等组成，如图3－2－23所示。瓷接线桥分为单线、双线、三线和四线等多种，可按线路要求选用。

（a）　　　　　　　　　（b）　　　　　　　　　（c）

图3－2－23　护套线线头的连接方法

（a）在电气装置上进行中间或分支接头；（b）在接线盒上进行中间接头；（c）在接线盒上进行分支接头

③护套线必须采用专用的铝片线卡（钢精轧头）进行支持，铝片线卡的规格有0号、1号、2号、3号和4号等多种。号码越大，长度越长，可按需要选用。铝片线卡的形状分为用小铁钉固定和用环氧树脂胶水粘贴两种，如图3-2-24所示。

（a）　　　　　　　　　（b）

图3-2-24　常用铝片线卡

（a）铁钉固定式；（b）胶水粘贴式

④护套线支持点的定位，有以下一些规定：直线部分，两支持点之间的距离为0.2 m；转角部分、转角前后各应安装一个支持点；两根护套线十字交叉时，叉口处的四方各应安装一个支持点，共四个支持点；进入木台前应安装一个支持点；在穿入管子前或穿出管子后，均需各安装一个支持点。护套线路支持点的各种安装位置如图3-2-25所示。

（a）　　　　　　　　　（b）

（c）　　　　　　（d）　　　　　　（e）

图3-2-25　护套线支持点的定位

（a）直线部分；（b）转角部分；（c）十字交叉；（d）进入木台；（e）进入管子

⑤护套线线路的离地距离不得小于0.15 m；在穿越楼板的一段及在离地0.15 m以下部分的导线，应加钢管（或硬塑料管）保护，以防导线遭受损伤。

（2）线路施工

①施工步骤。

a. 准备施工所需的器材和工具。

b. 标划线路走向，同时标出所有线路装置和用电器具的安装位置，以及导线的每个支持点。

c. 錾打整个线路上的所有木榫安装孔和导线穿越孔，安装好所有木榫。

d. 安装所有铝片线卡。

e. 敷设导线。

f. 安装各种木台。

g. 安装各种用电装置和线路装置的电气元件。

h. 检验线路的安装质量。

②施工方法。

a. 放线。整圈护套线，不能搞乱，不可使线的平面产生小半径的扭曲，在冬天放塑料护套线时尤应注意。放铅包线更不可产生扭曲，否则无法把线敷设平服。为了防止平面扭曲，放线时需两人合作，一个人把整圈护套线套入双手中，另一人将线头向前拉出。放出的护套线不可在地上拖拉，以免擦破或弄脏护套层。

b. 敷线。整齐美观是护套线线路的特点。因此，导线必须敷得横平、竖直和平服，不得有松弛、扭绞和曲折等现象。几条护套线平行敷设时，应敷得紧密，线与线之间不能有明显的空隙。塑料护套线配线如图3－2－26所示。在敷线时，要采取勒直和收紧的方法来校直。勒直是在护套线敷设之前，把有弯曲的部分，用纱团裹捏后来回勒平，使之挺直，如图3－2－27所示。收紧是在敷设时，把护套线尽可能地收紧。长距离的直线部分，可在直线部分两端的建筑面上先临时各装一副瓷夹板，把收紧了的导线先夹入瓷夹板中，然后逐一夹上铝片线卡，如图3－2－28（a）所示。短距离的直线部分或转角部分，可戴上纱手套后用手指顺向按捺，使导线挺直平服后夹上铝片线卡，如图3－2－28（b）所示。

图3－2－26　护套线配线示意图

图3－2－27　护套线的勒直方法

2）暗线布线

暗线布线多用于装修中的水电线路改造，暗线布线是指将线路埋于墙壁或地面中剔好的槽中，一般暗线布线比明线布线价格稍贵，但暗线布线可以使家居整体比较美观。

因为暗线是做在线槽内的，后期装修遮挡后出现线路问题不易检修，因此做暗线布线的同时一定要注意细节以减少故障发生。首先，做暗线时，线路（多指电路）应当增加硬性护套（硬管），以保护线材免受硬性划伤，而软套管线很容易出现"死弯"，以后一旦线路发生故障，将无法修复。若用硬管，加以规范的工艺可以使线路变为"活线"，维修时可以

图 3 – 2 – 28　护套线的收紧方法
（a）长距离；（b）短距离

抽换。另外，就是安装的位置离我们住的地方远近，常常会忽略对电源布线的全面考虑，因而造成布线不合理或漏布现象；暗线布线涉及空间的定位，还需要开槽，因此要提前进行。最后就是关于暗线布线的施工也有一定讲究，有些不规范的装修公司采用直接埋入抹灰层的做法，这种做法省事，但施工之后如果出现漏电等现象将会给后续的检测、维修工作带来巨大的不便。

常见的暗线布线就是利用线管进行布线。把绝缘导线穿在管内敷设，称为线管布线。这种布线方式比较安全、可靠，可避免腐蚀性气体侵蚀和遭受机械损伤，适用于公共建筑和工业厂房中。

线管布线有明装式和暗装式两种。明装式要求布管横平竖直、整齐美观；暗装式要求线管短、弯头少。常用线管有钢管和硬塑料管，钢管线路具有较好的防潮、防火和防爆等特性，硬塑料管线路具有较好的防潮和抗酸碱腐蚀等特性。两者都有较好的抗外界机械损伤的性能，是一种比较安全可靠的线路结构，但造价较高，维修不甚方便。

（1）技术要求

①穿入管内的导线，其绝缘强度不应低于交流 500 V，铜芯导线的最小截面积不能小于 1 mm^2。

②明敷或暗敷所用的钢管，必须经过镀锌或涂漆的防锈处理，管壁厚度不应小于 1 mm。设于潮湿和具有腐蚀性场所的钢管，或埋在地下的钢管，其管壁厚度均不应小于 2 mm。明敷用的硬塑料管壁厚度不应小于 2 mm；暗敷用的不应小于 3 mm。在具有化工腐蚀性的场所或高频车间，应采用硬塑料管。

③线管的管径选择，应按穿入的导线总截面积（包括绝缘层）来决定。但导线在管内所占面积不应超过管子有效面积的 40%；线管的最小直径不得小于 13 mm。各种规格的线管允许穿入导线的规格和根数如表 3 – 2 – 2 所示。在钢管内不准穿单根导线，以免形成闭合磁路，损耗电能。

表 3－2－2　钢管和硬塑料管的选用

导线标称截面积/mm²	导线根数							
	2	3	4	5	6	7	8	9
	线管的最小管径/mm							
1	13	16	16	19	19	25	25	25
1.5	13	16	19	19	25	25	25	25
2	16	16	19	19	25	25	25	25
2.5	16	16	19	25	25	25	25	32
3	16	16	19	25	25	25	32	32
4	16	19	25	25	25	32	32	32
5	16	19	25	25	25	32	32	32
6	16	19	25	25	25	32	32	32
8	19	25	25	32	32	38	38	38
10	25	25	32	32	38	38	51	51
16	25	32	32	38	38	51	51	64
20	25	32	38	38	51	51	64	64
25	32	38	38	51	51	64	64	64
35	32	38	51	51	64	64	64	76
50	38	51	64	64	64	64	76	76
70	38	51	64	64	76	76	—	—
95	51	64	64	76	76	—	—	—

图 3－2－29　钢管管口
加装护圈

④管子与管子连接时应采用外接头。

硬塑料管的连接可采用套接；在管子与接线盒连接时，连接处应用薄型螺母内外拧紧；在具有蒸汽、腐蚀性气体、多尘、油、水和其他液体可能渗入内的场所，线管的连接处均应密封。钢管管口均应加装护圈，如图 3－2－29 所示。硬塑料管口可不加装护圈，但管口必须光滑。

⑤明敷的管线应采用管卡支持。转角和进入接线盒以及与其他线路衔接或穿越墙壁和楼板时，均应置放一副管卡，如图 3－2－30 所示，管卡均应安装在木结构和木榫上。

⑥为了便于导线的安装和维修，对接线盒的位置有以下规定：无转角时在线管全长每 45 m 处、有一个转角时在第 30 m 处、有两个转角时在第 20 m 处、有三个转角时在第 12 m 处均应安装一个接线盒。同时，线管转角时的曲率半径规定为：明敷的不应小于线管外径的 6 倍，暗敷的不应小于线管外径的 10 倍。

图 3 - 2 - 30　管卡定位

（a）直线部分；（b）转弯部分；（c）跨越部分；（d）穿越楼板（或墙）；

（e）与其他线路衔接；（f）进入接线盒；（g）进入木台

⑦线管在同一平面转弯时应保持直角。转角处的线管，应在现场根据需要形状进行弯制，不宜采用成品月弯来连接。线管在弯曲时，不可因弯曲而减小管径。

钢管的弯曲，对于直径 50 mm 以下的管子可用弯管器，如图 3 - 2 - 31（a）所示；对于直径 50 mm 以上的管子可用电动或液压弯管机。塑料管的弯曲，可用热弯法，即在电烘箱或电炉上加热，待至柔软时弯曲成形，如图 3 - 2 - 31（b）所示。管径在 50 mm 以上时，可在管内填以砂子进行局部加热，以免弯曲后产生粗细不匀或弯扁现象。管径较小的塑料管可采用弹簧进行不加热直接弯制，如图 3 - 2 - 31（c）所示，先在需要弯制的塑料管中塞入弹簧，将塑料管弯制成需要的形状，弯制完成后拉动弹簧拉线将弹簧抽出。

图 3 - 2 - 31　弯管方法

（a）弯管器弯管；（b）塑料管弯曲；（c）弹簧弯制法

（2）线路施工

①线管的连接。管与管连接所用的束节应按线管直径选配。连接时如果存在过松现象，

应用白线或塑料薄膜嵌垫在螺纹中，裹垫时，应顺螺纹固紧方法缠绕，如果需要密封，还须在麻丝上涂一层白漆，如图3-2-32所示。

（a）　　　　　　　　　　　　　　　（b）

图3-2-32　线管的连接

（a）用束节连接；（b）过松时用麻丝或塑料薄膜垫包

线管与接线盒连接时，每个管口必须在接口内外各用一个螺母给予固紧。如果存在过松现象或需密封的管线，均必须用裹垫物。

②放线。对整圈绝缘导线，应抽取处于内圈的一个线头，避免整圈导线混乱。

③导线穿入线管的方法。穿入钢管前，应在管口上先套上护圈；穿入硬塑料管之前，应先检查管口是否留有毛刺或刃口，以免穿线时损坏导线绝缘层。接着，按每段管长（即两接线盒间长度）加上两端连接所需的线头余量（如铝质导线应加放防断余量）截取导线；并削去两端绝缘层，同时在两端头标出同一根导线的记号，避免在接线时接错。

然后，把需要穿入同一根线管的所有导线线头，按图3-2-33所示方法与引穿钢丝结牢。穿线时，需两人合作，一人在管口的一端，慢慢抽拉钢丝，另一人将导线慢慢送入管内，如图3-2-34所示。如果穿线时感到困难，可在管内喷入一些滑石粉予以润滑。在导线穿毕后，应用压缩空气或皮老虎在一端线管口喷吹，以清除管内滑石粉；否则，管内若留有滑石粉会因受潮而结成硬块，将增加以后更换导线时的困难。穿管时，切不可用油或石墨粉等作润滑物质。

（a）　　　　　　　　　　　　　　　（b）

图3-2-33　导线与引穿钢线的连接方法

（a）钢丝的绞缠；（b）导线的绞缠

图3-2-34　导线穿入管内的方法

在有些管线线路中，特别是穿入较小截面电力导线或二次控制和信号导管线线路中，为了今后不致因一根导线损坏而需更换管内全部导线，规定在安装时，应预先多穿入1~2根导线作为备用。但较大截面的电力管线线路，就不必穿备用线。

在每一接线盒内的每个备用线头，必须都用绝缘带包缠，线芯不可外露，并置于盒内妥帖的空处。

④连接线头的处理。为防止线管两端所留的线头长度不够，或因连接不慎线端断裂出现欠长而造成维修困难，线头应留出足够做两三次再连接的长度。多留的导线可弯成弹簧状储存在接线盒或木台内。

二、训练与考核

1. 实训器材

常用电工工具，电工实训接线面板。

2. 实训内容

安装一个实用的家庭用电线路，并排除线路中出现的故障，具体安装接线如图 3-2-35 所示。

图 3-2-35 家庭用电线路图

3. 实训考核

考核及评分标准见附录中实训任务工单 3-2-1。

三、练习题

①螺口白炽灯在安装时应注意哪些事项？

②简述日光灯的工作原理。

③试述双联开关的工作原理。

④连接一个使用一只开关同时控制三盏日光灯的电路。

⑤查阅资料，设计、安装一个用三只开关分别控制一盏白炽灯的电路。

项目四　电动机、变压器认识与使用

学习目标

- 了解常见交流电动机、直流电动机和变压器的结构。
- 掌握交流电动机、直流电动机和变压器的工作原理。
- 会使用、维护交流电动机、直流电动机和变压器。
- 能安全文明生产。

中国电机之父——
钟兆琳

模块一　认识和使用交流电动机

学习目标

- 了解三相异步电动机的机构。
- 掌握三相异步电动机的工作原理。
- 了解单相异步电动机的结构、工作原理。
- 掌握三相异步电动机的测试方法，会使用、维护三相异步电动机。

一、理论知识

三相异步电动机是人们日常生活中的重要动力来源，为了更好地使用、维护和修理，必须对三相异步电动机有一定的认识。

1. 三相异步电动机认识

1）认识 Y112M – 2 型三相异步电动机的外形结构

Y112M – 2 型三相异步电动机（图 4 – 1 – 1）可以大致分为三个部分，即转子（转动部分）、定子（静止部分）和气隙（定子与转子之间的空气缝隙），如图 4 – 1 – 2 所示。

观察电动机的结构可以看到，还有其他的一些部件，如图 4 – 1 – 3 所示。

2）认识 Y112M – 2 型三相异步电动机的定子

三相异步电动机的定子部分是通以三相交流电流、产生磁场的一个重要场所，它一般由以下几部分组成。

图4－1－1　Y112M－2型三相异步电动机外形

图4－1－2　定子、转子与气隙

(a)　　　　　　(b)　　　　　　(c)　　　　　　(d)

图4－1－3　电动机拆解图

(a) 风罩；(b) 风叶；(c) 端盖；(d) 转子

（1）机座

机座是电动机的机械结构组成部分，主要作用是固定和支撑定子铁心和端盖。机座需要有足够的机械强度和刚度，一般中小型电动机的机座采用铸铁材料，机座外表面有散热筋片，如图4－1－4所示，而大容量的异步电动机采用钢板焊接而成。

（2）定子绕组

定子绕组是电动机定子的电路部分，它将通过电流建立磁场。如图4－1－5所示，它是由三相绕组组成，嵌放在定子铁心中并固定的。三相绕组一般有六个出线端，首端标明 U_1、V_1、W_1，尾端标明 U_2、V_2、W_2，首尾端不能混淆，否则电动机通电后不能正常运行。

（3）定子铁心

定子铁心是电动机主磁路的一部分，并要放置定子绕组。为了使导磁性能良好和减少交变磁场在铁心中的损耗，故一般采用片间绝缘的硅钢片叠压而成。定子铁心和冲片的示意如图4－1－6所示。

3）认识 Y112M－2型三相异步电动机的转子

三相异步电动机的转子是将电能转换为机械能的重要场所，主要由转轴、转子铁心和转子绕组等组成。

图4-1-4　中小型异步电动机机座　　　图4-1-5　三相异步电动机的定子绕组

图4-1-6　定子铁心和冲片
(a) 定子铁心；(b) 冲片

（1）转子铁心

转子铁心也是电动机中磁场通路的一部分，转子绕组也要放在其中。它一般用冲有转子槽形的硅钢片叠压而成。中小型异步电动机的转子铁心一般都直接固定在转轴上，而大型三相异步电动机的转子铁心则套在转子支架上，然后让支架固定在转轴上。

（2）转轴

转轴是支撑转子铁心和输出转矩的部件，它必须有足够的刚度和强度。转轴一般用中碳钢车削加工而成，轴伸出端铣有键槽，是用来固定带轮或联轴器的。

（3）转子绕组

常见的异步电动机的转子大致分为两种类型，即笼型转子和绕线型转子。

①笼型转子。笼型转子绕组是在转子铁心的每个槽内放入一根导体，在伸出铁心的两端分别用两个导电端环把所有的导条连接起来，形成一个自行闭合的短路绕组。如果去掉铁心，剩下来的绕组形状就像一个鼠笼子，如图4-1-7所示，所以称之为笼型绕组。对于中小型的三相异步电动机，笼型转子绕组一般采用铸铝，将导条、端环和风叶一次铸出，如图4-1-7（b）所示。也有用铜条焊接在两个铜端环上的铜条笼型绕组，如图4-1-7（a）所示。其实在生产实际中笼型转子铁心槽沿轴向是斜的，这样导致导条也是斜的，这主要是为了削弱由于定子、转子开槽引起的齿谐波，以改善笼型电动机的起动性能。

②绕线型转子。绕线型转子绕组与定子绕组一样，也是一个对称三相绕组。它联结成Y形接法后，其三根引出线分别接到轴上的三个集电环，再经电刷引出而与外部电路接通，如图4-1-8所示，可以通过集电环与电刷而在转子回路中串入外接的附加电阻或其他控制装

124

图 4-1-7 笼型转子绕组结构示意图

（a）铜条笼型绕组；（b）铸铝笼型绕组

1—风叶；2—端环；3—铝导条

置，以便改善三相异步电动机的起动性能及调速性能。绕线型转子异步电动机还装有提刷短路装置，如图 4-1-8（b）所示。

当电动机起动完毕而又不需调速时，可操作手柄将电刷提起切除全部电阻，同时使三只集电环短路，其目的是减少电动机在运行中的电刷磨损和摩擦损耗。

图 4-1-8 绕线型转子异步电动机示意图

（a）接线图；（b）提刷装置

1—定子；2—转子；3—电刷；4—集电环

4）分析 Y112M-2 型三相异步电动机铭牌参数

每台异步电动机的机座上都有一块铭牌，上面标有型号、额定值、工作制等信息，如表 4-1-1 所示。

表 4-1-1 Y112M-2 型三相异步电动机的铭牌

三相异步电动机			
型号 Y112M—2		工作制 S1	
50 Hz	220 V	IP	IP55
4 kW	8.2 A	绝缘等级	F
2 890 r/min		冷却方式	ICO141
接法	△	功率因数	0.87
2007 年 5 月 12 日		效率	85.5
×××电机有限公司			

（1）型号

异步电动机的型号与其他电动机类似，可以表示电动机的种类、规格和用途等。以下面两例来加以说明。

一般来说，异步电动机用"Y"来表示，型号中的英文字母 S、M、L 分别表示短、中、长机座。

中心高越大，则电动机容量越大，因此异步电动机按容量大小分类与中心高有关：中心高 80～315 mm 为小型，315～630 mm 为中型，630 mm 以上为大型。在同样的中心高下，机座长即铁心长，则容量大。

（2）额定值

额定值规定了电动机正常运行状态和条件，它是选用、安装和维修电动机时的依据。异步电动机的铭牌上标注的主要额定值有以下几种。

①额定功率 P_N：电动机在额定运行状态下，轴上输出的机械功率（kW）。

②额定电压 U_N：额定运行时，加在定子绕组出线端的线电压（V）。

③额定电流 I_N：电动机在额定电压、额定频率下，轴上输出额定功率时，定子绕组中的线电流（A）。

三相异步电动机的额定功率与其他额定数据之间有以下关系式，即

$$P_N = \sqrt{3} U_N I_N \eta_N \cos\varphi_N \qquad (4-1-1)$$

④额定频率 f_N：三相异步电动机所接的交流电源的频率，我国电力网的频率为 50 Hz。

⑤额定转速 n_N：三相异步电动机在额定电压、额定频率下，轴上输出额定机械功率时转子的转速（r/min）。

除了以上一些数据外，铭牌上还标有定子绕组的联结法、绝缘等级及工作制等。对于绕线型转子异步电动机，还标明转子绕组的额定电压（指定子加额定频率时的电压，而转子绕组开路时集电环间的电压）和转子的额定电流，以此为选用起动变阻器的依据。

（3）其他参数

①保护等级：通常用 IPXX 形式来表示电动机的防尘、防水等级，电动机防护等级见表 4-1-2。

表 4 – 1 – 2　Y112M – 2 型三相异步电动机的防护等级

防尘等级（第一个 X 表示）		防水等级（第二个 X 表示）	
0	没有保护	0	没有保护
1	防止大的固体侵入	1	水滴滴入外壳无影响
2	防止中等大小的固体侵入	2	当外壳倾斜到 15° 时，水滴滴入外壳无影响
3	防止小固体进入、侵入	3	水或雨水从 60° 角落到外壳上无影响
4	防止物体大于 1 mm 的固体进入	4	液体由任何方向泼到外壳没有伤害或影响
5	防止有害的粉尘堆积	5	用水冲洗无任何伤害
6	完全防止粉尘进入	6	可用于船舱内的环境
		7	可于短时间内耐浸水（1 min）
		8	在一定压力下长时间浸水

Y112M – 2 型三相异步电动机标示为 IP55，表示该电动机可以防止有害粉尘进入及可用水冲洗而无任何伤害。

②工作制：异步电动机能否长时间运转，不是看转速，而是看电动机的工作制。如果为连续工作制（S1），它的持续时间足以达到发热稳定状态，所以它就可以长时间运转。另外，还有短时工作制，它需要在一定时间内休息后才能再转，如榨汁机一类的；其他的还有断续周期工作制（包括 S3、S4 和 S5）、连续周期工作制（包括 S6、S7、S8）、非周期负载和转速变化的工作制（S9）、不均匀负载的工作制等。

5）三相异步电动机运行原理

三相异步电动机的磁场是它的三相定子绕组分别通以对称三相交流电而产生的，而且产生的是一个围绕电动机转子轴心旋转的磁场，即是一个旋转磁场，它的转速用 n_1 表示，又叫同步转速。

旋转磁场的转速方向与定子绕组接入的三相电流的相序有关，即改变定子绕组接入电流的相序，就能改变三相异步电动机旋转磁场的旋转方向。旋转磁场的转速大小与电动机的几个参数有关，具体关系式为

$$n_1 = \frac{60f}{p} \tag{4 – 1 – 2}$$

当三相异步电动机接到三相交流电源上，有对称三相电流通过的三相定子绕组就产生了一个旋转的磁场。若旋转磁场的转速方向（n_1）和某时刻的位置如图 4 – 1 – 9 所示时，静止的转子绕组对于运动的旋转磁场而言，是相对运动的，而且正在切割磁力线，从而感应出感应电动势（右手定则判断方向），在闭合的转子回路中就产生了感应电流，且电流方向应顺应于感应电动势方向。该感应电流在旋转磁场中必然受到电磁力 f 的作用（左手定则判断方向），此力驱使每个通有感应电流的转子导体围绕转轴做圆周运动，它的总和就称为转子所受的电磁转矩 T，这个电磁转矩驱动转子沿旋转磁场的方向旋转起来。

当然，三相异步电动机的转子转速最终不可能加速到等于同步转速，即同步状态。因为

图 4-1-9 三相异步电动机旋转原理

如果同步了，转子与旋转磁场之间就没有了相对运动，也就不会产生感应电流，也就不会有电磁转矩来驱使转子继续转动，所以转子的转速总是略低于同步转速的，这就是异步的由来。

6）转差率 s

转差（$n_1 - n$）是三相异步电动机运行的必要条件，为此引入转差率的概念，用 s 表示，即

$$s = \frac{n_1 - n}{n_1} \qquad (4-1-3)$$

由于三相异步电动机在运行时，转速 n 总是与同步转速 n_1 同向而且略低于它，所以电动机的转差率范围为 $0 \sim 1$。其中，$s = 0$ 对应的是理想空载状态，$s = 1$ 对应的是起动瞬间。一般电动机的额定转差率为 $1.5\% \sim 5\%$。

（1）起动方式

三相异步电动机的起动方式有很多种，由于直接起动时，起动电流大、起动转矩小，故只有小型异步电动机采用直接起动。除了直接起动外，还有以下几种起动方式：自耦变压器起动；星-三角起动；定子回路串电阻起动；绕线型转子串频敏变阻器起动。笼型异步电动机有两种特制的转子可以改善起动性能：一是深槽型转子；二是双笼型转子。

（2）反转

三相异步电动机实现反转很简单，只需改变三相异步电动机的三相电源相序即可。因为改变了电源相序，就改变了旋转磁场的转速方向。

（3）调速

三相异步电动机的转速 n 可以用式（4-1-4）来表示，所以调速方式就有变频调速、变极调速、变转差率调速等几种。

$$n = (1-s)n_1 = (1-s)\frac{60f}{p} \qquad (4-1-4)$$

用兆欧表检测
电动机的绝缘性能

2. 三相异步电动机测试

对三相异步电动机进行检测时，一般有以下几个步骤。

①观察外观是否完整，除接线盒之外无裸露线圈及线头。

②慢慢转动转子，转子应能顺畅转动，如不能，需检查轴承和端盖是否安装过紧。

③对电动机的绝缘性能进行检测（图 4-1-10），三相异步电动机需要检测两个绝缘性能：一是相间绝缘；二是对地绝缘。两个绝缘性能的检测都需要用到兆欧表。

在测量相间绝缘时，将兆欧表的两个接线柱分别连接到三相线圈中的任意两相上（取一个接线头即可），然后摇动摇把进行测量。如三相之间两两不导通，则相间绝缘良好。

图 4-1-10 用兆欧表检测
电动机的绝缘性能

在测量对地绝缘性能时，将兆欧表的一个接线柱连接到三相线圈中的任意一相的一个线头上，另一个接线柱连接到机座，然后摇动摇把进行测量。如三相与机座之间绝缘电阻都比较高，则对地绝缘良好。

　　④检测完毕没有故障后，将三相绕组接为星形联结，通电试车，观察电动机运行状况。

　　⑤在对三相异步电动机进行通电试车前，需要先按照电动机铭牌要求或者现场具体要求将三相电动机的电源接好。定子绕组连接电源一般有星形和三角形两种接法，这一点在下面详述。

　　注意：三相异步电动机的铭牌上若有定子绕组联结方式的，必须按照其联结，否则会有烧毁定子绕组的危险，请思考其原因。

　　1）定子绕组的首尾端判断

　　三相绕组每个都有首尾两端，假设接线盒中标识不明，则首要任务即是判断绕组首尾端。

　　三相绕组每个线圈的首尾端都是不同的，若安装不正确则电动机无法正常工作。在安装接线盒之前需要先判断三相异步电动机首尾端（或称为同极性端）。在定子绕组测量中已经标记好了同一个线圈的两个出线端，接下来就可以开始判别首尾端，具体方法可有以下三种，即直流法、交流法和剩磁法。具体联结线路如图4-1-11所示。

三相异步电动机
定子绕组判别

图4-1-11　三相异步电动机定子绕组判别

(a) 直流法；(b) 交流法；(c) 剩磁法

　　(1) 直流法

　　直流法的具体步骤为：先用万用表电阻挡分别找出三相绕组的各相两个线头；给各相绕组假设编号为U_1、U_2、V_1、V_2、W_1和W_2；按图4-1-11 (a) 所示接线，观察万用表指针摆动情况。

　　合上开关瞬间若指针正偏，则电池正极的线头与万用表负极（黑表笔）所接的线头同为首端或尾端；若指针反偏，则电池正极的线头与万用表正极（红表笔）所接的线头同为首端或尾端；再将电池和开关接另一相的两个线头进行测试，就可正确判别各相的首、尾端。

（2）交流法

给各相绕组假设编号为 U_1、U_2、V_1、V_2、W_1 和 W_2，按图 4-1-11（b）所示接线，接通电源。若灯灭，则两个绕组相连接的线头同为首端或尾端；若灯亮，则不是同为首端或尾端。

（3）剩磁法

假设异步电动机存在剩磁。给各相绕组假设编号为 U_1、U_2、V_1、V_2、W_1 和 W_2，按图 4-1-11（c）所示接线，并转动电动机转子，若万用表指针不动，则证明首、尾端假设编号是正确的；若万用表指针摆动，则说明其中一相首、尾端假设编号不对，应逐相对调重测，直至正确为止。

注意：若万用表指针不动，还得证明电动机存在剩磁，具体方法是改变接线，使线头编号接反，转动转子后若指针仍不动，则说明没有剩磁，若指针摆动则表明有剩磁。

2）定子绕组星形和三角形两种接法

在之前判别完首、尾端后，可将接线盒中的六个端子的身份判断出来。常见的接线盒中，这六个出线端接在电动机的接线板上的排列如图 4-1-12 所示，可以很方便地将三相绕组接为星形或三角形两种联结方式。

图 4-1-12　定子绕组的联结

3. 三相异步电动机维护、保养及故障处理

1）运行前的检查

为了确保电动机安全正常地投入运行，一般应在电动机起动前做以下各项检查。

（1）仔细检查、核对电动机铭牌所示的各项额定值是否符合使用要求；电动机是否与铭牌接线的指示图相符；接线板上的接头连接是否牢固，有无松动或氧化现象。

（2）检查与机械负载连接后的电动机转轴，看其转动是否灵活轻便；以及电动机的地脚螺栓、螺母等是否拧紧，其他机械方面是否牢固可靠等。

（3）对新安装或长期停用的电动机，投入运行前必须用兆欧表测量电动机绕组对地绝缘电阻（根据电动机的额定电压选择兆欧表的电压等级）。如绕组的绝缘电阻值按绕组的额定

电压计算低于 1 MΩ/kV 时，则必须对电动机绕组进行干燥处理，直到绕组绝缘电阻符合要求为止。

（4）检查电动机起动设备的规格、容量是否符合使用要求；电动机及起动设备的接地保护装置是否可靠等。

（5）检查传动装置的配置情况，如联轴器的螺钉、销子是否紧固，皮带松紧是否合适等。

（6）检查电动机的旋转方向是否正确，但注意应在与被拖动机械脱离的空载状态下进行。对于三相异步电动机，如其旋转方向与负载机械设备的旋转方向相反时，通过调换与电动机定子绕组相连接的三相电源线中的任意两相就能改变其旋转方向。

（7）对于绕线型三相异步电动机，还应检查其滑环表面有无锈蚀、电刷表面与滑环表面的吻合情况、导线间是否相碰触、短路环接触是否良好、电刷提升机构是否灵活以及电刷压力是否正常等。

（8）检查三相电源是否均有电，其电压是否正常。

2）起动后应注意的事项

（1）如果接通电源后电动机不转，应立即切断电源，绝不能迟疑等待或带电检查电动机故障，否则极有可能会将电动机烧毁和发生大的危险。

（2）电动机起动时应特别注意观察电动机、传动装置、负载机械的工作状况，以及电气线路上的电流表、电压表的指示，如发现有异常现象，则应立即断电检查，待确实排除故障后再予以起动。

（3）电动机起动时，如发现其旋转方向与被拖动负载旋转方向相反，应立即切断电源停止电动机运行，并将电源线中任意两根互换即可改变电动机旋转方向。

（4）当同一电源线路上有多台电动机工作时，应按功率由大到小逐台起动，以免因多台电动机同时起动造成线路电流大和电压降大，或使电动机起动困难而引起线路故障或使其他负载设备跳闸等。

（5）采用手动自耦补偿器或手动星 – 三角起动器起动电动机时，应特别注意按正确的操作程序进行。首先一定要将操作手柄推到起动位置，而后待电动机转速上升稳定到接近额定转速时再拉到运转位置，以防止误操作造成设备和人身安全事故。

3）运行中应注意的事项

（1）电动机在运行时操作人员应通过仪表和目检，密切注意其运行情况，以便及早发现和解决问题，避免或减少发生故障。

（2）应注意观察电动机的负载电流大小，在容量较大的电动机控制线路中一般均装有电流表，以便随时对其电流进行检视。如果电流值或三相电流不平衡超过了允许值，电动机应立即停止运行并进行跟踪检查。容量较小的电动机，一般不在控制线路装设电流表，如有疑问时可在线路中临时串接电流表或用钳形电流表检测即可。

（3）注意观察电动机在运行中电流、电压、频率的变化。电源电压和频率过高或过低均不利于电动机的正常运行，而且三相电压不平衡将会造成三相电流的不平衡，这些情况都有可能引起电动机过热或其他不正常现象。

（4）经常检查轴承有无发热、漏油等情况，并定期更换润滑脂（一般可半年更换一次）。在更换润滑脂时，应先将轴承盖用煤油清洗，然后再用汽油予以清洗干净。

（5）应经常检查电动机接线板的螺钉是否松动或烧伤，如有此情况应予以紧固和用同等绝缘包垫修复。

（6）应定期检查起动控制设备，观察所有触点有无烧伤、氧化或接触不良等，如发现问题应立即维修保养。

（7）定期检查电动机的绝缘电阻，由于绝缘材料的绝缘能力因干燥程度不同而异，所以保持电动机绕组的干燥是极为重要的。若电动机工作环境潮湿或有腐蚀性气体等存在，均有可能破坏电动机的绝缘。

除按以上几项内容对电动机定期检查和维护保养外，当其运行一年后，应大修一次。大修的目的在于对电动机进行一次全面、彻底的检查和维护保养，增补和更换电动机缺少或磨损的零部件；彻底清除电动机内外的灰尘、杂物；检测绕组绝缘的情况；清洗轴承并检查其磨损情况，及时发现问题并立即予以处理，可延长电动机的工作寿命。

4）三相异步电动机常见的故障及其处理

三相异步电动机的故障一般可分为电气故障和机械故障。电气故障主要包括定子绕组、转子绕组和电路故障；机械故障包括轴承、风扇、端盖、转轴、机壳等故障。三相异步电动机常见故障现象、故障原因及其处理方法如表4-1-3所示。

表4-1-3　三相异步电动机常见故障现象、故障原因及其处理方法

序号	故障现象	故障原因	处理方法
1	电动机不能起动	①电源未接通	①检查电源电压、开关、线路、触点、电动机引出线头，查出后修复
		②熔断器熔丝烧断	②先检查熔丝烧断原因并排除故障，再按电动机容量重新安装熔丝
		③控制线路接线错误	③根据原理图、接线图检查线路是否符合图样要求，查出错误并纠正
		④定子或转子绕组断路	④用万用表、兆欧表或串灯法检查绕组，如属断路，应找出断开点，重新连接
		⑤定子绕组相间短路或接地	⑤检查三相电动机的三相电流是否平衡，用兆欧表检查绕组有无接地，找出故障点并修复
		⑥负载过重或机械部分被卡住	⑥重新计算负载，选择容量合适的电动机或减轻负载，检查机械传动机构有无卡住
		⑦热继电器规格不符合或调得太小	⑦选择整定电流范围适当的热继电器，并根据电动机的额定电流重新调整
		⑧将电动机三角形联结误接成星形联结，使电动机重载下不能起动	⑧根据电动机上的铭牌重新接线
		⑨绕线型转子电动机起动误操作	⑨检查集电环短路装置及起动变阻器位置，起动时应分开短路装置，串接变阻器
		⑩定子绕线接线错误	⑩重新判断绕组头尾，正确接线

续表

序号	故障现象	故障原因	处理方法
2	电动机起动时熔丝被熔断	①单相起动	①检查电源线、电动机引出线、熔断器、开关、触点，找出断线或假接故障并排除
		②熔断器截面太小	②重新计算，更换熔丝
		③一相绕组对地短路	③拆修电动机绕组
		④负载过大或机械被卡住	④将负载调至额定值，并排除机械故障
		⑤电源到电动机之间短路	⑤检查短路点后进行修复
		⑥绕线型转子电动机所接的起动电阻太小或被短路	⑥消除短路故障或增大起动电阻
3	通电后电动机"嗡嗡"响不能起动	①电源电压过低	①检查电源电压质量，与供电部门联系解决
		②电源缺相	②检查电源电压，检查熔断器、接触器、开关，是否某相断线，并进行修复
		③电动机引出线头尾接错或绕组内部接反	③在定子绕组中通入直流电，检查绕组极性，判断绕组极性是否正确
		④将电动机三角形联结误接成星形联结	④将星形联结改接成三角形联结
		⑤定子、转子绕组断路	⑤找出断路点进行修复，检查绕线型转子的电刷与集电环的接触状态，检查起动电阻有无断路或电阻过大现象
		⑥负载过大，机械被卡住	⑥减轻负载，排除机械故障或更换电动机
		⑦装配太紧或润滑脂过硬	⑦重新装配，更换油脂
		⑧改极重绕时，槽配合选择不当	⑧选择合理绕组形式和节距，适当车小转子直径，并重新计算绕组参数
4	电动机外壳带电	①电源线与地线接错，且电动机接地不好	①纠正接线错误，机壳应与保护地线连接
		②绕组受潮，绝缘老化	②对绕组进行干燥处理，更换绝缘老化的绕组
		③引出线与接线盒相碰接地	③包扎或更换引出线
		④线圈端部顶端接地	④找出接地点，包扎绝缘和涂漆，并在端盖内壁垫绝缘纸

133

序号	故障现象	故障原因	处理方法
5	电动机空载或负载电流表指针来回摆动	①笼型转子断条或开焊	①检查断条或开焊处并进行修理
		②绕线型转子电动机有一相电刷接触不良	②调整电刷压力，改善电刷与集电环的接触面
		③绕线型转子电动机集电环短路装置接触不良	③检修或更换短路装置
		④绕线型转子一相断路	④找出断路处，排除故障
6	电动机起动困难，加额定负载时转速低于额定值	①电源电压过低	①用电压表或万用表检查电源电压，调整电压
		②将三角形联结误接成星形联结	②将星形联结改成三角形联结
		③绕组头尾接错	③重新判断绕组头尾并正确接线
		④笼型转子断条或开焊	④找出断条或开焊处，进行修理
		⑤负载过重或机械部分转动不灵活	⑤减轻负载或更换电动机，改进机械传动机构
		⑥绕线型转子电动机起动变阻器接触不良	⑥检修起动变阻器的接触电阻
		⑦电刷与集电环接触不良	⑦改善电刷与集电环的接触面积，调整电刷压力
		⑧定子、转子绕组部分绕组接错或接反	⑧纠正接线错误
		⑨绕线型转子一相断路	⑨找出断路处，排除故障
		⑩重绕时匝数过多	⑩按正确绕组匝数重绕
7	电动机运行时振动过大	①基础强度不够或地脚螺钉松动	①将基础加固或加弹簧垫，紧固螺钉
		②传动带轮、靠轮、齿轮安装不合适，配合键磨损	②重新安装，纠正、更换配合键
		③轴承磨损间隙过大	③检查轴承间隙
		④气隙不均匀	④重新调整气隙
		⑤转子不平衡	⑤清扫转子紧固螺钉，校正动平衡
		⑥铁心变形或松动	⑥校正铁心，重新装配
		⑦转轴弯曲	⑦校正转轴，找直
		⑧扇叶变形，不平衡	⑧校正扇叶，找动平衡
		⑨笼型转子绕组断路	⑨进行补焊或更换笼条
		⑩绕线型转子绕组短路	⑩找出短路处，排除故障
		⑪定子绕组断路、短路、接地连接错误等	⑪找出故障处，排除故障

续表

序号	故障现象	故障原因	处理方法
8	电动机运行时有杂声	①电源电压过高或不平衡	①调整电压或与供电部门联系解决
		②定子、转子铁心松动	②检查振动原因，重新压铁心，进行处理
		③轴承间隙过大	③检修或更换轴承
		④轴承缺少润滑脂	④清洗轴承，添加润滑脂
		⑤定子、转子相擦	⑤正确装配，调整气隙
		⑥风扇碰风扇罩或风道堵塞	⑥修理风扇罩，清理通风道
		⑦转子擦绝缘纸或槽楔	⑦检修绝缘或检修槽楔
		⑧各相绕组电阻不平衡，局部有短路	⑧找出短路处，进行局部修理或更换线圈
		⑨定子绕组连接错误	⑨重新判断头尾，正确接线
		⑩改极重绕时，槽配合不当	⑩校验定子、转子槽配合
		⑪重绕时每相匝数不相等	⑪重新绕线，改正匝数
		⑫电动机单相运行	⑫检查电源电压、熔断器、接触器、电动机接线
9	电动机轴承发热	①润滑脂过多或过少	①清洗后，添加润滑脂，充满轴承室容量的 $1/2 \sim 2/3$
		②油质不好，含有杂质	②检查油内有无杂质，更换符合要求的润滑脂
		③轴承磨损，有杂质	③更换轴承，对含有杂质的轴承要清洗，换油
		④油封过紧	④修理或更换油封
		⑤轴承与轴的配合过紧或过松	⑤检查轴的尺寸公差，过松时用树脂黏合或低温镀铁，过紧时进行车削加工
		⑥电动机与传动机构连接偏心或传动带过紧	⑥校正传动机构中心线，并调整传动带的张力
		⑦轴承与端盖配合过紧或过松	⑦修理轴承内盖，使之与轴的间隙合适
		⑧电动机两端盖与轴承盖安装不平	⑧安装时，使端盖或轴承盖口平整装入，然后再旋紧螺钉
		⑨轴承与端盖配合过紧或过松	⑨过松要进行嵌套，过紧要进行车削加工
		⑩主轴弯曲	⑩矫直弯轴

序号	故障现象	故障原因	处理方法
10	电动机过热或冒烟	①电源电压过高或过低	①检查电源电压，或与供电部门联系解决
		②电动机过载运行	②检查负载情况，减轻负载或增加电动机容量
		③电动机单相运行	③检查电源、熔丝、接触器，排除故障
		④频繁起动和制动及正、反转	④正确操作，减少起动次数和正、反向转换次数或更换合适的电动机
		⑤风扇损坏，风道阻塞	⑤修理或更换风扇，清除风道异物
		⑥环境温度过高	⑥采取降温措施
		⑦定子绕组匝间或相间短路，绕组接地	⑦找出故障点，进行修复处理
		⑧绕组接线错误	⑧将三角形联结电动机误接成星形联结，或将星形联结电动机误接成三角形联结，纠正错误
		⑨大修时曾烧灼铁心，铁耗增加	⑨做铁心检查试验，检修铁心，排除故障
		⑩定子、转子铁心相擦	⑩正确装配，调整间隙
		⑪笼型转子断条或绕线型转子绕组接线松开	⑪找出断条或松脱处，重新补焊或扭紧固定螺钉
		⑫进风温度过高	⑫检查冷却水装置及环境温度是否正常
		⑬重绕后绕组浸渍不良	⑬要采用二次浸漆工艺或真空浸漆措施
11	集电环发热或电刷火花太大	①集电环表面不平、不圆或偏心	①将集电环磨光或车光
		②电刷压力不均匀或太小	②调整刷压
		③电刷型号与尺寸不符	③采用同型号或相近型号保证尺寸一致
		④电刷研磨不好，与集电环接触不良或电刷碎裂	④重新研磨电刷或更换电刷
		⑤电刷尺寸太大被卡住，使电刷与集电环接触不良	⑤修磨电刷，尺寸要合适，间隙要符合要求
		⑥电刷数目不够或截面积过小	⑥增加电刷数目或增加电刷接触面积
		⑦集电环表面污垢，表面光洁度不够引起导电不良	⑦清理污物，用干净的布蘸汽油擦净集电环表面

续表

序号	故障现象	故障原因	处理方法
12	绝缘电阻低	①绕组绝缘受潮	①进行加热烘干处理
		②绕组绝缘沾满灰尘、油垢	②清理灰尘、油垢，并进行干燥、浸渍处理
		③绕组绝缘老化	③可清理干净，涂漆处理或更换绝缘
		④电动机接线板损坏，引出线绝缘老化破裂	④重包引线绝缘，修理或更换接线板
13	电动机空载电流不平衡，并相差很大	①绕组头、尾接错	①重新判断绕组头、尾，正确接线
		②电源电压不平衡	②检查电源电压，找出故障原因并排除故障
		③绕组匝间短路，某线圈组接反	③检查绕组极性，找出短路处，改正接线并排除故障
		④重绕时三相线圈匝数不一样	④重新绕制线圈
14	电动机三相空载电流增大	①电源电压过高	①检查电源电压，或与供电部门联系解决
		②将星形联结电动机误接成三角形联结，气隙不均匀或增大	②将绕组改为星形联结
		③电动机装配不当	③调整气隙
		④大修时铁心过热，造成灼损	④检查装配情况，重新装配
		⑤重绕时线圈数不够	⑤检修铁心或重新设计和绕制绕组进行补偿，增加绕组匝数

4. 单相异步电动机运行

由单相交流电源供电的电动机称为单相异步电动机，在没有三相交流电源的地方使用起来比较方便。因此，它被广泛用于日常生活中及医疗器械和某些工业设备上，如电风扇、洗衣机、空气调节器、手提式电钻等都用单相电动机作为动力。实用单相电动机的功率都比较小，一般为几瓦至几百瓦。

单相异步电动机与三相异步电动机的区别，仅在于定子绕组是单相绕组，并采用单相交流电源供电。当三相异步电动机的电源线有一相断开（如图 4-1-13 中的 W 相）时，定子绕组通过单相电流，此时三相绕组变为单相绕组（实为两相串联绕组）。所以，单相异步电动机是三相异步电动机在定子绕组一相断路时的特殊运行状态。

1）单相异步电动机的工作原理和特性

从构造上看，单相异步电动机和三相笼型异步电动机差不多，转子是笼型的，定子绕组也是嵌放在定子槽内。不过定子绕组只有两个单相绕组。

图 4-1-13　三相电动机单相运行

（1）单相异步电动机的磁场

①单相绕组的定子磁场。单相交流电流是一个随时间按正弦规律变化的电流，它所产生的磁场是一个脉动磁场，脉动磁场可以分解成两个转速相同、大小相等而转向相反的旋转磁场，合成转矩等于零，电动机不能起动。也就是说，单相绕组异步电动机的起动转矩等于零。

要应用单相异步电动机，必须首先解决它的起动问题，也就是要使转子获得一定的起动转矩。

②两相绕组形成的磁场。单相异步电动机定子中要有两个绕组，即起动绕组 Z_1、Z_2 和工作绕组 U_1、U_2，它们的绕组参数相同，在空间相位上相差 90° 电角度，当在其中通入相位相差 90° 电角度的两相对称电流时，则两相绕组合成了一个椭圆形磁动势，产生旋转磁场，电动机可起动运转。

（2）单相电动机的两种主要类型

①分相式单相异步电动机。应用分相法起动的单相电动机称为分相式电动机，它的定子上有两个绕组，一个是工作绕组，另一个是起动绕组，两个绕组的轴线在空间相差 90° 电角度；电动机起动时，工作绕组和起动绕组接到同一个单相交流电源上，为了使两个绕组中的电流在时间上有一定的相位差（即分相），须在起动绕组中串入电容器或电阻器，也可以使起动绕组本身的电阻远大于工作绕组的电阻。因此，分相式电动机又可分为电阻分相电动机和电容分相电动机两种类型。

②罩极式单相异步电动机。采用罩极法起动的单相电动机称为罩极式电动机。罩极式电动机的定子铁心多制成凸极式，由硅钢片冲片叠压而成，每极上装有集中绕组，称为工作绕组。每个极面上的一边开有小槽。小槽中嵌入短路铜环，将部分磁极罩起来。这个短路铜环称为罩极线圈，其作用相当于变压器的副绕组，能产生感应电动势和短路电流。

（3）单相电动机的常见类型

常用单相电动机可按其工作原理、结构和起动方式进行分类，如表 4-1-4 所示。从表 4-1-4 可以看出，单相电动机的类型较多，因而能适应生产、生活各方面的需要。

表 4-1-4　常见单相异步电动机的类型

单相电动机	异步电动机	电阻分相起动电动机
		电容分相起动电动机
		电容运转电动机
		电容起动与运转电动机
		罩极式电动机
	同步电动机	磁滞式电动机
		反应式电动机
		永磁式电动机
	换向器电动机	单相串励电动机
		交、直流两用电动机

2）单相异步电动机的调速

单相电动机的调速方法主要有变极调速法、电抗器调速法、自耦变压器调速法、绕组抽头调速法以及其他一些调速法。下面将简单介绍单相电动机常用的一些调速方法。

（1）变极调速

单相异步电动机的转速公式为

$$n = n_1(1-s) = \frac{60f_1}{p}(1-s) \tag{4-1-5}$$

式中　n——单相异步电动机转速，r/min；

　　　n_1——同步转速，r/min；

　　　s——单相异步电动机转差率；

　　　f_1——电源频率，Hz；

　　　p——电动机极对数。

由此可见，只要设法改变定子绕组的极对数 p，就可以改变单相异步电动机的转速 n。改变电源频率也可改变电动机转速，此即变频调速。

（2）自耦变压器调速

利用自耦变压器的调压特性来直接降低主、辅绕组的电压，或者只降低主绕组的电压，均能对电动机进行调速。具体接线方法有以下三种。图 4-1-14 所示为主绕组降压调速接线。从图 4-1-15 中可以看出，自耦变压器以同一电压对电动机的主、辅绕组作电压调控来进行调速。

图 4-1-14　主绕组降压调速

图 4-1-15　主、辅绕组同电压调速接线

图 4-1-16 所示为主、辅绕组异电压降压调速接线。从图中可以看出，自耦变压器是分别以不同电压施加到主、辅绕组来进行降压调速的。

（3）电抗器调速

将电抗器串接到电动机单相电源电路中，通过变换电抗器的线圈抽头来实现降压调速。图 4-1-17 所示为电抗器调速原理接线。

①各电源开关通电应按一定程序进行，与待调试无关的电路开关不应合闸。

②测量电源电压，其波动范围应为 -7% ~ +7%。

③各机构动作程序的检验调试，应根据电路图在调试前编制的程序进行。

图 4-1-16　主、辅绕组异电压
调速接线

图 4 – 1 – 17　电抗器调速原理接线

④在控制电路正确无误后，才可接通主电路电源。

⑤主电路初次送电应点动起动。

⑥操作主令控制器时应由低速挡向高速挡逐挡操作，其挡位与运行速度相对应；操作方向与运行方向相一致。

⑦对调速系统的各挡速度应进行必要的调整，使其符合调整比，对非调整系统的各挡速度不需调整。

⑧起升机构为非调速系统时，下降方向的操作应快速过渡，以避免电动机超速运行。

⑨保护电路的检验调试应首先手动模拟各保护联锁环节触点的动作，检验动作的正确性和可靠性。

⑩限位开关的实际调整，应在机构低速运行的条件下进行，在有惯性越位时应反复调试。

二、训练与考核

1. 实训器材

三相异步电动机，配套三相电源，兆欧表、万用表、电工工具一套。

2. 实训内容

①三相异步电机参数获取。要求如下：仔细观察 Y112M – 2 型三相异步电动机铭牌数据，完成表 4 – 1 – 5。

表 4 – 1 – 5　Y112M – 2 型三相异步电动机性能参数

型号		额定电压		保护等级	
机座中心高度		额定电流		功率因数	
轴长		额定转速		机械效率	
额定功率		绝缘等级		电机极对数	
可用电源频率		额定运行时定子接法		工作制	

②由教师提供三相异步电动机的故障现象，由学生分析故障发生的可能原因。

③将提供的三相异步电动机的六个绕组线头在接线盒中接好，要求能正确判断绕组首、尾端，并能正确将其连成星形接法和三角形接法。

3. 实训考核

考核及评分标准见附录中实训任务工单 4 – 1 – 1。

三、练习题

①如果异步电动机的绕组被烧毁应如何进行更换？

②试述电机运行前必需的测试步骤。

模块二　认识和使用直流电动机

学习目标

● 了解直流电动机结构。
● 掌握直流电动机工作原理和使用方法。
● 会使用、维护直流电动机。
● 能自主查阅资料，拓展知识应用。

一、理论知识

直流电动机因其良好的调速性能而在电力拖动中得到了广泛应用，其规格繁多，结构也较异步电动机更为复杂。要正确、安全地使用好直流电动机，就必须对它的结构和运行原理比较熟悉，这样才能正确地使用和维护好直流电动机，一旦发生故障，也能熟练、准确、迅速、安全地查找出故障的原因，并予以正确地排除。

1. 直流电动机认识

掌握了阅读机床电气原理图的方法和技巧，对于分析电气电路，排除机床电路故障是十分有意义的。机床电气原理图一般由主电路、控制电路、照明电路、指示电路等几部分组成。阅读方法如下。

（1）直流电动机的结构

直流电动机和直流发电机的结构基本是相同的，都有可旋转部分和静止部分。可旋转部分称为转子，静止部分称为定子，在定子和转子之间存在着空气隙。小型直流电动机结构如图 4-2-1 所示，其剖面结构如图 4-2-2 所示。

图 4-2-1　小型直流电动机的结构

图 4 – 2 – 2　小型直流电动机的剖面结构

（2）直流电动机的工作原理

直流电动机的工作原理如图 4 – 2 – 3 所示，把电刷 A、B 接到一直流电源上，电刷 A 接电源的正极，电刷 B 接电源的负极，电枢线圈中将有电流流过。

图 4 – 2 – 3　直流电动机的模型

如图 4 – 2 – 3（a）所示，设线圈的 ab 边位于 N 极下，线圈的 cd 边位于 S 极下，载流导体在磁场中受到电磁力的作用，其大小为

$$f = B_x li \qquad\qquad (4 – 2 – 1)$$

式中　f——电磁力，N；

　　　B_x——导体所在处的磁通密度，Wb/m^2；

　　　l——导体 ab 或 cd 的有效长度，m；

　　　i——导体中流过的电流，A。

导体受力方向由左手定则确定。在图 4 – 2 – 3（a）所示的情况下，位于 N 极下的导体 ab 受力方向为从右向左，而位于 S 极下的导体 cd 受力方向为从左到右。导体所受电磁力对轴产生一转矩，这种由于电磁作用产生的转矩称为电磁转矩，电磁转矩的方向为逆时针方向。当电磁转矩大于阻力矩时，线圈按逆时针方向变为从右向左；而原位于 N 极下的导体 ab 转到 S 极下，导体 ab 受力方向变为从左向右，该转矩的方向仍为逆时针方向，线圈在此转矩作用下继续按逆时针方向旋转。这样虽然导体中流通的电流为交变的，但 N 极下的导体受力方向和 S 极下导体受力的方向并未发生变化，电动机在此方向不变的转矩作用下转动。

2. 直流电动机运行时的性能及维护

1）运行故障及危害

直流电动机运行时出现的异常分为以下几种，下面分别介绍这些异常的现象以及危害。

（1）转速故障

一般小型直流电动机在额定电压和额定负载时，即使励磁回路中不串电阻，转速也可保持在额定转速的容差范围内。中型直流电动机必须接入磁场变阻器，才能保持额定励磁电流，而达到额定转速。

①转速偏高。在电源电压正常情况下，转速与主磁通成反比。当励磁绕组中发生短路现象，或个别磁极极性装反时，主磁通量减少，转速就上升。励磁电路中有断线，便没有电流通过，磁极只有剩磁。这时，对串励电动机来说，励磁线圈断线即电枢开路，与电源脱开，电动机就停止运行；对并励或他励电动机，则转速剧升，有飞车的危险，如所带负载很重，那么电动机速度也不致升高，这时电流剧增，使开关的保护装置动作后跳闸。

②转速偏低。电枢电路中连接点接触不良，使电枢电路的电阻压降增大时电动机转速就偏低。所以，转速偏低时，要检查电枢电路各连接点（包括电刷）的接头焊接是否良好、接触是否可靠。

③转速不稳。直流电动机在运行中当负载逐步增大时，电枢反应的去磁作用也随之逐步增大。尤其直流电动机在弱磁提高转速运行时，电枢反应的去磁作用所占的比例就较大，在电刷偏离中性线或串励绕组接反时，则去磁作用更强，使主磁通更为减少，电动机的转速上升，同时电流随转速上升而增大，而电流增大又使电枢反应去磁作用增大，这样恶性循环使电动机的转速和电流发生急剧变化，电动机不能正常稳定运行。如不及时制止，电动机和所接仪表均有损坏的危险。在这种情况下，首先应检查串励绕组极性是否准确，减小励磁电阻并增大励磁回路电流。若电刷没有放在中性线上，则应加以调整。

（2）电流异常

直流电动机运行时，应注意电动机所带负载不要超过铭牌规定的额定电流。但在故障的情况下（如机械上有摩擦、轴承太紧、电枢回路中引线相碰或有短路现象、电枢电压太低等），会使电枢电流增大。电动机在过负载电流下长时间运行，就易烧毁电动机绕组。

（3）局部过热

凡电枢绕组中有短路现象时，均会产生局部过热。在小型电动机中，有时电枢绕组匝间短路所产生的有害火花并不显著，但局部发热较严重。导体各连接点接触不良也会引起局部过热；换向器上的火花太大，会使换向器过热；电刷接触不良会使电刷过热。当绕组部分长时间局部过热时，会烧毁绕组。在运行中，若发现有绝缘烤糊味或局部过热情况，应及时检查修理。

注意：如发现异常现象，应尽快在条件允许的情况下停车检查；否则可能出现严重的故障，造成更大的设备损失。

2）直流电动机的电气性能检测

（1）直流电动机绕组的直流电阻、绝缘电阻的测量及耐压试验

电动机在通电运行前，应检查电动机绕组的直流电阻值，电阻值较小时，通常用双臂电桥测量，如图4-2-4所示。

（a）　　　　　　　　　　　　　　　　（b）

图 4 - 2 - 4　QJ44 型双臂电桥

（a）QJ44 型电桥外形；（b）QJ44 型电桥面板（测敏状态）

1—外接引线端子；2—调零旋钮；3—检流计；4—检流计灵敏度旋钮；5—外接电源端钮；

6—小数值拨盘；7—电源按钮（B）；8—检流计按钮（G）；9—倍数旋钮；10—大数旋钮；11—电源开关

图 4 - 2 - 5　兆欧表检查
电动机的绝缘性能

测量绕组相与相、相对地的绝缘电阻（可用兆欧表测量，如图 4 - 2 - 5 所示），检查绕组的接线是否正确，同时还应进行耐压试验（可用耐压仪进行检查，如图 4 - 2 - 6 所示）。绕组直流电阻的测量方法有直流电桥法和电压表电流法。

（2）直流电动机的绕组匝间绝缘试验

匝间绝缘试验又称为短时升高电压试验。匝间绝缘试验的目的是检查定子或转子绕组匝间的绝缘。作用是检查电动机绕组在修理过程中，嵌线、浸漆、烘干、装配、搬运时绕组绝缘是否受到损伤。

（a）　　　　　　　　　　　　　　　　（b）

图 4 - 2 - 6　低压电动机用耐电压试验设备电路原理和实物

　　直流电枢绕组匝间绝缘强度试验可在电动机空载运行时将电压提高到额定电压的 1.3 倍，运行 5 min 无冒烟击穿现象即为合格。也可将直流电动机作为发电机方式运行，并使其感应电动势达到 130% 额定电压（可通过增加发电机励磁电流及提高转速的方法来实现，但转速不得超过 115% 额定电压），在此高电压下历时 5 min 不出现击穿为合格。

（3）直流电动机的空载试验

直流电动机空载试验的目的主要是测得空载特性曲线，并测量空载损耗（机械损耗与铁耗之和）。

空载特性试验时，把电动机作为他励发电机，并在额定转速下空载运行一段时间后，测取电枢电压对于励磁电流的关系曲线。

测空载损耗时，把电动机作为他励电动机，逐步增加电动机的励磁电流至额定值，用改变电枢电压的方法，调节电动机转速至额定值。测出并记录不同电枢电压时的电枢电流。将电动机输入功率减去电枢回路铜耗和电刷接触损耗，即为空载损耗。

（4）直流电动机的负载试验

负载试验的目的是检验电动机在额定负载及过载时的特性和换向性能。

试验时，每0.5 h记录一次电枢电压、电流、励磁电压、励磁电流、转速、火花等级以及温度等。

负载试验时，火花等级用肉眼观察，可借助小镜片观察电刷与换向器接触处的火花粒子。火花的程度按表4-2-1分级。

表4-2-1 火花等级表

火花等级	电刷下的火花程度	换向器及电刷状态
1	无火花	换向器上没有黑痕及电刷上没有灼痕
$1\frac{1}{4}$	电刷边缘仅小部分有断续的几点点状火花	
$1\frac{1}{2}$	电刷边缘大部分有断续的较稀的粒状火花	换向器上有黑痕出现，但不扩大，用汽油擦洗能除去，同时在电刷上有轻微灼痕
2	电刷边缘大部分或全部有连续的较密的粒状火花，并开始有断续的舌状火花	换向器上有黑痕出现，用汽油不能擦去，同时在电刷上有灼痕。如果短时出现该级火花，换向器上不出现灼痕，电刷不致被烧焦或损坏
3	电刷整个边缘有强烈的舌状火花，同时伴有爆裂声音	换向器上黑痕严重，用汽油不能擦去，同时在电刷上有灼痕。如果短时出现该级火花，换向器上出现灼痕，同时电刷被烧焦或损坏

（5）直流电动机的温升试验

电动机运行中的铜耗、铁耗及机械损耗都会转化为热能，使电动机的温度高于周围环境的温度。当电动机的温度超过某一限度，电动机绝缘材料的寿命就会急剧下降。电动机的寿命主要取决于绝缘材料，因此，温升也是判断电动机故障的一种手段。运行前，电动机的温度与环境温度相同；运行后，电动机的温度从环境温度开始升高，温度升高的幅度就是温升。所以有

温升 = 电动机运行后的温度 - 环境温度

同一台电动机在相同负载下，温升相同，但电动机温度却随着环境温度的不同而不同。因此在温升试验中，既要记录电动机的温度，也要记录环境温度，以便计算温升。

可用功率消耗法和回馈法进行电动机的温升试验。

按图4-2-7所示将被试电动机与负载发电机进行连接，起动电动机，调节R_f和R_L，即调节被试电动机的负载大小，测取电动机的温度。

图4-2-7 直流电动机温升试验的功率消耗法

按图4-2-8所示将被试电动机与负载发电机进行同轴连接。首先，起动被试电动机并调到额定转速，再调节发电机的电压，使发电机电压与电源电压相等且一致。然后，合上开关QS，使被试电动机与负载发电机并联。调节负载发电机的励磁电流，使被试电动机的电流、转速等达到额定值。

图4-2-8 直流电动机温升试验的回馈法

（6）直流电动机的超速试验

超速试验是将电动机转速提高到1.2倍的额定转速，历时2 min而不发生有害的变形。试验的目的是检查电动机的安装质量，考验转子各部分承受离心力的机械强度和轴承的机械强度。

超速试验前，应仔细检查电动机的装配质量，特别是转动部分的装配质量。被试电动机周围应该有可靠的防护装置，被试电动机转速等的测量应该在远离被试电动机的安全地区进行。超速试验后，应仔细检查电动机转动部分是否有损坏、是否产生有害变形、紧固件是否松动以及是否产生其他不正常现象。

直流电动机的超速试验也可由其他电动机拖动被试电动机，使它的转速达到1.2倍额定转速，或减小励磁电流，或增加端电压使电动机超速。但端电压的增加不应超过130%额定电压，减小励磁电流应使转速平稳上升。

3）断电检查

检查前先断开机床总电源，然后根据故障可能产生的部位逐步找出故障点。检查时应先检查电源线进线处有无碰伤而引起的电源接地、短路等现象，螺旋式熔断器的熔断指示器是否跳出，热继电器是否动作。然后检查电器外部有无损坏，连接导线有无断路、松动，绝缘是否有过热或烧焦。

4）通电检查

断电检查仍未找到故障时，可对电气设备做通电检查。在通电检查时要尽量使电动机和其所传动的机械部分脱开，将控制器和转换开关置于零位，行程开关还原到正常位置。然后用校灯或万用表检查电源电压是否正常，是否有缺相或严重不平衡。

再进行通电检查，检查的顺序为：先检查控制电路，后检查主电路；先检查辅助系统，后检查主传动系统；先检查交流系统，后检查直流系统；先检查开关电路，后检查调整系统。或断开所有开关，取下所有熔断器，然后按顺序逐一插入要检查部位的熔断器，合上开关，观察各电器元件是否按要求动作，是否有冒火、冒烟、熔断器熔断的现象，直至查到发生故障的部位。

3. 直流电动机故障检修

直流电动机的绕组分为定子绕组和电枢绕组。定子绕组包括励磁绕组、换向极绕组和补偿绕组。直流电动机在运行中定子绕组发生的故障主要有绕组过热、匝间短路、接地、绝缘电阻下降等。电枢绕组发生的故障主要有短路、断路和接地。

1）定子绕组的故障及维修

（1）励磁绕组过热

绕组过热现象较为明显，通常绕组绝缘和表面覆盖漆变色，有绝缘溶剂挥发和焦化气味，绝缘因老化而使绝缘电阻值降低，甚至接地。严重时，绝缘在高温中能冒烟，完全炭化。

产生励磁绕组过热的主要原因：励磁绕组通风散热条件严重恶化；某些电动机长时间过励磁。

检查方法：通过外观检查或使用兆欧表即可检查确定。

（2）励磁绕组匝间短路

当直流电动机的励磁绕组匝间出现短路故障时，虽然励磁电压不变，但励磁电流增加；或保持励磁电流不变时，电动机出现转矩降低、空载转速升高等现象；或励磁绕组局部发热；或出现部分刷架换向火花加大或单边磁拉力，严重时使电动机产生振动。

产生励磁绕组匝间短路的原因如下。

①制造过程中存在缺陷。如 S 弯处过渡绝缘处理不好，层间绝缘被铜毛刺刺破，经过一段时间的运行，问题逐步显现。

②电动机在运行维护和修理过程中受到碰撞，使导线绝缘受到损伤而形成匝间短路。

检查方法：励磁绕组匝间短路常用交流压降法检查。

把工频交流电通过调压器加到励磁绕组两端，然后用交流电压表分别测量每个磁极励磁绕组上的交流压降，如图 4-2-9 所示，如各磁极上交流电压相等，则表示绕组无短路现象；如某一磁极的交流压降比其余磁极都小，则说明这个磁极上的励磁绕组存在匝间短路，通电时间稍长时，

图 4-2-9　使用交流压降法检查
励磁绕组匝间短路

这个绕组将明显发热。

（3）定子绕组接地

当定子绕组出现接地故障时，会引起接地保护动作和报警，如果两点接地，还会使绕组局部烧毁。

产生定子绕组接地的原因如下：线圈、铁心或补偿绕组槽口存在毛刺，使绕组击穿；绕组固定不好，在电动机负载运行时绕组发生移位，经常往复移动使绝缘磨损而接地。

检查方法：定子绕组接地的检查应按照与电枢串联绕组（串励绕组、换向极绕组、补偿绕组）回路和励磁回路进行检查。

先用兆欧表测量，后用万用表核对，以区别绕组是绝缘受潮还是绕组确实接地。分为以下几种情况。

①绝缘电阻为零，但用万用表测量时还有指示，说明绕组绝缘没有被击穿，采用清扫吹风办法，有可能使绝缘电阻值上升。

②绝缘电阻为零，改用万用表测量也为零，说明绕组已接地，可将绕组连接拆开，分别测量每个磁极绕组的绝缘电阻，可发现某个磁极绕组接地，其余完好。重点烘干处理这个接地故障的磁极绕组。查出故障线圈后，如果无法判明短路点的位置，可用220 V交流检验灯检查，一般短路点会发生放电、电火花或烟雾，根据这些现象来确定短路点。

③所有磁极绕组的绝缘电阻均为零，虽然拆开连接线，测量结果普遍是绝缘电阻值低。处理方法是绕组经清扫后，绝缘材质如果没有老化，可采用中性洗涤剂进行清洗，清洗后烘干处理。

2）电枢绕组的故障及修理

（1）电枢绕组短路

当电枢绕组由于短路故障而烧毁时，可通过观察找到故障点，也可将6～12 V的直流电源接到换向器两侧，用直流毫伏表测量各相邻的两个换向片的电压值，以足够的电流通入电枢，使直流毫伏表的读数约在全读数的3/4处，从1、2片开始，逐片测量，毫伏表的读数应是有规律的，如果出现某个读数很小或接近于零，表明接在这两个换向片上的线圈一定有短路故障存在，若读数为零，多为换向器片间短路，如图4－2－10所示。

图4－2－10　电枢绕组短路的检查

绕组短路的原因往往是绝缘损坏，使同槽线圈匝间短路，或上下层间短路。若电动机使用不久，绝缘并未老化，当一个或两个线圈有短路故障时，可以切断短路线圈，在两个换向片上接跨接线，继续使用。若短路线圈过多，则应重绕。

（2）电枢绕组断路

绕组断路的原因多数是由于换向片与导线接头片焊接不良，或个别线圈内部导线断线，这时的现象是在运行中电刷下发生不正常的火花。检查方法如图4－2－11所示，将毫伏表跨接在换向片上（直流电源的接法同前），有断路的绕组所接换向片被毫伏表跨接时，将有读数指示，且指针剧烈跳动（要防止损坏表头）；但毫伏表跨接在完好的绕组所接的换向片上时，将无读数指示。对于较大的直流电动机，可将直流电源接在相邻的两个换向片上。

图 4 – 2 – 11　电枢绕组断路的检查

（a）电源跨接在数片换向片两端；（b）电源直接接在相邻两个换向片上

但应注意，检查时必须保证先接通电源，再接电压表，电源未与换向片接通时，电压表不能与电源线相接，否则可能因电压过高而损坏电压表。

紧急处理方法：在叠绕组中，将有断路的绕组所接的两相邻换向片用跨接线连起来；在波绕组中，也可以用跨接线将有断路的绕组所接的两换向片连接起来，但这两个换向片相隔一个极距，而不是相邻的两片。

（3）电枢绕组接地

产生绕组短路接地的原因多数是由于槽绝缘及绕组元件绝缘损坏，导体与砖坏钢片碰接所致。也有换向器接地的情况，但并不多见。

检查方法：将电枢取出搁在支架上，将电源线的一根串接一个灯泡接在换向片上，另一根接在轴上，如图 4 – 2 – 12 所示，若灯泡发亮，则说明此线圈接地。具体到哪一个槽的线圈接地，可使用毫伏表测量，即将毫伏表一端接轴，另一端与换向片依次接触，若线圈完好，则指针摆动，当与接地线圈所连接的换向片接触时，则指针不动。要判明是线圈接地还是换向器接地，需进一步检查，

图 4 – 2 – 12　电枢绕组接地的检查

将接地线圈的接线头从换向片上脱焊下来，分别测量，就能确定。

3）换向器的修理工艺

（1）片间短路

当用毫伏表找出电枢绕组短路处后，为了确定短路故障是发生在绕组内还是在换向片之间，先将与换向片相连的绕组线头脱焊开，然后用万用表检验换向器片间是否短路，如果发现片间表面短路或有火花灼烧伤痕，修理时，只要刮掉片间短路的金属屑、电刷粉末、腐蚀性物质及尘污等即可，直到用万用表检验无短路为止。再用云母粉末或者小块云母加上胶水填补孔洞使其干燥。若上述方法仍不能消除片间短路，就得拆开换向器，检查其内表面。

（2）接地

换向器接地经常发生在前面的云母端环上，这个环有一部分露在外面，由于灰尘、油污

和其他碎屑堆积在上面，很容易造成漏电接地故障。发生接地故障时，这部分云母片大都已经烧毁，故障查找比较容易，再用万用表进一步确定故障点。修理时，把换向器上的紧固螺母松开，取下前面的端环，把因接地而烧毁的云母片刮去，换上同样尺寸和厚薄的新云母片，装好即可。

（3）换向片凹凸不平

该故障主要是由于装配不良或过分受热所致，使换向器松弛，电刷下产生火花，并发出"夹夹"的声音。修理时，松开端环，将凹凸的换向片校平，或加工车圆。

（4）云母片凸出

换向片的磨损通常比云母快，就会形成云母片凸出。修理时，把凸出的云母片刮削到比换向片约低1 mm，刮削要平整。

二、训练与考核

1. 实训器材

直流电动机，兆欧表、测试灯、电压表、电流表、耐压测试仪、万用表、电工工具一套。

2. 实训内容

①独立完成对直流电动机的测试，测试项目如下：

a. 直流电动机的绕组直流电阻、绝缘电阻的测量及耐压试验；

b. 直流电动机的绕组匝间绝缘试验；

c. 直流电动机的空载试验；

d. 直流电动机的负载试验；

e. 直流电动机的温升试验；

f. 直流电动机的超速试验（本项目或有造成电动机故障的危险，请教师先检查电动机状况是否良好，并进行测试无碍，再请学生完成，也可以笔试形式进行）。

②教师给出五个常见故障，要求写出故障原因及排除方法。

3. 实训考核

考核及评分标准见附录中实训任务工单4-2-1。

三、练习题

①直流电动机的换向极作用是什么？它装在哪里？它的绕组如何连接？如果把一台已调整好的直流电动机换向极绕组接反，运行时会出现什么情况？

②说明更换电刷的注意事项。如何测量和调节电刷对换向器的压力？

模块三　认识和使用变压器

学习目标

• 了解变压器的结构及工作原理。

- 掌握变压器测试方法。
- 会使用、维护变压器。

大国工匠张毅的
"带电"人生

一、理论知识

变压器是输变电能的常用电器，它可以把电能由某一种电压变换成同频率的另一种电压，还可以用来改变电流、阻抗和相位，在国民经济各部门及日常生活中应用十分广泛。

变压器在运行中，由于种种原因会产生各种故障，必须加强维护及管理，以保证其安全、可靠地运行。为此，既要掌握变压器的维修技能，又要掌握常见故障的分析与处理方法。

1. 认识变压器

变压器是利用电磁感应原理制成的变换交流电压、电流、相位的装置。当一次绕组接至交流电源时，则在一次、二次绕组中产生感应电动势，其大小与绕组的匝数成正比。

变压器的种类虽很多，但其基本结构类似、工作原理相同。下面以三相油浸式电力变压器为例来说明，平时所用的小型变压器结构更为简单，可通过拆装来加深了解。

三相油浸式电力变压器的结构，主要由铁心和绕组两个基本部分组成，其次还有油箱和其他附件。图4-3-1所示为三相油浸式电力变压器的外形。

图4-3-1　三相油浸式电力变压器的外形

（1）铁心

铁心是变压器的磁路部分。变压器铁心可分为心式和壳式两种，如图4-3-2所示。

图4-3-2　心式和壳式变压器
（a）心式；（b）壳式

心式变压器的结构特点是绕组包围铁心，构造比较简单，这种结构在单相和三相电力变压器中应用最多。壳式变压器的结构特点是铁心包围绕组，这种结构在单相和小容量变压器中普遍应用，某些特殊变压器也采用此结构，如电焊变压器等。

为了减小涡流损耗和磁滞损耗，变压器的铁心一般由相互绝缘的 0.35 mm 或 0.5 mm 厚的硅钢片叠压而成。通常采用交错方式叠装，使硅钢片的接缝错开，如图4-3-3所示。

图4-3-3　变压器铁心叠装
（a）单相心式；（b）单相壳式；（c）三相

铁心的紧固结构分铁柱夹紧和铁轭夹紧。铁柱的夹紧可用楔柱楔紧、夹紧螺杆夹紧以及绝缘带或金属带扎紧，如采用夹紧螺杆必须与硅钢片绝缘。

（2）绕组

绕组是变压器的电路部分。绕组由绝缘铜导线或铝导线绕制而成。

小容量变压器的绕组可制成长方形或正方形，结构简单，制造方便。电力变压器和其他容量较大的心式变压器的绕组都做成圆筒形，按照一次、二次绕组套在铁心上的位置不同，可分为同心式和交叠式绕组。

同心式绕组是将一次、二次绕组套在同一铁柱上，为了便于绝缘，一般将低压绕组放在内层，如图4-3-4（a）所示。同心式绕组结构简单、制造方便，是最常用的一种形式。交叠式绕组是将一次、二次绕组交替地套在铁柱上，为了便于绝缘，通常在铁轭处放置低压绕组，如图4-3-4（b）所示。

大多数电力变压器都采用同心式绕组。

图4-3-4　变压器绕组的结构
（a）同心式；（b）交叠式

（3）油箱和附件

变压器在运行中由于存在铜耗与铁耗，使变压器的铁心和绕组发热，当绝缘材料的温度超过其极限值后，将缩短变压器的使用寿命，甚至烧毁变压器。为此，常采用"油浸"的冷却方式以保护变压器安全、可靠地运行，如油浸自冷式、油浸风冷式和强迫油循环冷却等。

除了油箱以外，变压器还有许多附件，如储油柜、气体继电器、安全气道、绝缘套管、分接开关、温度计等。

2. 变压器工作原理

变压器是根据电磁感应原理工作的。图 4 – 3 – 5 所示为变压器的工作原理。

当变压器原绕组通以交流电流时，交变电流将在铁心中产生交变磁通，这个变化的磁通经过闭合磁路同时穿过一次绕组、二次绕组，根据电磁感应原理，在一次、二次绕组都产生感应电动势（即自感电动势、互感电动势）。对于负载来说，二次绕组的感应电动势相当于电源，电能将通过负载进行能量转换。这就是变压器的基本工作原理。

图 4 – 3 – 5 变压器工作原理

3. 变压器测试

变压器的测试包含外观和电气性能测试。下面以小型变压器为例，介绍变压器测试的内容和操作。电力变压器不建议自行检测。

1）外观质量检查

①绕组绝缘是否良好、可靠。

②引出线的焊接是否可靠、标志是否正确。

③铁心是否整齐、紧密。

④铁心的固紧是否均匀、可靠。

2）绕组的通断检查

一般可用万用表或电桥检查各绕组的通断及直流电阻。当变压器绕组的直流电阻较小时，尤其是导线较粗的绕组，用万用表很难测出是否有短路故障，必须用电桥检测。

如没有电桥时，也可用简易方法判断：在变压器一次绕组中串入一只灯泡，其电压和功率可根据电源电压和变压器容量确定，若变压器容量在 100 VA 以下时，灯泡可用 25 ~ 40 W。二次绕组开路，接通电源，若灯泡微红或不亮，说明变压器无短路；若灯泡很亮，则表明一次绕组有短路故障，应拆开绕组检查短路点。

3）绝缘电阻的测定

用兆欧表测量各绕组间、绕组与铁心间、绕组与屏蔽层间的绝缘电阻，对于 400 V 以下的变压器，其值应不低于 50 MΩ。

4）空载电压的测定

测试线路如图 4 – 3 – 6 所示。将待测变压器接入线路，断开开关 Q_2，接通电源使其空载运行，当一次电压加到额定值时，电压表 V_2 的读数即为该变压器的空载电压。各绕组的空载电压允许误差为：二次高压绕组误差范围为 ±5%；二次低压绕组误差范围为 ±5%；中心抽头电压误差范围为 ±2%。

图4-3-6　变压器测试线路

5）空载电流的测定

接通电源使变压器空载运行，当一次电压加到额定值时，电流表 A 的读数即为空载电流。一般变压器的空载电流为额定电流值的 5%～8%，若空载电流大于额定电流的 10% 时，则损耗较大；当空载电流超过额定电流的 20% 时，它的温升将超过允许值，不能再使用。

6）损耗与温升的测定

若要求进一步测定其损耗功率与温升时，可按图4-3-6所示的测试线路进行。

在被测变压器未接入线路前，合上开关 Q_1（图4-3-6），调节调压器 T 使它的输入电压为额定电压，此时功率表的读数为电压表、电流表的功率损耗 P_1。将被测变压器接在 a、b 两端，重新调节调压器 T，直至电压表 V_1 的读数为额定电压，这时功率表的读数为 P_2。则空载损耗功率 = $P_2 - P_1$。

首先用万用表或电桥测量一次绕组的冷态直流电阻 R_1（因一次绕组常在变压器绕组内层，散热差、温升高，以它为测试对象较为适宜），然后加上额定负载，接通电源，通电数小时后切断电源，再测量一次绕组热态直流电阻值 R_2。这样连续测量几次，在几次热态直流电阻值近似相等时，即可认为所测温度是终端温度，并用下列经验公式求出温升 ΔT 的数值，即

$$\Delta T = \frac{R_2 - R_1}{3.9 \times 10^{-3} R_1} \qquad (4-3-1)$$

要求温升不得超过 50 K。

7）变压器绕组的极性试验

单相变压器的极性试验，就是测定其同极性端点以及它所属的联结组，试验线路如图4-3-7所示。用电压表测量端点 A 和 a 之间电压 U_{Aa} 和一次、二次电压 U_{AX} 和 U_{ax}，如果 U_{Aa} 的数值是 U_{AX} 和 U_{ax} 两数值之差，称为"减极性"，表示 U_{AX} 和 U_{ax} 同相，是 I、I 12 联结组。如果 U_{Aa} 是 U_{AX} 和 U_{ax} 两数值之和，称为"加极性"，表示 U_{AX} 和 U_{ax} 的相位差为 180°，是 I、I 16 联结组。

三相变压器联结组的测定，试验线路如图4-3-8所示，表4-3-1所列为 Yyn12 的测定结果，表4-3-2所列为 Yd11 联结组的测定结果。表中 A_+ 表示高压侧接线端 A 接电源正极，a_+ 表示低压侧接线端 a 接电表的正接线端；电表指示"+"表示开关闭合时电表指针正转，"-"表示反转，"0"表示指针不动或微动（但有时电表在三种接法中均有读数，其中有一种小于最大的一个读数的一半，也可认为是"0"）。

图 4 - 3 - 7　单相变压器的极性试验

图 4 - 3 - 8　三相变压器联结组的测试接线

（a）Yyn12；（b）Yd11

若事先不知道联结组别时，如果测定结果如表 4 - 3 - 1 或表 4 - 3 - 2 所示，再结合一次、二次绕组接法，即可确定联结组别为 Yyn12 或 Yd11。

表 4 - 3 - 1　Yyn12 联结组测定结果

电表接法　　　　　　　　电表指示　　　　　电源接线		A_+　　　B_-	B_+　　　C_-	A_+　　　C_-
a_+	b_-	+	−	+
b_+	c_-	−	+	+
a_+	c_-	+	+	+

表 4 - 3 - 2　Yd11 联结组测定结果

电表接法　　　　　　　　电表指示　　　　　电源接线		A_+　　　B_-	B_+　　　C_-	A_+　　　C_-
a_+	b_-	+	−	0
b_+	c_-	0	+	+
a_+	c_-	+	0	+

4. 变压器维护及故障处理

小型变压器的故障主要是铁心故障和绕组故障，此外还有装配或绝缘不良等故障。这里只介绍小型变压器的常见故障现象、故障原因与处理方法，见表 4 - 3 - 3。

表 4 – 3 – 3　小型变压器的常见故障现象、故障原因与处理方法

故障现象	故障原因	处理方法
电源接通后无电压输出	①一次绕组断路或引出线脱焊 ②二次绕组断路或引出线脱焊	①拆换修理一次绕组或焊牢引出线接头 ②拆换修理二次绕组或焊牢引出线接头
温升过高或冒烟	①绕组匝间短路或一次、二次绕组间短路 ②绕组匝间或层间绝缘老化 ③铁心硅钢片间绝缘太差 ④铁心叠厚不足 ⑤负载过重	①拆换绕组或修理短路部分 ②重新绝缘或更换导线重绕 ③拆下铁心，对硅钢片重新涂绝缘漆 ④加厚铁心或重做骨架、重绕绕组 ⑤减轻负载
空载电流偏大	①一次、二次绕组匝数不足 ②一次、二次绕组局部匝间短路 ③铁心叠厚不足 ④铁心质量太差	①增加一次、二次绕组匝数 ②拆开绕组，修理局部短路部分 ③加厚铁心或重做骨架、重绕绕组 ④更换或加厚铁心
运行中噪声过大	①铁心硅钢片未插紧或未压紧 ②铁心硅钢片不符合设计要求 ③负载过重或电源电压过高 ④绕组短路	①插紧铁心硅钢片或紧固铁心 ②将铁心更换为质量较高的同规格硅钢片 ③减轻负载或降低电源电压 ④查找短路部位，进行修复
二次电压下降	①电源电压过低或负载过重 ②二次绕组匝间短路或对地短路 ③绕组对地绝缘老化 ④绕组受潮	①增加电源电压，使其达到额定值或降低负载 ②查找短路部位，进行修复 ③重新绝缘或更换绕组 ④对绕组进行干燥处理
铁心或底板带电	①一次或二次绕组对地短路或一次、二次绕组间短路 ②绕组对地绝缘老化 ③引出线头碰触铁心或底板 ④绕组受潮或底板感应带电	①加强对地绝缘或拆换修理绕组 ②更新绝缘或更换绕组 ③排除引出线头与铁心或底板的短路点 ④对绕组进行干燥处理或将变压器置于环境干燥场合使用

二、训练与考核

1. 实训器材

演示用三相油浸式电力变压器，小型变压器，交流电压表、交流电流表、功率表、兆欧表，绝缘导线若干，万用表，电工工具一套。

2. 实训内容

①能正确指出演示用三相油浸式电力变压器各部分的名称和功用，并能准确做出变压器的结构简图和正确描述运行原理。

②对变压器进行测试。

a. 外观质量检查。

b. 绕组的通断检查。

c. 绝缘电阻的测定。

d. 空载电压的测定。

e. 空载电流的测定。

f. 损耗与温升的测定。

g. 变压器绕组的极性试验。

③对提供的故障变压器进行测试，并通过现象判断故障，提出处理方案。

3. 实训考核

考核及评分标准见附录中实训任务工单 4 – 3 – 1。

三、练习题

①功率表的接线要注意哪些问题？

②有一照明变压器，容量为 10 kVA，电压为 380/220 V。今欲在二次侧接上 60 W、220 V 的白炽灯，如果要使变压器在额定情况下运行，这种电灯可接多少个？

项目五 电气控制线路分析与安装调试

学习目标

- 掌握三相异步电动机电气控制原理。
- 能正确安装、调试三相异步电动机电气控制线路。
- 掌握直流电动机电气控制原理。
- 能安全文明生产、团结协作。

中国电气学家
黄晞

模块一 分析三相异步电动机电气控制线路

学习目标

- 掌握三相异步电动机常用电气控制电路工作原理。
- 会分析三相异步电动机电气控制线路原理图。
- 能团队协作、自主学习。

一、理论知识

在工业生产领域的生产机械上广泛使用着电力拖动自动控制设备。电动机是首要被控对象，采用电气控制的方法来实现对电动机的起动、停止、正反转、调速、制动等运行方式的控制，从而实现生产过程自动化，满足生产加工工艺的要求。不同生产机械或自动控制装置的控制要求是不一样的，所以控制电路也是千变万化的，但是它们都是由一些基本的控制环节、基本单元按一定的控制原则和逻辑规律组合而成的。所以，只有掌握这些基本单元电路及其逻辑关系和特点，再结合生产机械具体的生产工艺要求，就能掌握电气控制电路的基本分析方法和设计方法。

继电接触器控制法是最基本的方法，是其他控制方法的基础。所以，要学会分析继电接触器控制线路。

1. 三相异步电动机点动及连续运行控制

生产机械的运转方式有连续运行与短时间间断运行，所以针对其拖动电动机的控制也有点动与连续运行两种控制方式。

1）三相异步电动机点动控制

三相异步电动机点动控制原理如图 5 – 1 – 1 所示。

三相异步电动机
点动控制原理分析

图 5 – 1 – 1　三相异步电动机点动控制原理

（1）列出元件表

三相异步电动机点动控制电路元件见表 5 – 1 – 1。

表 5 – 1 – 1　三相异步电动机点动控制电路元件

序号	符号	名称及用途
1	QF	断路器，电源的通断开关
2	FU_1	熔断器，主电路的短路保护
3	FU_2	熔断器，控制电路的短路保护
4	KM	接触器，控制电动机接通或断开电源
5	SB	按钮，控制接触器线圈的得电与失电

（2）分析工作原理

合上 QF。

①M 运行：按下 SB→KM 线圈得电→KM 主触点闭合→M 得电全压起动运行。

②M 停止：松开 SB→KM 线圈失电→KM 主触点复位断开→M 失电惯性运行至停止。

2）三相异步电动机连续运行控制

三相异步电动机连续运行控制原理如图 5 – 1 – 2 所示。

（1）列出元件表

三相异步电动机连续运行控制电路元件见表 5 – 1 – 2。

三相异步电动机
连续运行控制
原理分析

图5–1–2　三相异步电动机连续运行控制原理

表5–1–2　三相异步电动机连续运行控制电路元件

序号	符号	名称及用途
1	QF	断路器，电源的通断开关
2	FU_1	熔断器，主电路的短路保护
3	FU_2	熔断器，控制电路的短路保护
4	KM	接触器，控制电动机接通或断开电源
5	FR	热继电器，电动机长期过载保护
6	SB_1	按钮，控制接触器线圈的失电
7	SB_2	按钮，控制接触器线圈的得电

（2）分析工作原理

合上 QF。

①M 运行：按下 SB_2→KM 线圈得电 $\begin{cases} KM\ 主触点闭合 \\ KM\ 常开触点闭合（自锁）\end{cases}$→M 全压起动连续运行。

②M 停止：按下 SB_1→KM 线圈失电 $\begin{cases} KM\ 主触点复位 \\ KM\ 常开触点复位（解锁）\end{cases}$→M 失电惯性运行至停止。

2. 三相异步电动机异地控制

在一些大型生产机械和设备上，要求操作人员在不同方位能进行操作与控制，即实现异地控制。三相异步电动机异地控制原理如图5–1–3所示。

图 5－1－3　三相异步电动机异地控制原理

1）列出元件表

三相异步电动机异地控制电路元件见表 5－1－3。

表 5－1－3　三相异步电动机异地控制电路元件

序号	符号	名称及用途
1	QF	断路器，电源的通断开关
2	FU_1	熔断器，主电路的短路保护
3	FU_2	熔断器，控制电路的短路保护
4	KM	接触器，控制电动机接通或断开电源
5	FR	热继电器，电动机长期过载保护
6	SB_1	按钮，控制接触器线圈的失电
7	SB_3	按钮，控制接触器线圈的失电
8	SB_5	按钮，控制接触器线圈的失电
9	SB_2	按钮，控制接触器线圈的得电
10	SB_4	按钮，控制接触器线圈的得电
11	SB_6	按钮，控制接触器线圈的得电

2）分析工作原理

合上 QF。

（1）M 起动运行

按下 SB_2

$\left.\begin{array}{c}\text{或 } SB_4 \\ \text{或 } SB_6\end{array}\right\} \rightarrow$ KM 线圈得电 $\left\{\begin{array}{l}\text{KM 主触点闭合} \\ \text{KM 常开触点闭合（自锁）}\end{array}\right. \rightarrow$ M 全压起动连续运行。

（2）M 停止

按下 SB_1

$\left.\begin{array}{c}\text{或 } SB_3 \\ \text{或 } SB_5\end{array}\right\} \rightarrow$ KM 线圈失电 $\left\{\begin{array}{l}\text{KM 主触点复位} \\ \text{KM 常开触点复位（解锁）}\end{array}\right. \rightarrow$ M 失电惯性运行至停止。

3. 三相异步电动机正反转控制

许多生产机械都需要正、反两个方向的运动。例如，机床工作台的前进与后退，主轴的正转与反转，起重机吊钩的上升与下降等，这就要求电动机可以正反转。只需将接至交流电动机的三相电源进线中任意两相对调，即可实现反转。这可由两个接触器 KM_1、KM_2 控制。

必须指出的是，KM_1 和 KM_2 的主触点绝不允许同时接通；否则将造成电源短路的事故。因此，在正转接触器的线圈 KM_1 通电时，不允许反转接触器的线圈 KM_2 通电。同样，在线圈 KM_2 通电时，也不允许线圈 KM_1 通电，这就是互锁保护。这一要求可由控制电路来保证。双重互锁的正反转电气控制原理如图 5-1-4 所示。

图 5-1-4　双重互锁的正反转电气控制原理

1) 列出元件表

三相异步电动机正反转电气控制电路元件见表 5-1-4。

表 5-1-4　三相异步电动机正反转电气控制电路元件

序号	符号	名称及用途
1	QF	断路器，电源的通断开关
2	FU_1	熔断器，主电路的短路保护
3	FU_2	熔断器，控制电路的短路保护
4	KM_1	接触器，控制电动机正转或停止
5	KM_2	接触器，控制电动机反转或停止
6	FR	热继电器，电动机长期过载保护
7	SB_1	按钮，控制接触器线圈的失电
8	SB_2	按钮，控制接触器 KM_1 线圈的得电
9	SB_3	按钮，控制接触器 KM_2 线圈的得电

2）分析工作原理

合上 QF。

（1）M 正向起动运行

按下 SB$_2$→KM$_1$ 线圈得电 $\begin{cases} \text{KM}_1 \text{ 主触点闭合} \\ \text{KM}_1 \text{ 常开触点闭合（自锁）→M 全压起动正向运行} \\ \text{KM}_1 \text{ 常闭触点断开（互锁）} \end{cases}$

（2）M 反向起动运行

按下 SB$_3$ $\begin{cases} \text{SB}_3 \text{ 常闭断开→KM}_1 \text{ 线圈失电→KM}_1 \text{ 所有触点复位→M 失电惯性运行至停止} \\ \text{SB}_3 \text{ 常开闭合→KM}_2 \text{ 线圈得电} \begin{cases} \text{KM}_2 \text{ 主触点闭合} \\ \text{KM}_2 \text{ 常开触点闭合（自锁）→M 反向全压起动运行} \\ \text{KM}_2 \text{ 常闭触点断开（互锁）} \end{cases} \end{cases}$

（3）M 停止

①当 M 处于正向运行过程中：

按下 SB$_1$→KM$_1$ 线圈失电 $\begin{cases} \text{KM}_1 \text{ 主触点复位} \\ \text{KM}_1 \text{ 常开触点复位→M 失电惯性运行至停止} \\ \text{KM}_1 \text{ 常闭触点复位} \end{cases}$

②当 M 处于反向运行过程中：

按下 SB$_1$→KM$_2$ 线圈失电 $\begin{cases} \text{KM}_2 \text{ 主触点复位} \\ \text{KM}_2 \text{ 常开触点复位→M 失电惯性运行至停止} \\ \text{KM}_2 \text{ 常闭触点复位} \end{cases}$

4. 三相异步电动机Y－△接法降压起动控制

10 kW 及以下容量的三相异步电动机，通常采用全压起动，即起动时电动机的定子绕组直接接在额定电压的交流电源上。但当电动机容量超过 10 kW 时，因起动电流较大，线路压降大，负载端电压降低，影响起动电动机附近电气设备的正常运行，一般采用降压起动。所谓降压起动，就是指起动时降低加在电动机定子绕组上的电压，待电动机起动后再将电压恢复到额定值。降压起动可以减少起动电流，减小线路压降，减小起动时对线路的影响。

降压起动方式有Y－△接法降压起动、自耦变压器降压起动、延边三角形接法降压起动、定子串电阻降压起动。

凡是正常运行时定子绕组联结成三角形、额定电压为 380 V 的电动机均可采用Y－△接法降压起动，即Y－△接法起动控制只适用于△接法时运行于 380 V 电动机，且电动机引出线端头必须要六根，以便进行Y－△接法起动控制。

在使用Y－△接法起动控制时，首先要弄清楚电动机的接线方法。使用Y－△接法起动时，电动机绕组先接成Y形，待转速增加到一定程度时，再将线路切换成△形联结。这种方法可使每相定子绕组所承受的电压在起动时降低到电源电压的 $1/\sqrt{3}$，其电流为直接起动时的 1/3。由于起动电流减小，起动转矩也同时减小到直接起动的 1/3。所以，这种方法一般只适用于空载或轻载起动的场合。三相异步电动机Y－△接法降压起动控制原理如图 5－1－5 所示。

图 5 - 1 - 5　三相异步电动机 丫 - △ 接法降压起动控制原理

1）列出元件表

三相异步电动机 丫 - △ 接法降压起动控制电路元件见表 5 - 1 - 5。

表 5 - 1 - 5　三相异步电动机 丫 - △ 接法降压起动控制电路元件

序号	符号	名称及用途
1	QF	断路器，电源的通断开关
2	FU_1	熔断器，主电路的短路保护
3	FU_2	熔断器，控制电路的短路保护
4	KM_1	接触器，KM_1 和 KM_3 同时得电 M 低压起动
5	KM_2	接触器，KM_1 和 KM_2 同时得电 M 全压运行
6	KM_3	接触器，KM_1 和 KM_3 同时得电 M 低压起动
7	FR	热继电器，电动机长期过载保护
8	SB_1	按钮，控制接触器线圈的失电
9	SB_2	按钮，控制接触器 KM_1、KM_3、KT 线圈的得电
10	KT	按钮，控制接触器 KM_2 线圈的得电

2）分析工作原理

合上 QF。

（1）丫形接法降压起动

$$
按下 SB_2 \rightarrow
\begin{cases}
KM_1 线圈得电 \begin{cases} KM_1 主触点闭合 \\ KM_1 常开触点闭合（自锁） \end{cases} \Big\} \rightarrow M 以丫形接法降压起动 \\[2ex]
KM_3 线圈得电 \begin{cases} KM_3 主触点闭合 \\ KM_3 常闭触点断开（互锁） \end{cases} \\[2ex]
KT 线圈得电 \begin{cases} KT 延时常开触点（开始延时） \\ KT 延时常闭触点（开始延时） \end{cases}
\end{cases}
$$

（2）△形接法全压运行

$$
\begin{matrix} KT 延时 \\ 时间到 \end{matrix} \rightarrow
\begin{cases}
KT 常闭断开 \rightarrow KM_3 线圈失电 \rightarrow KM_1 所有触点复位 \\[2ex]
KT 常开闭合 \rightarrow KM_2 线圈得电 \begin{cases} KM_2 主触点闭合 \\ KM_2 常开触点闭合（自锁） \rightarrow M 以△形接法全压运行 \\ KM_2 常闭触点断开 \rightarrow KT 线圈失电 \rightarrow KT 所有触点复位 \end{cases}
\end{cases}
$$

（3）M 停止

$$
按下 SB_1 \rightarrow
\begin{cases}
KM_1 线圈失电 \begin{cases} KM_1 主触点复位 \\ KM_1 常开触点复位 \end{cases} \Big\} \rightarrow M 失电惯性运行至停止 \\[2ex]
KM_2 线圈失电 \begin{cases} KM_2 主触点复位 \\ KM_2 常开触点复位 \\ KM_2 常闭触点复位 \end{cases}
\end{cases}
$$

5. 三相异步电动机自动往复循环控制

在生产中，某些机床的工作台需要自动往复运行，而自动往复运行通常是利用行程开关来控制自动往复运动的行程，并由此来控制电动机的正反转或电磁阀的通断电，从而实现生产机械的自动往复。

图 5-1-6 所示为机床工作台自动往复运动示意，在床身两端固定有行程开关 SQ_1、SQ_2，用来表明加工的起点和终点。在工作台上安有撞块 A 和 B，其随运动部件工作台一起移动，分别按压下 SQ_2、SQ_1 来改变控制状态，实现电动机的正反转，拖动工作台实现工作台的自动往复运动。具体的电气控制原理如图 5-1-7 所示。

图 5-1-6　机床工作台自动往复运动示意

图 5 - 1 - 7　三相异步电动机自动往复循环电气控制原理

1）列出元件表

三相异步电动机自动往复循环电气控制电路元件见表 5 - 1 - 6。

表 5 - 1 - 6　三相异步电动机自动往复循环电气控制电路元件

序号	符号	名称及用途
1	QF	断路器，电源的通断开关
2	FU_1	熔断器，主电路的短路保护
3	FU_2	熔断器，控制电路的短路保护
4	KM_1	接触器，控制电动机正转或停止
5	KM_2	接触器，控制电动机反转或停止
6	FR	热继电器，电动机长期过载保护
7	SB_1	按钮，控制接触器线圈的失电
8	SB_2	按钮，控制接触器 KM_1 线圈的得电
9	SB_3	按钮，控制接触器 KM_2 线圈的得电
10	SQ_1	行程开关，控制接触器 KM_2 线圈的失电
11	SQ_2	行程开关，控制接触器 KM_1 线圈的失电
12	SQ_3	行程开关，控制接触器 KM_1 线圈的失电
13	SQ_4	行程开关，控制接触器 KM_2 线圈的失电

2）分析工作原理

合上 QF。

（1）M 正向起动运行

按下 $SB_2 \rightarrow KM_1$ 线圈得电 $\begin{cases} KM_1 \text{ 主触点闭合} \\ KM_1 \text{ 常开触点闭合(自锁)} \rightarrow M \text{ 全压起动连续运行} \\ KM_1 \text{ 常闭触点断开(互锁)} \end{cases}$

（2）M 反向起动运行

按下 $SB_3 \rightarrow$
或碰触 SQ_2 $\begin{cases} SB_3(SQ_2) \text{ 常闭断开} \rightarrow KM_1 \text{ 线圈失电} \rightarrow KM_1 \text{ 所有触点复位} \rightarrow M \text{ 失电惯性运行} \\ SB_3(SQ_2) \text{ 常开闭合} \rightarrow KM_2 \text{ 线圈得电} \begin{cases} KM_2 \text{ 主触点闭合} \\ KM_2 \text{ 常开触点闭合(自锁)} \rightarrow M \text{ 反向全压起动运行} \\ KM_2 \text{ 常闭触点断开(互锁)} \end{cases} \end{cases}$

（3）往复循环

碰触 $SQ_1 \rightarrow$ $\begin{cases} SQ_1 \text{ 常闭断开} \rightarrow KM_2 \text{ 线圈失电} \rightarrow KM_2 \text{ 所有触点复位} \rightarrow M \text{ 失电惯性运行} \\ SQ_1 \text{ 常开闭合} \rightarrow KM_1 \text{ 线圈得电} \begin{cases} KM_1 \text{ 主触点闭合} \\ KM_1 \text{ 常开触点闭合(自锁)} \rightarrow M \text{ 正向全压起动运行} \\ KM_1 \text{ 常闭触点断开(互锁)} \end{cases} \end{cases}$

如此往复循环。

（4）M 停止

①当 M 处于正向运行过程中：

按下 $SB_1 \rightarrow KM_1$ 线圈失电 $\begin{cases} KM_1 \text{ 主触点复位} \\ KM_1 \text{ 常开触点复位} \rightarrow M \text{ 失电惯性运行至停止} \\ KM_1 \text{ 常闭触点复位} \end{cases}$

②当 M 处于反向运行过程中：

按下 $SB_1 \rightarrow KM_2$ 线圈失电 $\begin{cases} KM_2 \text{ 主触点复位} \\ KM_2 \text{ 常开触点复位} \rightarrow M \text{ 失电惯性运行至停止} \\ KM_2 \text{ 常闭触点复位} \end{cases}$

6. 三相异步电动机调速控制

三相笼型异步电动机的调速方法之一是依靠变更定子绕组的极对数来实现的。图 5-1-8 所示为四/二极的双速异步电动机定子绕组接线示意图，图 5-1-8（a）所示为将电动机定子

（a）　　　　　　　　　　　　　（b）

图 5-1-8　四/二极双速电动机三相定子绕组接线示意图

（a）三角形接法；（b）双星形接法

绕组的 U_1、V_1、W_1 三个接线端接三相交流电源，而将电动机定子绕组的 U_2、V_2、W_2 三个接线端悬空，三相定子绕组接成三角形。此时每相绕组中的①、②线圈串联，电流方向如图5-1-8（a）中箭头所示，电动机以四极运行为低速。

若将电动机定子绕组的 U_2、V_2、W_2 三个接线端子接三相交流电源，而将另外三个接线端子 U_1、V_1、W_1 连在一起，如图5-1-8（b）所示，则原来三相定子绕组的三角形接线变为双星形接线，此时每相绕组中的①、②线圈相互并联，电流方向如图5-1-8（b）中箭头所示，于是电动机便以两极运行为高速。

图5-1-9所示为双速电动机变极调速控制电路。

图5-1-9　双速电动机变极调速控制电路

1）列出元件表

双速电动机变极调速控制电路元件见表5-1-7。

表5-1-7　双速电动机变极调速控制电路元件

序号	符号	名称及用途
1	QF	断路器，电源的通断开关
2	FU_1	熔断器，主电路的短路保护
3	FU_2	熔断器，控制电路的短路保护
4	KM_1	接触器，控制电动机低速运行与停止
5	KM_2	接触器，控制电动机高速运行与停止
6	KM_3	接触器，控制电动机高速运行与停止
7	FR	热继电器，电动机长期过载保护
8	SA	转换开关，控制电动机低速与高速及停止的切换
9	KT	时间继电器，低速转向高速的时间延时

2）分析工作原理

合上 QF。

（1）M 低速起动运行

SA 扳至左侧 →KM$_1$ 线圈得电 $\begin{cases} KM_1 \text{ 主触点闭合} \\ KM_1 \text{ 常闭触点断开（互锁）} \end{cases}$ →M 全压起动低速运行

（2）M 高速起动运行

SA 扳至右侧 → $\begin{cases} KM_1 \text{ 线圈得电} \begin{cases} KM_1 \text{ 主触点闭合} \\ KM_1 \text{ 常闭触点断开} \end{cases} →M \text{ 全压起动低速运行} \\ KT \text{ 线圈得电，} \\ \text{开始延时，} t \text{ 秒后} \end{cases}$ $\begin{cases} KM_1 \text{ 线圈失电} →KM_1 \text{ 所有触点复位} \\ KM_2 \text{ 线圈得电} \begin{cases} KM_2 \text{ 主触点闭合} \\ KM_2 \text{ 常开触点闭合} \\ KM_2 \text{ 常闭触点断开} \end{cases} →KM_3 \text{ 线圈得电} \end{cases}$

KM$_3$ 线圈得电后 → $\begin{cases} KM_2 \text{ 主触点闭合} \\ KM_2 \text{ 常闭触点断开} \end{cases}$ →M 全压起动高速运行

（3）M 停止

①当 M 处于低速运行过程中：

SA 扳至中间 →KM$_1$ 线圈失电 $\begin{cases} KM_1 \text{ 主触点复位} \\ KM_1 \text{ 常闭触点复位} \end{cases}$ →M 失电惯性运行至停止

②当 M 处于高速运行过程中：

SA 扳至中间 → $\begin{cases} KM_2 \text{ 线圈失电} →KM_2 \text{ 所有触点复位} \\ KM_3 \text{ 线圈失电} →KM_3 \text{ 所有触点复位} →M \text{ 失电惯性运行至停止} \\ KT \text{ 线圈失电} →KT \text{ 所有触点复位} \end{cases}$

7. 三相异步电动机制动控制

三相异步电动机从切除电源到完全停止旋转，由于机械惯性，总需经过一定的时间，这往往不能满足生产机械要求迅速停车的要求，也影响生产率的提高。因此，应对电动机进行制动控制，制动控制方法有机械制动和电气制动。所谓的机械制动是用机械装置产生机械力来强迫电动机迅速停车；电气制动使电动机的电磁转矩方向与电动机旋转方向相反，起制动作用。电气制动有反接制动、能耗制动、再生制动以及派生的电容制动等。

这里介绍单向反接制动和单向能耗制动。

1）三相异步电动机单向运行反接制动

反接制动是利用改变电动机电源的相序，使定子绕组产生相反方向的旋转磁场，因而产生制动转矩的一种制动方法。反接制动的特点之一是制动迅速，效果好，但冲击效应较大，通常仅适用于 10 kW 以下的小容量电动机。为了减小冲击电流，通常要求在电动机主电路中串接一定的电阻以限制反接制动电流。这个电阻称为反接制动电阻。反接制动电阻的接线方法有对称和不对称两种接法，采用对称电阻接法可以在限制制动转矩的同时，也限制了制动电流，而采用不对称制动电阻的接法，只是限制了制动转矩，未加制动电阻的那一相，仍具有较大的电流。反接制动的另一要求是在电动机转速接近于零时，及时切断反相序电源，以防止反向再起动。其电气控制原理如图 5 - 1 - 10 所示。

图 5 – 1 – 10　三相异步电动机单向运行反接制动电气控制原理

（1）列出元件表

三相异步电动机单向反接制动控制电路元件见表 5 – 1 – 8。

表 5 – 1 – 8　三相异步电动机单向反接制动控制电路元件

序号	符号	名称及用途
1	QF	断路器，电源的通断开关
2	FU_1	熔断器，主电路的短路保护
3	FU_2	熔断器，控制电路的短路保护
4	KM_1	接触器，控制电动机运行或停止
5	KM_2	接触器，控制电动机反接制动
6	FR	热继电器，电动机长期过载保护
7	SB_1	按钮，控制接触器线圈的失电
8	SB_2	按钮，控制接触器 KM_1 线圈的得电
9	SB_3	按钮，控制接触器 KM_2 线圈的得电
10	KS	速度继电器，反接制动控制器
11	R	电阻，反接制动电阻

（2）分析工作原理

合上 QF。

①M 单向起动运行：

按下 SB_2→KM_1 线圈得电 $\begin{cases} KM_1 \text{ 主触点闭合} \\ KM_1 \text{ 常开触点闭合（自锁）→M 全压起动连续运行} \\ KM_1 \text{ 常闭触点断开（互锁）} \end{cases}$

M 转速迅速上升，$n \geqslant 140$ r/min，KS 常开闭合，为反接制动做准备。

②M 反接制动：

$$按下 SB_1 \rightarrow \begin{cases} SB_1 \text{ 常闭断开} \rightarrow KM_1 \text{ 线圈失电} \rightarrow KM_1 \text{ 所有触点复位} \rightarrow M \text{ 失电惯性运行} \\ SB_1 \text{ 常开闭合} \rightarrow KM_2 \text{ 线圈得电} \begin{cases} KM_2 \text{ 主触点闭合} \\ KM_2 \text{ 常开触点闭合（自锁）} \rightarrow M \text{ 反接制动开始} \\ KM_2 \text{ 常闭触点断开（互锁）} \end{cases} \end{cases}$$

$$\begin{aligned} M \text{ 转速下降，当 } n \leqslant 100 \text{ r/min} \rightarrow \\ KS \text{ 常开复位} \rightarrow KM_2 \text{ 线圈失电} \end{aligned} \begin{cases} KM_2 \text{ 主触点复位} \\ KM_2 \text{ 常开触点复位} \rightarrow M \text{ 制动结束，停止} \\ KM_2 \text{ 常闭触点复位} \end{cases}$$

2）三相异步电动机单向运行能耗制动

所谓能耗制动，就是在电动机脱离三相交流电源之后，在电动机定子绕组上立即加一个直流电压，利用转子感应电流与静止磁场的作用产生制动转矩以达到制动的目的。能耗制动可用时间继电器进行控制，也可用速度继电器进行控制。

在制动过程中，电流、转速和时间三个参量都在变化，原则上可以任取其中一个参量作为控制信号。取时间作为变化参量，其控制线路简单、成本较低，故实际应用较多。其电气控制原理如图 5-1-11 所示。

图 5-1-11　三相异步电动机单向运行能耗制动电气控制原理

（1）列出元件表

三相异步电动机单向运行能耗制动控制电路元件见表 5-1-9。

表 5-1-9　三相异步电动机单向运行能耗制动控制电路元件

序号	符号	名称及用途
1	QF	断路器，电源的通断开关
2	FU_1	熔断器，主电路的短路保护
3	FU_2	熔断器，控制电路的短路保护

序号	符号	名称及用途
4	KM$_1$	接触器，控制电动机正转或停止
5	KM$_2$	接触器，控制电动机反转或停止
6	T	变压器，调节电压大小
7	UR	整流二极管，将交流电转化为直流电
8	FR	热继电器，电动机长期过载保护
9	SB$_1$	按钮，控制接触器线圈的失电
10	SB$_2$	按钮，控制接触器 KM$_1$ 线圈的得电
11	KT	时间继电器，使 KM$_2$ 线圈延时失电
12	R	可调电阻，制动效果的调节

（2）分析工作原理

合上 QF。

①M 单向起动运行：

按下 SB$_2$→KM$_1$ 线圈得电 $\begin{cases} \text{KM}_1 \text{ 主触点闭合} \\ \text{KM}_1 \text{ 常开触点闭合（自锁）→M 全压起动连续运行} \\ \text{KM}_1 \text{ 常闭触点断开（互锁）} \end{cases}$

②M 能耗制动：

按下 SB$_1$→ $\begin{cases} \text{KM}_1 \text{ 线圈失电→KM}_1 \text{ 所有触点复位→M 失电惯性运行} \\ \text{KM}_2 \text{ 线圈得电} \begin{cases} \text{KM}_2 \text{ 主触点闭合} \\ \text{KM}_2 \text{ 常闭触点断开（互锁）→能耗制动开始，转速迅速下降} \\ \text{KM}_2 \text{ 常开触点闭合（自锁）} \end{cases} \\ \text{KT 线圈得电} \begin{cases} \text{KT 瞬时常开闭合（自锁）} \\ \text{KT 延时常闭开始延时，} t \text{ 时间后动作} \end{cases} \end{cases}$

KT 延时时间到→KM$_2$ 线圈失电→KM$_2$ 所有触点复位→能耗制动结束，M 停止。

8. 三相异步电动机顺序起停控制

在很多实际应用中，比如生产线或者机械设备中具有多台三相异步电动机，电动机需要按照一定的顺序来起动和停止。比如说，先起动电动机 M$_1$，再起动电动机 M$_2$，这样的顺序可以保证整个设备的协调运行，提高效率。具体来说，当按下起动按钮时，控制电路就会开始工作，根据预先设定好的顺序，依次控制各个电动机的起动。有时，时间继电器也会发挥作用，进行电机运行的时间延迟，确保电动机能够按照正确的顺序起动。当需要停止电动机时，也是同样的道理。各个接触器接收到停止信号，然后按照设定的顺序依次控制各个电动机的停止。

　　总之，多台电动机顺序起停是一种非常实用的工业控制方法，它可以帮助我们更好地控制和管理电动机，提高设备的运行效率和安全性。

　　三相异步电动机顺序起停因使用电动机的数量不同而有不同的起停顺序，本书仅以两台异步电动机起停为例进行分析，其电气控制原理如图 5 – 1 – 12。

图 5 – 1 – 12　两台三相异步电动机顺序起停电气控制原理

（1）列出元件表

两台三相异步电动机顺序起停电气控制电路元件见表 5 – 1 – 10。

表 5 – 1 – 10　两台三相异步电动机顺序起停电气控制电路元件

序号	符号	名称及用途
1	QF	断路器，电源的通断开关
2	FU$_1$	熔断器，主电路的短路保护
3	FU$_2$	熔断器，控制电路的短路保护
4	KM$_1$	接触器，控制电动机 M$_1$ 运行或停止
5	KM$_2$	接触器，控制电动机 M$_2$ 运行或停止
6	FR$_1$	热继电器，电动机 M$_1$ 长期过载保护
7	FR$_2$	热继电器，电动机 M$_2$ 长期过载保护
8	SB$_1$	按钮，控制接触器线圈的失电

续表

序号	符号	名称及用途
9	SB$_2$	按钮，控制接触器 KM$_1$ 线圈的得电
10	SB$_3$	按钮，控制接触器线圈的失电
11	SB$_4$	按钮，控制接触器 KM$_2$ 线圈的得电

（2）分析工作原理

合上 QF。

验证 M$_1$ 起动后才能起动 M$_2$，先按下 SB$_4$，KM$_2$ 线圈不得电。

①M$_1$ 单向起动运行：

按下 SB$_2$→KM$_1$ 线圈得电 $\begin{cases} \text{KM}_1 \text{ 主触点闭合} \\ \text{KM}_1 \text{ 常开触点闭合（自锁）} \\ \text{KM}_1 \text{ 常开触点闭合（为 KM}_2 \text{ 得电做准备）} \end{cases}$ →M$_1$ 全压起动连续运行。

②M$_2$ 单向起动运行（在 M$_1$ 运行情况下才能实现）：

再次按下 SB$_4$→KM$_2$ 线圈得电 $\begin{cases} \text{KM}_2 \text{ 主触点闭合} \\ \text{KM}_2 \text{ 常开触点闭合（自锁）} \\ \text{KM}_2 \text{ 常开触点闭合（为电动机} \\ \text{逆序停止做准备）} \end{cases}$ →M$_2$ 全压起动连续运行。

③M$_2$ 停止：

在停止 M$_2$ 前，先验证 M$_1$ 是否可以停止。按下 SB$_1$，KM$_1$ 线圈保持得电，M$_1$ 持续运行。

按下 SB$_3$→KM$_2$ 线圈失电 $\begin{cases} \text{KM}_2 \text{ 主触点断开} \\ \text{KM}_2 \text{ 常开触点断开} \\ \text{KM}_2 \text{ 常开触点断开（为电动机逆序停止做准备）} \end{cases}$ →M$_2$ 停止。

④M$_1$ 停止（在 M$_2$ 先停止情况下才能实现）：

再次按下 SB$_1$→KM$_1$ 线圈失电 $\begin{cases} \text{KM}_1 \text{ 主触点断开} \\ \text{KM}_1 \text{ 常开触点断开→M}_1 \text{ 停止。} \\ \text{KM}_1 \text{ 常开触点断开} \end{cases}$

二、训练与考核

1. 实训器材

纸、笔等文具。

2. 实训内容

按要求分析电气控制原理图，见图 5-1-13。

①列出元件表。

②分析工作原理。

图 5 – 1 – 13　速度原则控制电动机可逆运行能耗制动电路

3. 实训考核

考核及评分标准见附录中实训任务工单 5 – 1 – 1。

三、练习题

①三相异步电动机降压起动的控制方式有哪几种？

②三相异步电动机调速的方法有哪几种？

③按要求分析图 5 – 1 – 14。

图 5 – 1 – 14　转换开关控制电动机正反转电路

模块二　安装和调试三相异步电动机电气控制线路

 学习目标

- 掌握电气控制线路电器元件布置图、安装接线图绘制方法。
- 会安装、调试三相异步电动机电气控制线路。
- 具有节能环保、安全用电意识。

一、理论知识

1. 绘制电器元件布置图

电器元件布置图是用来表明电气原理图中各元器件的实际安装位置，可根据电气控制系统复杂程度采取集中绘制或单独绘制。电器元件布置图可分为电气控制箱中的电器元件布置图和控制面板图等。

1）电器元件布置原则

电器元件布置图是控制设备生产及维护的技术文件，电器元件的布置应注意以下几个方面。

①体积大和较重的电器元件应安装在电器安装板的下方，而发热元件应安装在电器安装板的上面。

②强电、弱电应分开，弱电应屏蔽，防止外界干扰。

③需要经常维护、检修、调整的电器元件安装位置不宜过高或过低。

④电器元件布置不宜过密，应留有一定间距，如用走线槽、应加大各排电器间距以利布线和维修。

⑤电器元件的布置应考虑整齐、美观、对称。外形尺寸与结构类似的电器元件安装在一起，以利安装和配线。

根据图 5 - 1 - 2 所示起保停控制线路原理图绘制电器元件布置图，如图 5 - 2 - 1 所示。

2）电器元件的检查

①电器元件的技术数据（如型号、规格、额定电压、额定电流）应完整并符合要求，外观无损伤。

②电器元件的电磁机构动作是否灵活，有无衔铁卡阻等不正常现象，用万用表检测电磁线圈的通断情况以及各触点的分合情况。

③接触器的线圈电压和电源电压是否一致。

④电动机质量的常规检查（包括每相绕组的通断、相间绝缘、相对地绝缘）。

3）电器元件的安装要求

①组合开关、熔断器的受电端子应安装在控制板的外侧。

②每个电器元件的安装位置应整齐、匀称、间距合理、便于布线及更换。

③紧固各电器元件时要用力均匀，紧固程度要适当。

电器元件布置效果如图 5 - 2 - 2 所示。

图 5 – 2 – 1　起保停控制线路元件布置图

图 5 – 2 – 2　电器元件布置效果

注意事项：

①三相闸刀开关应竖直安装，电源进线在上、负载出线在下，上推合闸、下拉开闸。

②螺旋式熔断器的电源进线应接在下接线端子上，负载出线应接在上接线端子上，安装熔断器时应有足够的间距，以便于拆装、更换熔体。

2. 绘制安装接线图

1）安装接线图概念

电气安装接线图主要用于电气设备的安装配线、线路检查、线路维修和故障处理。在图中要标示出各电气设备、电器元件之间的实际接线情况，并标注出外部接线所需的数据。在电气安装接线图中，各电器元件的文字符号、元件连接顺序、线路号码编制都必须与电气原理图一致。

2）安装接线图的绘制原则

①绘制电气安装接线图时，各电器元件均按其在安装板中的实际位置绘出。电器元件所占图面按实际尺寸以统一比例绘制。

②绘制电气安装接线图时，一种元件的所有部件绘在一起，并用点画线框起来，有时将多个电器元件用点画线框起来，表示它们是安装在同一安装板上的。

③绘制电气安装接线图时，安装板内外的电器元件之间的连线通过接线端子板进行连接，安装底板上有几条接至外电路的引线，端子板上就应绘出几条线的接点。

④绘制电气安装接线图时，走向相同的相邻导线可以绘成一股线。

3）安装接线图的绘制

①首先对三相异步电动机起保停控制原理图进行线路编号，如图 5 – 2 – 3 所示。

电气原理图线号排序方法如下：

a. 主回路线号的编写。

三相电源的编号为 L_1、L_2、L_3。单台电动机进线编号为 U、V、W，如果是多台电动机的编号，为了不引起混淆，则第一台的编号为 U1、V1、W1，第二台的编号为 U2、V2、W2，以此类推。经电源开关后出线上依次编号为 U11、V11、W11，每经过一个电器元件的

图 5 - 2 - 3　起保停控制原理

接线柱编号要递增，如 U11、V11、W11 递增后为 U12、V12、W12、……

b. 控制回路线号的编写。

通常是从上至下、由左至右依次进行编写。每一个电气接点有个唯一的接线编号，编号可依次递增。如编号的起始数字，控制回路从阿拉伯数字"1"开始，其他辅助电路可依次递增为 101、201、……作起始数字，如照明电路编号从 101 开始；信号电路从 201 开始。

②根据图 5 - 2 - 3 所示绘制三相异步电动机起保停控制电路电气安装接线图。

在接线图中，导线连接的表示方法有两种，即连续线和中断线。当采用连续线表示法时，端子之间的连接导线用连续的线条来表示；当采用中断线表示时，端子之间的连线用数字替代。在连线不多的情况下可使用连续线表示法；若连接导线较多，则采用中断线表示。图 5 - 2 - 4 所示为采用中断线表示法。

图 5 - 2 - 4　起保停控制电路电气安装接线图

3. 安装三相异步电动机电气控制线路

1）板前明线布线的工艺要求

①布线通道尽可能少，同路并行导线按主、控电路分类集中，单层密排，紧贴安装面布线，同一平面的导线应高低一致，如图 5 - 2 - 5 所示。

②布线应横平竖直，导线与接线螺栓连接时，应打羊眼圈，并按顺时针方向旋转，不允许反圈，如图 5 - 2 - 6 所示。对瓦片式接点，导线连接时，直线插入接点固定即可。

图 5 - 2 - 5 同一平面导线的布线　　　　　　　　图 5 - 2 - 6 羊眼圈

　　单股芯线与接线柱连接时，最好按要求的长度将线头折成双股并排插入针孔，使压接螺钉顶紧在双股芯线的中间。如果线头较粗，双股芯线插不进针孔，也可将单股芯线直接插入，但芯线在插入针孔前，应朝着针孔上方稍微弯曲，以免压紧螺钉稍有松动线头就脱出。

　　多股芯线与接线柱连接时，必须把多股芯线按原拧紧方向，用钢丝钳进一步绞紧，以保证多股芯线受压紧螺钉顶压时而不致松散。由于多股芯线的载流量较大，孔上部往往有两个压紧螺钉，连接时应先拧紧第一枚螺钉（近端口的一枚），后拧紧第二枚，然后再加拧第一枚和第二枚，要反复加拧两次。此时应注意，针孔与线头的大小应匹配。

　　无论是单股芯线还是多股芯线，线头插入针孔时必须到底，导线绝缘层不得插入孔内，针孔外的裸线头长度不得超过 2 mm。

　　软导线线头也可用螺钉平压式接线柱连接，其工艺要求与上述多股芯线的压接相同。

　　③避免交叉、架空、空中拐弯和叠线，如图 5 - 2 - 7 所示。图中左侧为错误接法。

　（a）　　　　　　　　　（b）　　　　　　　　　（c）　　　　　　　（d）

图 5 - 2 - 7 错误的接法

（a）交叉；（b）架空；（c）叠线；（d）空中拐弯

　　④布线时不得损伤线芯和导线绝缘。所有从一个接线端子到另一个接线端子的导线必须连续，中间无接头。导线与接线端子或接线桩连接时，不得压绝缘层或者露铜过长，如图 5 - 2 - 8 所示，图中右侧导线露铜丝太多。在每根剥去绝缘层导线的两端套上编码套管。

　　⑤一个电器元件接线端子上的连接导线不得多于两根，每节接线端子板上的连接导线一般只允许连接一根，如图 5 - 2 - 9 所示。

图 5 - 2 - 8 导线露铜　　　　　图 5 - 2 - 9 接线端子上连接的导线

⑥同一元件、同一回路的不同接点的导线间距离应一致。

⑦用多股线连接时，安装板上应搭配有走线槽，所有连线沿线槽内走线。各电器元件与走线槽之间的外露导线，要尽可能做到横平竖直、走线合理、美观整齐，变换走向要垂直；在任何情况下，接线端子必须与导线截面积和材料性质相适应，当接线端子不适合连接软线或较小截面积的软线时，可以在导线端头穿上针形或叉形轧头并压紧；进入走线槽内的导线要完全置于走线槽内，并应尽可能避免交叉，装线不要超过其容量的70%，以便能盖上线槽盖。

2）根据安装接线图接线（以具有双重互锁的三相异步电动机正反转控制线路为例）

（1）首先接主电路部分

①从空气开关 QF 至熔断器 FU₁ 接线效果如图 5 - 2 - 10 和图 5 - 2 - 11 所示。

图 5 - 2 - 10　空气开关 QF 至熔断器
FU₁ 接线局部效果

图 5 - 2 - 11　空气开关 QF 至熔断器
FU₁ 接线整体效果

②从熔断器 FU₁ 至接触器 KM₁ 主触点接线效果如图 5 - 2 - 12 和图 5 - 2 - 13 所示。

图 5 - 2 - 12　熔断器 FU₁ 至接触器
KM₁ 主触点接线局部效果

图 5 - 2 - 13　熔断器 FU₁ 至接触器
KM₁ 主触点接线整体效果

③从接触器 KM₁ 主触点至热继电器 FR 热元件触点接线效果如图 5 - 2 - 14 和图 5 - 2 - 15 所示。

④从热继电器 FR 热元件触点至接线端子排接线效果如图 5 - 2 - 16 和图 5 - 2 - 17 所示。

图 5 – 2 – 14　接触器 KM₁ 主触点至热继电器
FR 热元件触点接线局部效果

图 5 – 2 – 15　接触器 KM₁ 主触点至热继电器
FR 热元件触点接线整体效果

图 5 – 2 – 16　热继电器 FR 热元件触点至
接线端子排接线局部效果

图 5 – 2 – 17　热继电器 FR 热元件触点至
接线端子排接线整体效果

⑤从接触器 KM₁ 主触点至接触器 KM₂ 主触点接线效果如图 5 – 2 – 18 和图 5 – 2 – 19 所示。此时主电路部分接线已完成。

图 5 – 2 – 18　接触器 KM₁ 主触点至接触器
KM₂ 主触点接线局部效果

图 5 – 2 – 19　接触器 KM₁ 主触点至接触器
KM₂ 主触点接线整体效果

（2）控制电路部分接线

①控制电路的接线效果（不包含按钮盒内接线）如图 5-2-20 所示。

图 5-2-20　控制电路的接线效果

②按钮盒内接线效果如图 5-2-21 和图 5-2-22 所示。按钮盒内接线时，用力不能过猛，以防止螺钉打滑。

图 5-2-21　按钮盒内接线效果（纯盒内接线）

图 5-2-22　按钮盒内接线效果

（3）接线完成后的整体效果

接线完成后的整体效果如图 5-2-23 所示。

（4）接上三相异步电动机后的整体效果

接上三相异步电动机后的整体效果如图 5-2-24 所示。

图 5-2-23　接线完成后的整体效果

图 5-2-24　接上三相异步电动机后的整体效果

4. 调试三相异步电动机电气控制线路

1）不通电测试

（1）主电路的检查

①按查线号法检查。重点检查交流接触器 KM_1 和 KM_2 之间的换相线，并用查线法逐线核对。检查主电路时，可以手动来代替受电线圈励磁吸合时的情况进行检查。

②万用表检查法。将万用表打到 $R \times 10$ 挡（调零），断开控制线路（断开 FU_2），用表笔分别测 U11、V11、W11 之间的阻值为∞；按下 KM_1 触点架，测得阻值应为电动机两相绕组直流电阻串联的阻值；松开 KM_1 的触点架。按下 KM_2 触点架，测得同样结果；最后用表笔测 U11 和 W11 两端，按下 KM_1 触点架，测得电动机两相绕组直流电阻串联的阻值，将 KM_1 和 KM_2 触点架同时按下，测得阻值为零，说明换相正确。

（2）控制线路的检查

用查线号法对照原理图和接线图分别检查按钮、自锁触点和联锁触点的布线；用万用表检查控制电路，连接 FU_2，检查自锁触点、互锁触点、按钮、热继电器常闭触点、熔断器等的通断情况。

（3）检查起动、停止和按钮控制

按下 SB_2 测得 KM_1 线圈的电阻值，同时按下 SB_1，测得阻值为∞。同时按下 SB_2 和 SB_3 测得阻值为∞，松开 SB_2，测得 KM_2 线圈的阻值。

（4）检查自锁、联锁控制

按下 KM_1 触点架，测得 KM_1 线圈的电阻值，同时按下 KM_2 触点架，测得阻值为∞。反之，按下 KM_2 触点架，测得 KM_2 线圈阻值，同时按下 KM_1 触点架，测得阻值为∞。

2）通电试车

接电前必须征得教师同意，并由教师接通电源和现场监护。

①做好线路板的安装检查后，按安全操作规定进行试运行，即一人操作、一人监护。

②先合上 QF，检查三相电源。在确保电动机不接入的情况下，按下 SB_2，接触器 KM_1 触点架吸合，按下 SB_3 接触器 KM_1 释放，KM_2 触点架吸合。按下 SB_1，接触器 KM_2 释放。

③断开 QF，接上电动机。再合上 QF，按下 SB_2，电动机正转。按下 SB_3，电动机反转。按下 SB_1，电动机停转。

调试三相异步电动机电气控制线路时的注意事项：

①电动机必须安放平稳，以防止在可逆运转时产生滚动而引起事故，并将其金属外壳可靠接地。

②要注意主电路必须进行换相；否则，电动机只能进行单向运转。

③要特别注意接触器的联锁触点不能接错；否则将会造成主电路中两相电源短路事故。

④接线时，不能将正、反转接触器的自锁触点进行互换；否则只能进行点动控制。

⑤通电校验时，应先合上 QF，再检验 SB_2（或 SB_3）及 SB_1 按钮的控制是否正常，并在按下 SB_2 后再按下 SB_3，观察有无联锁作用。

⑥应做到安全操作。

3）常见故障分析

该电路故障发生率比较高。常见故障主要有以下几方面原因。

①接通电源后，按起动按钮（SB_1 或 SB_2），接触器吸合，但电动机不转且发出"嗡嗡"

声响；或者虽能起动，但转速很慢。

分析：这种故障大多是主回路一相断线或电源缺相。

②控制电路时通时断，不起联锁作用。

分析：联锁触点接错，在正、反转控制回路中均用自身接触器的常闭触点做联锁触点。

③按下起动按钮，电路不动作。

分析：联锁触点用的是接触器常开辅助触点。

④电动机只能点动正转控制。

分析：自锁触点用的是另一接触器的常开辅助触点。

⑤按下 SB_2，KM_1 剧烈振动，起动时接触器"叭哒"就不吸了。

分析：联锁触点接到自身线圈的回路中。接触器吸合后常闭触点断开，接触器线圈断电释放，释放常闭触点又接通，接触器又吸合，触点又断开，所以会出现"叭哒"接触器不吸合的现象。

⑥在电机正转或反转时，按下 SB_3 不能停车。

分析：可能是 SB_3 失效。

⑦合上 QS 后，熔断器 FU_2 马上熔断。

分析：可能是 KM_1 或 KM_2 线圈、触点短路。

⑧合上 QS 后，熔断器 FU_1 马上熔断。

分析：可能是 KM_1 或 KM_2 短路，或电机相间短路，或正、反转主电路换相线接错。

⑨按下 SB_1 后电机正常运行，再按下 SB_2，FU_1 马上熔断。

分析：正、反转主电路换相线接错或 KM_1、KM_2 常闭辅助触点联锁不起作用。

注意事项：

①主电路必须将两相电源换向，在交流接触器进线换相或者在出线换相都可以，主电路绝对不能短路。

②必须要有互锁；否则在换相时会导致电源相间短路。

③安装训练可从简单到复杂，先从接触器互锁再到双重互锁，体会双重互锁的优点和接线特点。

5. 检修三相异步电动机控制线路

1）试电笔诊断法

试电笔诊断断路故障的方法如图 5-2-25 所示。诊断时用试电笔依次测试 1、2、3、4、5 各点，测到哪点试电笔不亮即断路处。注意：试电笔诊断法不适用于控制电路电源为 380 V 的电路。

2）万用表电阻测量法

（1）分阶测量法

电阻的分阶测量法如图 5-2-26 所示。按下起动按钮 SB_2，接触器 KM 不吸合，该电气回路有断路故障。

用万用表的电阻挡检测前应先断开电源，然后按下 SB_2 不放松，先测量 1-5 两点间的电阻，如电阻值为无穷大，说明 1-5 之间的电路断路。然后分阶测量 1-2、1-3、1-4 各两点间的电阻值。若电路正常，则该两点间的电阻值为"0"；当测量到某标号间的电阻值为无穷大，则说明表笔刚跨过的触点或连接导线断路。

图 5 – 2 – 25　试电笔诊断断路故障　　　图 5 – 2 – 26　电阻的分阶测量法

根据各阶电阻值来检查故障的方法如表 5 – 2 – 1 所示。

表 5 – 2 – 1　电阻分阶测量法判别故障原因

故障现象	测试状态	1 – 2	1 – 3	1 – 4	1 – 5	故障原因
按下 SB$_2$，KM 不吸合	按下 SB$_2$ 不放松	∞				FR 常闭触点接触不良
		0	∞			SB$_1$ 常闭触点接触不良
		0	0	∞		SB$_2$ 常开触点接触不良
		0	0	0	0	KM 线圈断路

（2）分段测量法

如图 5 – 2 – 27 所示。检查时，先切断电源，按下起动按钮 SB$_2$，然后依次逐段测量相邻两标号点 1 – 2、2 – 3、3 – 4、4 – 5 间的电阻。

如测得某两点间的电阻值为无穷大，说明这两点间的触点或连接导线断路。

例如，当测得 2 – 3 两点间电阻值为无穷大时，说明停止按钮 SB$_1$ 或连接 SB$_1$ 的导线断路。根据各段电阻值检查故障的方法如表 5 – 2 – 2 所示。

电阻测量法的优点是安全，缺点是测得的电阻值不准确时容易造成判断错误。为此应注意下列几点。

①用电阻测量法检查故障时一定要断开电源。

②如果被测的电路里有寄生回路，如电路中有电源变压器回路或与其他电路并联，必须将该电路与变压器

图 5 – 2 – 27　电阻的分段测量法

表5-2-2 电阻分段测量法判别故障原因

故障现象	测试状态	1-2	2-3	3-4	4-5	故障原因
按下 SB_2，KM 不吸合	按下 SB_2 不放松	∞				FR 常闭触点接触不良
		0	∞			SB_1 常闭触点接触不良
		0	0	∞		SB_2 常开触点接触不良
		0	0	0	0	KM 线圈断路

线圈或其他电路断开；否则所测得的电阻值是不准确的。如图5-2-28所示，图5-2-28（a）中被测电路与变压器串联，检测时应断开变压器连接导线，否则检测时将显示变压器线圈的检测结果；图5-2-28（b）中 KM_1 线圈与 KM_2 线圈并联，检测时必须断开一个线圈线路（如检测 KM_1 线圈线路，则应断开 KM_2 线圈线路，否则检测时将显示 KM_2 线圈线路的检测结果）。

③测量高电阻值的电器元件时，把万用表的选择开关旋转至适合电阻挡。

图5-2-28 寄生回路
（a）电路中有电源变压器回路；（b）与其他电路并联

3）万用表电压测量法

检查时把万用表的选择开关旋到交流电压700 V挡位上。

（1）分阶测量法

电压的分阶测量法如图5-2-29所示。检查时，首先用万用表测量1、5两点间的电压，若电路正常应为380 V。然后按住起动按钮 SB_2 不放，同时将黑表笔接到点5上，红表笔按4、3、2标号依次向前移动，分别测量5-4、5-3、5-2各阶之间的电压，电路正常情况下，各阶的电压值均为380 V。如测到5-4之间无电压，说明是断路故障，此时可将红表笔向前移，当移至某点（如2点）时电压正常，说明点2以前的触点或接线有断路故障。一般是点2后第一个触点（即刚跨过的停止按钮 SB_1 的触点）或连接线断路。

图 5 – 2 – 29　电压分阶测量法

根据各阶电压值来检查故障的方法如表 5 – 2 – 3 所示。

表 5 – 2 – 3　分阶测量法判别故障原因

故障现象	测试状态	5 – 4	5 – 3	5 – 2	5 – 1	故障原因
按下 SB₂，KM 不吸合	按下 SB₂ 不放松	0	380 V	380 V	380 V	SB$_2$ 常开触点接触不良
		0	0	380 V	380 V	SB$_1$ 常闭触点接触不良
		0	0	0	380 V	FR 常闭触点接触不良

这种测量方法像上台阶一样，所以称为分阶测量法。

（2）分段测量法

电压的分段测量法如图 5 – 2 – 30 所示。先用万用表测试 1、5 两点，电压值为 380 V，说明电源电压正常。

电压的分段测试法是将红、黑两表笔逐段测量相邻两标号点 1 – 2、2 – 3、3 – 4、4 – 5 间的电压。如电路正常，按下 SB$_2$ 后，除 4 – 5 两点间的电压等于 380 V 之外，其他任何相邻两点间的电压值均为零；如按下起动按钮 SB$_2$，接触器 KM 不吸合，说明发生断路故障，此时可用电压表逐段测试各相邻两点间的电压。如测量到某相邻两点间的电压为 380 V 时，说明这两点间所包含的触点、连接导线接触不良或有断路故障。例如，标号 2 – 3 两点间的电压为 380 V，说明按钮 SB$_1$ 的常闭触点接触不良。

根据各段电压值来检查故障的方法如表 5 – 2 – 4 所示。

图 5 – 2 – 30　电压分段测量法

表5－2－4　分段测量法判别故障原因

故障现象	测试状态	1－2	2－3	3－4	故障原因
按下SB₂，KM不吸合	按下SB₂不放松	380 V	0	0	FR 常闭触点接触不良
		0	380 V	0	SB₁ 常闭触点接触不良
		0	0	380 V	SB₂ 常开触点接触不良

图5－2－31　局部短接法

4）短接法

短接法是用一根绝缘良好的导线，把所怀疑断路的部位短接，如短接过程中电路被接通，就说明该处断路。

（1）局部短接法

局部短接法如图5－2－31所示。

按下起动按钮SB₂时，接触器KM₁不吸合，说明该电路有故障。检查前先用万用表测量1－5两点间的电压值，若电压正常，可按下起动按钮SB₂不放松，然后用一根绝缘良好的导线，分别短接标号相邻的两点，如短接1－2、2－3、3－4。当短接到某两点时，接触器KM吸合，说明断路故障就在这两点之间。

具体短接部位及故障原因如表5－2－5所示。

表5－2－5　局部短接法部位及故障原因

故障现象	短接点标号	KM 动作	故障原因
按下起动按钮SB₂，接触器KM₁不吸合	1－2	KM 吸合	FR 常闭触点接触不良
	2－3	KM 吸合	SB₁ 常闭触点接触不良
	3－4	KM 吸合	SB₂ 常开触点接触不良

（2）长短接法

长短接法是指一次短接两个或多个触点来检查故障的方法，长短接法检查断路故障如图5－2－32所示。

当FR的常闭触点和SB₁的常闭触点同时接触不良，如用上述局部短接法短接1－2点，按下起动按钮SB₂，KM仍然不会吸合，故可能会造成判断错误。而采用长短接法将1－4短接，如KM吸合，说明1－4这段电路中有断路故障，然后再短接1－3，若短接1－3时KM吸合，则说明故障在1－3段范围内。再用局部短接法短接1－2和2－3，能很快排除电路的断路故障。

短接法检查故障时的注意事项：

①短接法是用手拿绝缘导线带电操作的，所以一定要注意安全，避免触电事故发生。

②短接法只适用于检查压降极小的导线和触点之类的断路故障。对于压降较大的电器，如电阻、线圈、绕组等断路故障，不能采用短接法，否则会出现短路故障。

③对于机床的某些要害部位，必须在保障电气设备或机械部位不会出现事故的情况下才能使用短接法。

二、训练与考核

1. 实训器材

绕线型、笼型三相异步电动机，交流接触器，按钮一组，网孔试验板，熔断器，空气开关，热继电器，接线端子，导线若干，万用表，电工工具一套。

2. 实训内容

按要求进行三相异步电动机电气控制线路安装接线。

①仔细观察电气原理图，认识图中各个电器符号的含义，明确各个元件的作用，认真分析其工作原理。

②按原理图中给出的电器元件列出元器件明细表。

③根据电气原理图，画出电器布置图。

④按电器布置图，将各电器元件安装在网孔试验板上。

⑤根据电器布置图及电气原理图绘制安装接线图。

⑥按电气线路安装的工艺要求进行接线训练。

⑦在完成接线情况下，进行线路的不通电测试。

⑧完成通电试车。

3. 实训考核

考核及评分标准见附录中实训任务工单 5 – 2 – 1、5 – 2 – 2、5 – 2 – 3、5 – 2 – 4。

图 5 – 2 – 32 长短接法

三、练习题

①绘制图 5 – 1 – 3、图 5 – 1 – 7、图 5 – 1 – 10、图 5 – 1 – 11 所示的电气控制线路电器布置图、安装接线图。

②安装、调试图 5 – 1 – 7、图 5 – 1 – 10 所示的电气控制线路。

"电工技能鉴定应会试题三"——安装和调试三相交流异步电动机控制电路

模块三 分析直流电动机电气控制线路

 学习目标

- 掌握直流电动机电气控制原理。
- 会分析直流电动机电气控制线路。

一、理论知识

1. 直流电动机单向旋转起动控制

直流电动机在额定电压下直接起动，起动电流为额定电流的 10～20 倍，产生很大的起动转矩，导致电动机换向器和电枢绕组损坏。为此在电枢回路中串入电阻起动。同时，他励直流电动机在弱磁或零磁时会产生"飞车"现象，因此在接入电枢电压前，应先接入额定励磁电压，而且在励磁回路中应有弱磁保护。图 5-3-1 所示为直流电动机电枢串两级电阻，按时间原则起动控制电路。图中 KM_1 为线路接触器，KM_2、KM_3 为短接起动电阻接触器，KA_1 过电流继电器，KA_2 为欠电流继电器，KT_1、KT_2 为时间继电器，R_3 为放电电阻。

图 5-3-1 直流电动机电枢串两级电阻单按时间原则起动控制电路

电路工作原理：合上电枢电源开关 Q_1 和励磁与控制电路电源开关 Q_2，励磁回路通电，KA_2 线圈通电吸合，其常开触点闭合，为起动做准备；同时 KT_1 线圈通电，其常闭触点断开，切断 KM_2、KM_3 线圈电路。保证串入 R_1、R_2 起动。按下起动按钮 SB_2，KM_1 线圈通电并自锁，主触点闭合，接通电动机电枢回路，电枢串入两级起动电阻起动；同时 KM_1 常闭辅助触点断开，KT_1 线圈失电，为延时使 KM_2、KM_3 线圈得电短接 R_1、R_2 做准备。在串入 R_1、R_2 起动同时，并接在 R_1 电阻两端的 KT_2 线圈通电，其常开触点断开，使 KM_3 不得电，确保 R_2 电阻串入起动。经过一段时间延时后，KT_1 延时常闭触点闭合，KM_2 线圈得电，主触点闭合短接电阻 R_1，电动机转速升高，电枢电流减小。就在 R_1 被短接同时，KT_2 线圈断电释放，再经过一定时间延时，KT_2 延时常闭触点闭合，KM_3 线圈通电吸合，KM_3 主触点闭合短接电阻 R_2，电动机在额定电枢电压下运行。

2. 直流电动机可逆旋转起动控制

图 5-3-2 所示为改变直流电动机电枢电压极性实现电动机正反转控制电路。图中 KM_1、KM_2 为正反转接触器，KM_3、KM_4 为短接电枢电阻接触器，KT_1、KT_2 为时间继电器，R_1、R_2 为起动电阻，R_3 为放电电阻，SQ_1 为反向转正向行程开关，SQ_2 为正向转反向行程

开关。起动时电路工作情况与图 5 - 3 - 1 所示电路相同，但起动后，电动机将按行程原则实现电动机的正反转，拖动运动部件实现自动往返运动。工作原理请读者自行分析。

图 5 - 3 - 2　直流电动机正反转控制电路

3. 直流电动机单向旋转能耗制动控制

图 5 - 3 - 3 所示为直流电动机单向旋转能耗制动电路。图中 KM_1、KM_2、KM_3、KA_1、KA_2、KT_1、KT_2 的作用与图 5 - 3 - 1 相同，KM_4 为制动接触器，KV 为电压继电器。

图 5 - 3 - 3　直流电动机单向旋转能耗制动电路

电路工作原理：电动机起动时电路工作情况与图 5 - 3 - 1 相同，此处不再重复。停车时，按下停止按钮 SB_1，KM_1 线圈断电释放，其主触点断开电动机电枢电源，电动机以惯性旋转。由于此时电动机转速较高，电枢两端仍建立足够大的感应电动势，使并联在电枢两端

191

的电压继电器 KV 经自锁触点仍保持通电吸合状态，KV 常开触点仍闭合，使 KM$_4$ 线圈通电吸合，其主触点将电阻 R_4 并联在电枢两端，电动机实现能耗制动，使转速迅速下降，电枢感应电动势也随之下降，当将至一定值时电压继电器 KV 释放，KM$_4$ 线圈失电，电动机能耗制动结束，电动机自然停车至转速为零。

4. 直流电动机调速控制

图 5-3-4 所示为直流电动机改变励磁电流的调速控制电路。电动机的直流电源采用两相零式整流电路，电阻 R 兼有起动限流的作用。KM$_1$ 为能耗制动接触器，KM$_2$ 为运行接触器，KM$_3$ 为切除起动电阻接触器。

工作原理如下：

①起动。按下起动按钮 SB$_2$，KM$_2$ 和 KT 线圈同时通电并自锁，电动机 M 电枢串入电阻 R 起动。经过一段时间后，KT 通电延时常开触点闭合，使 KM$_3$ 线圈通电并自锁，KM$_3$ 主触点闭合，短接起动电阻 R，电动机全压起动运行。

②调速。在正常运行状态下，调节电阻 R_P，改变电动机励磁电流大小，从而改变电动机励磁磁通，实现电动机转速的改变。

③停车及制动。在正常状态下，按下停止按钮 SB$_1$，接触器 KM$_2$ 和 KM$_3$ 线圈同时失电，其主触点断开，切断电动机电枢电路；同时 KM$_1$ 线圈得电，其主触点闭合，通过电阻 R 接通能耗制动电路，而 KM$_1$ 另一对常开触点闭合，短接电容器 C，使电源电压全部加在励磁线圈两端，实现能耗制动过程中的强励磁作用，加强制动效果。松开停止按钮 SB$_1$，制动结束。

图 5-3-4　直流电动机改变励磁电流的调速控制电路

二、训练与考核

1. 实训器材

纸、笔等文具。

2. 实训内容

按要求分析图 5-3-2 所示电气控制原理。

①列出元件列表。

②分析工作原理。

3. 实训考核

考核及评分标准见附录中实训任务工单5 – 3 – 1。

三、练习题

分析图5 – 3 –5所示电路的工作原理。

图5 – 3 – 5　直流电动机可逆旋转反接制动控制电路

项目六 典型机床电气控制线路分析与故障排除

 学习目标

- 掌握机床电气设备诊断方法。
- 掌握常用机床电气控制工作原理。
- 会分析常用机床电气控制线路，能排除常用机床电气控制故障。
- 具有严谨作风，能安全用电。

模块一 分析 C6140T 型普通车床电气控制线路并排除故障

学习目标

- 会分析 C6140T 型普通车床电气控制线路。
- 能用万用表检查并排除 C6140T 型普通车床常见电气故障。

一、理论知识

车床是一种应用极为广泛的金属切削机床，主要用来车削外圆端面、内圆端面、螺纹和定型表面等。

1. C6140T 型普通车床的结构及运动形式

C6140T 型普通车床主要由床身、主轴变速箱、进给箱、溜板与刀架、尾座、丝杠、光杠等几部分组成，其结构示意图如图 6-1-1 所示。

车床的运动形式有主运动、进给运动和辅助运动。

①车床的主运动为工件的旋转运动，它是由主轴通过卡盘或顶尖带动工件旋转，承受车削加工时的主要切削功率。车削加工时，应根据被加工工件材料、刀具种类、工件尺寸、工

图 6 - 1 - 1 车床结构示意图

1—床身；2—进给箱；3—挂轮箱；4—主轴箱；5—溜板箱；

6—溜板及刀架；7—尾座；8—丝杠；9—光杠

艺要求等选择不同的切削速度。其主轴正转速度有 24 种（10 ~ 1400 r/min），反转速度有 12 种（14 ~ 1580 r/min）。

②车床的进给运动是溜板带动刀架的纵向或横向直线运动。溜板箱把丝杠或光杠的转动传递给刀架部分，变换溜板箱外的手柄位置，经刀架部分使车刀做纵向或横向进给。

③车床的辅助运动有刀架的快速移动、尾架的移动以及工件的夹紧与放松等。

2. C6140T 型普通车床电气控制线路

1）车床加工对电气控制线路要求

①加工螺纹时，工件的旋转速度与刀具的进给速度应保持严格的比例，因此，主运动和进给运动由同一台电动机拖动，一般采用笼型异步电动机。

②工件材料、尺寸及加工工艺等不同，切削速度应不同，因此要求主轴的转速也不同，这里采用机械调速。

③车削螺纹时，要求主轴反转来退刀，因此要求主轴能正反转。车床主轴的旋转方向可通过机械手柄来控制。

④主轴电动机采用直接起动，为了缩短停车时间，主轴停车时采用能耗制动。

⑤车削加工时，由于刀具与工件温度高，所以需要冷却。为此，设有冷却泵电动机且要求冷却泵电动机应在主轴电动机起动后方可选择起动与否；当主轴电动机停止时，冷却泵电动机应立即停止。

⑥为实现溜板箱的快速移动，由单独的快速移动电动机拖动，采用点动控制。

⑦应配有安全照明电路和必要的联锁保护环节。

C6140T 型普通车床由三台三相笼型异步电动机拖动，即主电动机 M_1、冷却泵电动机 M_2 和刀架快速移动电动机 M_3。

2）C6140T 型普通车床电气控制线路分析

C6140T 型普通车床的电气控制线路如图 6 - 1 - 2 所示。

（1）主要电器介绍

表 6 - 1 - 1 列出了 C6140T 型普通车床的主要电器及其作用，供检修、调试时参考。

图6-1-2　C6140T型普通车床的电气控制线路

表6-1-1　C6140T型普通车床的主要电器元件表

序号	符号	名称及用途
1	QF$_1$	电源开关
2	QF$_2$	冷却泵开关
3	FU$_{1-1}$	主电路及变压器输入端短路、过载保护熔断器
4	FU$_{1-2}$	主电路短路、过载保护熔断器
5	FU$_{1-3}$	主电路及变压器输入端短路、过载保护熔断器
6	FU$_2$	主轴电动机能耗制动主电路短路、过载保护熔断器
7	KM$_1$	主轴电动机起动接触器主触点
8	KM$_2$	冷却泵电动机起动接触器主触点
9	KM$_3$	刀架快速移动电动机起动接触器主触点
10	KM$_4$	主轴电动机能耗制动接触器主触点
11	VD	主轴电动机能耗制动整流二极管
12	M$_1$	主轴电动机
13	M$_2$	冷却泵电动机
14	M$_3$	刀架快速移动电动机
15	TB	变压器
16	FU$_5$	控制电路短路、过载保护熔断器
17	SB$_1$	主轴电动机停止及冷却泵电动机的控制接触器失电按钮
18	SB$_2$	主轴电动机起动及冷却泵电动机的控制接触器得电按钮
19	SB$_3$	刀架快速移动电动机点动按钮
20	SQ$_1$（002-003）	主轴电动机能耗制动开关，切断主轴电动机控制接触器线圈得电回路
21	SQ$_1$（002-012）	主轴电动机能耗制动开关，接通时间继电器线圈得电回路
22	KM$_1$（006-000）	主轴电动机控制接触器线圈
23	KM$_1$（004-005）	主轴电动机起动接触器常开自锁触点
24	KM$_1$（012-013）	接触器常开触点，能耗制动准备，接通时间继电器线圈得电回路
25	KM$_1$（013-014）	接触器常闭触点，互锁保护触点，防止主轴电动机工作时接通能耗制动控制接触器线圈
26	KM$_2$（006-010）	冷却泵电动机控制接触器线圈
27	KM$_2$（014-015）	接触器常闭触点，互锁保护触点，防止主轴电动机工作时接通能耗制动控制接触器线圈

续表

序号	符号	名称及用途
28	KM$_3$（007-010）	刀架快速移动电动机控制接触器线圈
29	KM$_4$（015-010）	能耗制动控制接触器线圈
30	KM$_4$（013-016）	接触器常闭触点，切断时间继电器线圈得电回路，触发时间继电器开始延时
31	KM$_4$（005-006）	接触器常闭触点，互锁保护触点，防止主轴电动机能耗制动时接通起动控制接触器线圈
32	KT（016-010）	时间继电器线圈
33	KT（002-013）	时间继电器断电延时常开自锁触点
34	KT（002-003）	时间继电器断电延时常闭触点，保证时间继电器线圈得电后才能切断主轴电动机控制接触器线圈
35	FU$_3$	照明电路短路、过载保护熔断器
36	FU$_4$	指示电路短路、过载保护熔断器
37	K	照明开关
38	EL	照明灯
39	HL$_1$	冷却泵工作指示灯
40	HL$_2$	电源指示灯
41	HL$_3$	刻度照明灯
42	TA／A	电流互感器 TA 配合电流表 A 监视主轴电动机的工作电流

（2）主电路分析

主电路如图 6-1-3 所示，共有三台电动机：M$_1$ 为主轴电动机，M$_2$ 为冷却泵电动机，M$_3$ 为刀架快速移动电动机。

合上自动空气开关 QF$_1$。

①M$_1$：交流接触器 KM$_1$ 主触点闭合，M$_1$ 直接起动运行。

②M$_2$：交流接触器 KM$_1$ 主触点闭合后，交流接触器 KM$_2$ 主触点闭合，再合上自动空气开关 QF$_2$，M$_2$ 直接起动运行。

③M$_3$：交流接触器 KM$_3$ 主触点闭合，M$_3$ 直接起动运行。

冷却泵电动机 M$_2$ 由 KM$_2$ 和自动空气开关 QF$_2$ 控制。刀架快速移动电动机 M$_3$ 由交流接触器 KM$_3$ 控制，并由熔断器 FU$_1$ 实现短路保护。

（3）控制电路分析

控制电路的电源由控制变压器 TB 供给控制电路交流电压 127 V，控制电路如图 6-1-4 所示。

图 6 - 1 - 3　C6140T 型普通车床控制线路的主电路

图 6 - 1 - 4　C6140T 型普通车床控制线路的控制电路

①M_1、M_2 起动和停止：

按下 $SB_2 \rightarrow$ $\begin{cases} KM_1 \text{ 线圈得电} \begin{cases} KM_1 \text{ 主触点闭合} \rightarrow M_1 \text{ 直接起动} \\ KM_1 \text{ 常开触点}(004-005)\text{闭合} \rightarrow \text{自锁} \end{cases} \\ KM_2 \text{ 线圈得电} \rightarrow KM_2 \text{ 主触点闭合} \rightarrow \text{合上 } QF_2 \rightarrow M_2 \text{ 直接起动} \end{cases}$

按下 $SB_1 \rightarrow$ $\begin{cases} KM_1 \text{ 线圈失电} \begin{cases} KM_1 \text{ 主触点复位} \rightarrow M_1 \text{ 停止} \\ KM_1 \text{ 常开触点}(004-005)\text{复位} \rightarrow \text{解锁} \end{cases} \\ KM_2 \text{ 线圈失电} \rightarrow KM_2 \text{ 主触点复位} \rightarrow M_2 \text{ 停止}(M_2 \text{ 停止也可直接断开 } QF_2) \end{cases}$

②M_3 点动：

按下 $SB_3 \rightarrow KM_3$ 线圈得电 $\rightarrow$ KM_3 主触点闭合 $\rightarrow M_3$ 直接起动

松开 $SB_3 \rightarrow KM_3$ 线圈失电 $\rightarrow$ KM_3 主触点复位 $\rightarrow M_3$ 停止

③M_1 能耗制动：

合上 $SQ_1 \rightarrow KT$ 线圈得电 $\rightarrow$ $\begin{cases} KT \text{ 常闭触点}(002-003)\text{断开} \rightarrow KM_1 、 KM_2 \text{ 线圈断电} \\ KT \text{ 常开触点}(002-013)\text{闭合自锁} \end{cases}$

$\rightarrow \begin{cases} KM_4 \text{ 线圈得电} \rightarrow KM_4 \text{ 主触点闭合，} M_1 \text{ 能耗制动} \\ KT \text{ 线圈断电} \rightarrow \text{延时 } t \text{ 后，} KT \text{ 延时触点复位，} KM_4 \text{ 主触点断开，制动结束} \end{cases}$

（4）照明指示电路

照明指示电路如图 6-1-5 所示，电源变压器 TB 将 380 V 的交流电压降到 36 V 的安全电压，供照明用。照明电路由开关 K 控制灯泡 EL。熔断器 FU_3 用作照明电路的短路保护。

图 6-1-5　照明指示电路

6.3 V 电压供冷却泵电动机 M_2 运行指示灯 HL_1、电源指示 HL_2、刻度照明 HL_3。

（5）车床电动机工作电流监测回路

车床电动机工作电流监测回路如图 6-1-6 所示，由电流互感器 TA 配合电流表 A 监视电动机的工作电流。

图 6-1-6　车床电动机工作电流监测回路

总结：

①主轴电动机采用单向直接起动，单管能耗制动。能耗制动时间用断电延时型时间继电器控制。

②用电流互感器检测电流，监视电动机的工作电流。

③主轴电动机和冷却泵电动机在主电路中保证顺序联锁关系。

④快进电动机采用点动控制。

3. C6140T 型普通车床电气控制线路常见故障分析与检修

1）主轴电动机 M_1 不能起动

主轴电动机 M_1 不能起动的原因可能是：控制电路没有电压；控制线路中的熔断器 FU_5 熔断；接触器 KM_1 未吸合。

按下起动按钮 SB_2，接触器 KM_1 若不动作，故障必定在控制电路，如按钮 SB_1、SB_2 的触点接触不良，接触器线圈断线，就会导致 KM_1 不能通电动作。可用电阻法依次测量 $001 - 002 - 003 - 004 - 005 - 006 - 010$。

在实际检测中应在充分试车情况下尽量缩小故障区域。对于电动机 M_1 不能起动的故障现象，若刀架快速移动正常，故障将限于 $003 - 004 - 005 - 006 - 010$ 之间。若 KM_2 线圈不能得电，故障将限于 $006 - 010$ 之间。

当按下 SB_2 后，若接触器 KM_1 吸合，但主轴电动机不能起动，故障原因必定在主电路中，可依次检查进线电源、QF_1、接触器 KM_1 主触点及三相电动机的接线端子等是否接触良好。

在故障测量时，对于同一线号至少有两个相关接线连接点的，应根据电路逐一测量，判断是属于连接点故障还是同一线号两连接点之间导线故障。

控制电路的故障测量尽量采用电压法，当测量到故障之后应断开电源再排除。

2）主轴电动机能运转不能自锁

当按下 SB_2 按钮时，电动机能运转，但松开按钮后电动机即停转，这是由于接触器 KM_1 的辅助常开触点接触不良或位置偏移、卡阻引起的故障。这时只要将接触器 KM_1 的辅助常开触点进行修整或更换即可排除故障。辅助常开触点的连接导线松脱或断裂也会使电动机不能自锁，用电阻法测量 $004 - 005$ 号的连接情况。

3）主轴电动机不能停车

造成这种故障的原因可能有：接触器 KM_1 的主触点熔焊；停止按钮 SB_1 击穿或线路中 $003 - 004$ 两点连接导线短路；接触器铁心表面粘有污垢。

可采用下列方法判明是哪种原因造成电动机 M_1 不能停车。若断开 QF_1，接触器 KM_1 释放，则说明故障为 SB_1 击穿或导线短路；若接触器过一段时间释放，则故障为铁心表面粘牢污垢；若断开 QF_1，接触器 KM_1 不释放，则故障为主触点熔焊，打开接触器灭弧罩，可直接观察到该故障。应根据具体故障情况采取相应措施。

4）刀架快速移动电动机不能运转

按下点动按钮 SB_3，接触器 KM_3 未吸合，故障必然在控制线路中，这时可检查点动按钮 SB_3、接触器 KM_3 的线圈是否断路。用电阻法检测 $003 - 007 - 010$ 之间的连接情况。

5）M_1 能起动，不能能耗制动

起动主轴电动机 M_1 后，若要实现能耗制动，只需踩下行程开关 SQ_1 即可。若踩下行程开关 SQ_1，不能实现能耗制动，则其故障现象通常有两种：一种是电动机 M_1 能自然停车；另一种是电动机 M_1 不能停车，仍然转动不停。

踩下行程开关 SQ_1，不能实现能耗制动，其故障范围可能在主电路，也可能在控制电路。有以下方法加以判别。

①由故障现象确定。当踩下行程开关 SQ_1 时，若电动机能自然停车，说明控制电路中 KT（$002 - 003$）能断开，时间继电器 KT 线圈得过电，不能制动的原因在于接触器 KM_4 是

否动作。KM_4 动作，故障点在主电路中；KM_4 不动作，故障点在控制电路中。

当踩下行程开关 SQ_1 时，若电动机不能停车，说明控制电路中 KT（002 - 003）不能断开，致使接触器 KM_1 线圈不能断电释放，从而造成电动机不能停车，其故障点在控制电路中，这时可以检查继电器 KT 线圈是否得电。

②由继电器的动作情况确定。当踩下行程开关 SQ_1 进行能耗制动时，反复观察继电器 KT 和 KM_4 的衔铁有无吸合动作。若 KT 和 KM_4 的衔铁先后吸合，则故障点肯定在主电路的能耗制动支路中；KT 和 KM_4 的衔铁只要有一个不吸合，则故障点必在控制电路的能耗制动支路中。

例 6 - 1 主轴电动机 M_1 不能起动。

①故障现象：主轴电动机不能起动，KM_1 线圈不得电。

②故障分析：首先用万用表电压挡测量变压器 TB 是否有 380 V 电压输入，如果没有，则故障范围在以下线路中：

$$L_1 \rightarrow QF_1 \rightarrow U_{11} \rightarrow FU_{1-1} \rightarrow U_{21} \rightarrow TB$$
$$L_3 \rightarrow QF_1 \rightarrow W_{11} \rightarrow FU_{1-3} \rightarrow W_{21} \rightarrow TB$$

如果有 380 V 输入，测量变压器是否有 127 V 输出，没有则变压器有故障；如果有，则故障范围在以下线路中，如图 6 - 1 - 7 所示。

$$001 \rightarrow FU_5 \rightarrow 002 \rightarrow \begin{cases} SQ_1(002-003) \\ KT(002-003) \end{cases} \rightarrow 003 \rightarrow SB_1 \rightarrow 004 \rightarrow \begin{cases} SB_2 \\ KM_1(004-005) \end{cases} \rightarrow 005 \rightarrow KM_4$$

（005 - 006）$\rightarrow 006 \rightarrow KM_1$ 线圈 $\rightarrow 010$

③故障测量：（假设 KM_4 常闭下端的 006 断开）用万用表测量图 6 - 1 - 8 所示电路。

图 6 - 1 - 7 电源、变压器回路

图 6 - 1 - 8 主轴控制接触器 KM_1 得电电路

a. 电阻法。断开 FU_5，测量 001、002、003、004、005、006、010 导线，正常情况下电阻值应近似为 0，按照假设测 006 时电阻应近似为 ∞。

断开 FU_5，按下 SB_2 或 KM_1 常开，将一根表笔固定在 TB 的 001 上，另一根表笔依次测量 001、002、003、004、005、006，正常情况下电阻值应近似为 0，按照假设测到 005 时电阻值应近似为 0，测到 KM_1 线圈 006 时电阻应近似为 ∞。

b. 电压法。测量 001、002、003、004、005、006、010 导线，正常情况下电压值应近似为 0，按照假设测到 006 时电压应近似为 127 V。

按下 SB_2 或 KM_1 常开，将一根表笔固定在 TB 的 000 上，另一根表笔依次测量 001、002、003、004、005、006，正常情况下电压值应近似为 127 V，按照假设测到 005 时电压值应近似为 127 V，测到 KM_1 线圈 006 时电压应为 0。

故障点：KM_4（005－006）到 KM_1 线圈的 006。

例 6－2　主轴电动机不能制动。

①故障现象：主轴电动机不能制动。

②故障分析：主轴电动机制动电路分两部分，即主电路与控制电路。首先判断主电路，按下 SB_2 按钮主轴起动后，按下 SB_1 停止按钮（此时电动机在惯性下仍旋转），手动强制按下 KM_4 接触器衔铁，观察电动机停止情况。若电动机仍在旋转，说明故障就在制动主电路中；若电动机立即停止旋转，制动主电路没有故障，故障在制动控制电路中。

注意： 进行手动强制制动时是强行接通能耗制动直流工作回路，一定要先按下停止按钮 SB_1，待主轴电动机脱离三相电源后才能手动强制按下 KM_4 接触器衔铁；否则将出现严重的短路事故。

制动主电路故障范围如下，图 6－1－9 所示为制动主电路。

$V_{11} \rightarrow FU_2 \rightarrow 201 \rightarrow KM_4$（201－202）$\rightarrow 202 \rightarrow VD \rightarrow 203 \rightarrow KM_4$（203－$W_{12}$）$\rightarrow$

$$\begin{cases} W_{12} \\ KM_4（W_{12}-V_{12}）\rightarrow V_{12} \end{cases} \rightarrow M_1 \rightarrow U_{12} \rightarrow KM_4（U_{12}-U_{11}）\rightarrow U_{11}$$

制动控制电路故障范围如图 6－1－10 所示。

图 6－1－9　制动主电路

图 6－1－10　制动控制电路

制动控制电路按以下步骤分析。

a. KT 动作情况：判断 KT 线圈是否得电，若得电，故障不在 KT 线圈得电回路中；若不得电，故障在 KT 线圈得电回路中。

　　KT 线圈得电回路：$002 \rightarrow SQ_1$（$002-012$）$\rightarrow 012 \rightarrow KM_1$（$012-013$）$\rightarrow 013 \rightarrow KM_4$（$013-016$）$\rightarrow 016 \rightarrow KT$ 线圈 $\rightarrow 010$。

　　KT 得电后是否自锁，若自锁，故障不在 KT 自锁回路中；若不自锁，故障在 KT 自锁回路中。

　　KT 自锁回路：$002 \rightarrow KT$（$002-013$）$\rightarrow 013$。

　　b. KM_4 动作情况：若 KM_4 线圈不得电，故障就在 KM_4 得电回路中。

图 6-1-11　寄生回路

　　KM_4 线圈得电回路：$002 \rightarrow KT$（$002-013$）$\rightarrow 013 \rightarrow KM_1$（$013-014$）$\rightarrow 014 \rightarrow KM_2$（$014-015$）$\rightarrow 015 \rightarrow KM_4$ 线圈 $\rightarrow 010$。

　　KM_4 得电回路中含有 KT 自锁回路，如 KT 自锁，故障只在 $013 \rightarrow KM_1$（$013-014$）$\rightarrow 014 \rightarrow KM_2$（$014-015$）$\rightarrow 015 \rightarrow KM_4$ 线圈 $\rightarrow 010$ 中。

　　③故障测量：根据各自习惯选用电阻法或电压法测量以上线路，其中需要注意的是在使用电阻法测量时应防止寄生回路产生的误判断。设 016 断开，测量 KM_4（$013-016$）$\rightarrow 016 \rightarrow KT$ 线圈时，原则上电阻应近似为 ∞；而实际测量时电阻值为 KM_4 与 KT 线圈的串联值，如图 6-1-11 所示。

二、训练与考核

1. 实训器材

常用电工工具，万用表，C6140T 型普通车床模拟电气控制柜。

2. 实训内容

1）实训步骤及要求

①在教师指导下对 C6140T 型普通车床进行操作，了解车床的各种工作状态及操作方法。

②在教师的指导下，参照电气原理图和电气安装接线图，熟悉车床电器元件的分布位置和走线情况。

③在 C6140T 型普通车床模拟电气控制柜上人为设置故障点，设置故障时应注意以下几点：

a. 人为设置故障必须是模拟车床在使用中由于受外界因素影响而造成的故障。

b. 切忌设置更改线路或更换元件等由于人为原因而造成的故障。

c. 设置的故障应与学生具备的能力相适应。

d. 学生检修故障练习时，教师必须在现场密切观察学生操作，随时做好采取应急措施的准备。

④教师进行检修示范，示范时应边讲解边检修。

a. 根据故障现象，用逻辑分析法确定故障范围。

b. 再用电阻法检查故障。

c. 用电压法检查故障。

d. 用验电笔检查故障。

e. 排除电路中故障，并通电试车。

f. 教师设置故障点，主电路一处、控制电路一处，让学生进行检修练习。

2）注意事项

①掌握 C6140T 型车床线路工作原理及操作方法，认真观摩教师检修示范。

②检修时所用工具、仪表应正确。

③检修时，严禁扩大故障范围或产生新的故障。

④带电检修时，必须有指导教师监护，以保证安全。

3. 实训考核

考核及评分标准见附录中实训任务工单 6 – 1 – 1。

三、练习题

①在 C6140T 型普通车床中，若主轴电动机 M_1 只能点动，则可能的故障原因是什么？

②试述 C6140T 型普通车床主轴电动机 M_1 的控制特点及制动过程，其中时间继电器 KT 的作用是什么？

③C6140T 型普通车床电气控制具有哪些保护环节？

④假设 C6140T 型普通车床电源开关合上后，操作任何开关所有器件都不能工作，分析故障原因，如何快速检测到故障点？

⑤按图 6 – 1 – 12 所示设置故障点，分析故障原因并列出排故思路及步骤。

图 6 – 1 – 12　练习题⑤用图

⑥两人一组，一人在 C6140T 型普通车床模拟电气控制柜上设置故障，由另一人练习排故，相互交替。

模块二　分析 Z3040 型摇臂钻床电气控制线路并排除故障

学习目标

- 会分析 Z3040 型摇臂钻床电气控制线路。
- 能用万用表检查并排除 Z3040 型摇臂钻床常见电气故障。

一、理论知识

钻床是一种用途广泛的万能机床。钻床的结构形式很多，有立式钻床、卧式钻床、深孔钻床及台式钻床等。摇臂钻床是一种立式钻床，主要用于对大型零件进行钻孔、扩孔、铰孔和攻螺纹等。Z3040 型摇臂钻床是在 Z35 型摇臂钻床基础上的更新产品。它取消了 Z35 汇流环的供电方式，改为直接由机床底座进线，由外立柱顶部引出再进入摇臂后面的电气壁龛；对内外立柱、主轴箱及摇臂的夹紧、放松和其他一些环节，采用了先进的液压技术。由于在机械上 Z3040 有两种形式，所以其电气控制电路也有两种形式，下面以沈阳中捷友谊厂生产的 Z3040 型摇臂钻床为例进行分析。

1. Z3040 型摇臂钻床的结构及运动形式

Z3040 型摇臂钻床的主要构造由底座、工作台、主轴箱、内外立柱、摇臂等几部分组成。摇臂钻床的运动形式有主运动（主轴旋转）、进给运动（主轴纵向移动）、辅助运动（包括摇臂沿外立柱的垂直移动，主轴箱沿摇臂的径向移动，摇臂与外立柱一起相对于内立柱的回转运动）。Z3040 型摇臂钻床的主要结构及运动示意如图 6-2-1 所示。

图 6-2-1　Z3040 型摇臂钻床的主要结构及运动示意图

1—底座；2—工作台；3—主轴纵向进给；4—主轴旋转主运动；5—主轴；6—摇臂；
7—主轴箱沿摇臂径向运动；8—主轴箱；9—内外立柱；10—摇臂回转运动；11—摇臂垂直移动

Z3040型摇臂钻床具有两套液压控制系统：一个是操纵机构液压系统；另一个是夹紧机构液压系统。前者安装在主轴箱内，用以实现主轴正反转、停车制动、空挡、预选及变速；后者安装在摇臂背后的电气盒下部，用以夹紧松开主轴箱、摇臂及立柱。

　　1）操纵机构液压系统

　　该系统压力油由主轴电动机拖动齿轮泵送出。由主轴变速、正反转及空挡操作手柄来改变两个操纵阀的相互位置，使压力油作不同的分配，获得不同的动作。操作手柄有五个空间位置：上、下、里、外和中间位置。其中上为"空挡"，下为"变速"，外为"正转"，里为"反转"，中间位置为"停车"。而主轴转速及主轴进给量各由一个旋钮预选，然后再操作手柄。

　　起动主轴时，首先按下主轴电动机起动按钮，主轴电动机起动旋转，拖动齿轮泵，送出压力油，然后操纵手柄，扳至所需转向位置，于是两个操纵阀相互改变位置，使一股压力油将制动摩擦离合器松开，为主轴旋转创造条件；另一股压力油压紧正转（反转）摩擦离合器，接通主轴电动机到主轴的传动链，驱动主轴正转或反转。

　　在主轴正转或反转过程中，也可旋转变速旋钮，改变主轴转速或主轴进给量。

　　主轴停车时，将操作手柄扳回中间位置，这时主轴电动机仍拖动齿轮泵旋转，但此时整个液压系统为低压油，无法松开制动摩擦离合器，而在制动弹簧作用下将制动摩擦离合器压紧，使制动轴上的齿轮不能转动，主轴实现停车。所以，主轴停车时主轴电动机仍然旋转，只是不能将动力传到主轴。

　　主轴变速与进给变速：将操作手柄扳至"变速"位置，于是改变两个操纵阀的相互位置，使齿轮泵送出的压力油进入主轴转速预选阀和主轴进给量预选阀，然后进入各变速液压缸。各变速液压缸为差动液压缸，具体哪个液压缸上腔进压力油或回油，取决于所选定的主轴转速和进给量的大小。

　　与此同时，另一条油路系统推动拨叉缓慢移动，逐渐压紧主轴正转摩擦离合器，接通主轴电动机到主轴的传动链，使主轴缓慢转动，称为缓速。缓速的目的在于使滑移齿轮能比较顺利地进入啮合位置，避免出现齿顶齿现象。当变速完成，松开操作手柄，此时将在弹簧作用下由"变速"位置自动复位到主轴"停车"位置，这时便可操纵主轴正转或反转，主轴将在新的转速或进给量下工作。

　　主轴空挡：将操作手柄扳向"空挡"位置，这时由于两个操纵阀相互位置改变，压力油使主轴传动系统中滑移齿轮处于中间脱开位置。这时，可用手轻便地转动主轴。

　　2）夹紧机构液压系统

　　主轴箱、立柱和摇臂的夹紧与松开是由液压泵电动机拖动液压泵送出压力油、推动活塞和菱形块来实现的。其中主轴箱和立柱的夹紧、放松由一个油路控制，而摇臂的夹紧、松开因与摇臂升降构成自动循环，所以由另一个油路单独控制。这两个油路均由电磁阀操纵。

　　欲夹紧或松开主轴箱及立柱时，首先起动液压泵电动机，拖动液压泵，送出压力油，在电磁阀操纵下，使压力油经二位六通阀流入夹紧或松开油腔，推动活塞和菱形块实现夹紧或松开。由于液压泵电动机是点动控制，所以主轴箱和立柱的夹紧与松开是点动的。

2. Z3040 型摇臂钻床电气控制线路分析

　　图6-2-2所示为Z3040型摇臂钻床电气原理图。图中M_1为主轴电动机，M_2为摇臂升降电动机，M_3为液压泵电动机，M_4为冷却泵电动机。

图 6-2-2　Z3040 型摇臂钻床电气原理

1）主要电器介绍

Z3040 型摇臂钻床电器位置示意如图 6-2-3 所示，供检修、调试时参考。表 6-2-1 列出了 Z3040 型摇臂钻床主要电器元件及其作用。

图 6-2-3　Z3040 型摇臂钻床电器位置示意图

表 6 – 2 – 1　Z3040 型摇臂钻床主要电器元件表

序号	符号	名称及用途
1	EL	照明灯
2	M_1	主轴电动机
3	M_2	摇臂升降电动机
4	M_3	液压泵电动机
5	M_4	冷却泵电动机
6	QS	电源开关
7	SA	液压泵电动机用转换开关
8	SB_1	主轴停止按钮
9	SB_3	摇臂上升按钮
10	SB_4	摇臂下降按钮
11	SB_2、HL_3	主轴电动机起动按钮及指示灯
12	SB_5、HL_1	主轴箱和立柱松开按钮及指示灯
13	SB_6、HL_2	主轴箱和立柱夹紧按钮及指示灯
14	SQ_1	摇臂升降限位用行程开关
15	SQ_2、SQ_3	摇臂松开、夹紧用行程开关
16	SQ_4	主轴箱与立柱松开或夹紧行程开关
17	YV	电磁阀

2）主电路分析

主电路中 M_1 为单方向旋转，由接触器 KM_1 控制，主轴的正反转则由机床液压系统操纵机构配合正反转摩擦离合器实现，并由热继电器 FR_1 作电动机长期过载保护。

M_2 由正、反转接触器 KM_2、KM_3 控制实现正反转。控制电路保证在操纵摇臂升降时，首先使液压泵电动机起动旋转，供出压力油，经液压系统将摇臂松开，然后才使电动机 M_2 起动，拖动摇臂上升或下降。当移动到位后，控制电路又保证 M_2 先停下，再自动通过液压系统将摇臂夹紧，最后液压泵电动机才停下。M_2 为短时工作，不用设长期过载保护。

M_3 由接触器 KM_4、KM_5 实现正反转控制，并有热继电器 FR_2 作长期过载保护。

M_4 电动机容量小，为 0.125 kW，由开关 SA_1 控制。

3）控制电路分析

控制电路中，由按钮 SB_1、SB_2 与 KM_1 构成主轴电动机 M_1 的单方向旋转起动、停止电路。M_1 起动后，指示灯 HL_3 亮，表示主轴电动机在旋转。

由摇臂上升按钮 SB$_3$、下降按钮 SB$_4$ 及正反转接触器 KM$_2$、KM$_3$ 组成具有双重互锁的电动机正反转点动控制电路。由于摇臂的升降控制须与夹紧机构液压系统紧密配合，所以与液压泵电动机的控制有密切关系。下面以摇臂的上升为例分析摇臂升降的控制。

按下上升点动按钮 SB$_3$，时间继电器 KT 线圈通电，触点 KT（1–17）、KT（13–14）立即闭合，使电磁阀 YV、KM$_4$ 线圈同时通电，液压泵电动机起动旋转，拖动液压泵送出压力油，并经两个六通阀进入松开油腔，推动活塞和菱形块，将摇臂松开。同时，活塞杆通过弹簧片压上行程开关 SQ$_2$，发出摇臂松开信号，即触点 SQ$_2$（6–7）闭合、SQ$_2$（6–13）断开，使 KM$_2$ 通电，KM$_4$ 断电。于是电动机 M$_3$ 停止旋转，液压泵停止供油，摇臂维持松开状态；同时 M$_2$ 起动旋转，带动摇臂上升。所以，SQ$_2$ 是用来反映摇臂是否松开并发出松开信号的电器元件。

当摇臂上升到所需位置时，松开按钮 SB$_3$，KM$_2$ 和 KT 断电，M$_2$ 电动机停止旋转，摇臂停止上升。但由于触点 KT（17–18）经 1~3 s 延时闭合，触点 KT（1–17）经同样延时断开，所以 KT 线圈断电经 1~3 s 延时后，KM$_5$ 通电，此时 YV 通过 SQ$_3$ 仍然得电。M$_3$ 反向起动，拖动液压泵，供出压力油，经两个六通阀进入摇臂夹紧油腔，向反方向推动活塞和菱形块，将摇臂夹紧。同时，活塞杆通过弹簧片压下行程开关 SQ$_3$，使触点 SQ$_3$（1–17）断开，使 KM$_5$ 断电，液压泵电动机 M$_3$ 停止旋转，摇臂夹紧完成。所以，SQ$_3$ 为摇臂夹紧信号开关。

时间继电器 KT 是为保证夹紧动作能在摇臂升降电动机停止后运行而设置的，KT 延时长短根据摇臂升降电动机切断电源到停止的惯性大小来调整。

摇臂升降的极限保护由行程开关 SQ$_1$ 来实现。SQ$_1$ 有两对常闭触点，当摇臂上升或下降到极限位置时相应触点动作，切断对应上升或下降接触器 KM$_2$ 或 KM$_3$ 线圈的电源，使 M$_2$ 停止旋转，摇臂停止移动，实现极限位置保护。SQ$_1$ 开关两对触点平时应调整在同时接通位置；一旦动作时，应使一对触点断开，而另一对触点仍保持闭合。

摇臂自动夹紧程度由行程开关 SQ$_3$ 控制。如果夹紧机构液压系统出现故障不能夹紧，那么触点 SQ$_3$（1–17）断不开，或者 SQ$_3$ 开关安装调整不当，摇臂夹紧后仍不能压下 SQ$_3$，这时都会使电动机 M$_3$ 处于长期过载状态，易将电动机烧毁，为此 M$_3$ 采用热继电器 FR$_2$ 作过载保护。

主轴箱和立柱松开与夹紧的控制：主轴箱和立柱的夹紧与松开是同时进行的。当按下松开按钮 SB$_5$，KM$_4$ 通电，M$_3$ 电动机正转，拖动液压泵送出压力油，这时 YV 处于断电状态，压力油经两个六通阀，进入主轴箱松开油腔与立柱松开油腔，推动活塞和菱形块，使主轴箱和立柱松开。在松开的同时通过行程开关 SQ$_4$ 控制指示灯发出信号，当主轴箱与立柱松开时，开关 SQ$_4$ 不受压，触点 SQ$_4$（101–102）闭合，指示灯 HL$_1$ 亮，表示确已松开，可操作主轴箱和立柱移动。当夹紧时，将压下 SQ$_4$，触点（101–103）闭合，指示灯 HL$_2$ 亮，可以进行钻削加工。

机床安装后接通电源，可利用主轴箱和立柱的夹紧、松开来检查电源相序，当电源相序正确后，再调整电动机 M$_2$ 的接线。

3. Z3040 型摇臂钻床电气控制线路故障检修

Z3040 型摇臂钻床电气线路比较简单，其电气控制的特殊环节是摇臂的运动。摇臂在上升或下降时，摇臂的夹紧机构先自动松开，在上升或下降到预定位置后，其夹紧机构又要将摇臂自动夹紧在立柱上。这个工作过程是由电气、机械和液压系统的紧密配合实现的。所以，在维修和调试时，不仅要熟悉摇臂运动的电气过程，而且更要注重掌握机械、电气、液压配合的调整方法和步骤。

1）摇臂不能上升（或下降）

①首先检查行程开关 SQ_2 是否动作。如已动作，即 SQ_2 的常开触点（6-7）已闭合，说明故障发生在接触器 KM_2 或摇臂升降电动机 M_2 上；如 SQ_2 没有动作，而这种情况较常见，实际上此时摇臂已经放松，但由于活塞杆压不上 SQ_2，使接触器 KM_2 不能吸合，升降电动机不能得电旋转，摇臂不能上升。

②液压系统发生故障，如液压泵卡死、不转，油路堵塞或气温太低时油的黏度增大，使摇臂不能完全松开，压不上 SQ_2，摇臂也不能上升。

③电源的相序接反，按下 SB_3 摇臂上升按钮，液压泵电动机反转，使摇臂夹紧，压不上 SQ_2，摇臂也就不能上升或下降。

排除故障时，当判断是行程开关 SQ_2 位置改变造成的，则应与机械、液压维修人员配合，调整好 SQ_2 的位置并紧固。

2）摇臂上升（或下降）到预定位置后摇臂不能夹紧

①限位开关 SQ_3 安装位置不准确，或紧固螺钉松动造成 SQ_3 限位开关过早动作，使液压泵电动机 M_3 在摇臂还未充分夹紧时就停止旋转。

②接触器 KM_5 线圈回路出现故障。

3）立柱、主轴箱不能夹紧（松开）

立柱、主轴箱各自的夹紧或松开是同时进行的，立柱、主轴箱不能夹紧或松开可能是因油路堵塞、接触器 KM_4 或 KM_5 线圈回路出现故障造成的。

4）按 SB_6 按钮后立柱、主轴箱能夹紧但放开按钮后立柱、主轴箱却松开

立柱、主轴箱的夹紧和松开，都采用菱形块结构。故障多为机械原因造成，可能是因菱形块和承压块的角度方向装错，或者因距离不合适造成的。如果菱形块立不起来，这是因为夹紧力调得太大或夹紧液压系统压力不够所致。

作为电气维修人员掌握一些机械、液压知识，将对维修带来方便，避免盲目检修并能缩短机床停机时间。

5）摇臂上升或下降时行程开关失灵

行程开关 SQ_1 失灵分两种情况。

①行程开关损坏，触点不能因开关动作而闭合，接触不良，使线路不能正常工作。线路断开后，信号不能传递，不能使摇臂上升或下降。

②行程开关不能动作，触点熔焊，使线路始终处于接通状态。当摇臂上升或下降到极限位置后，摇臂升降电动机堵转，发热严重，由于电路中没设过载保护元件，会导致电动机绝缘损坏。

6）主轴电动机刚起动运转就发生熔断器熔断

按主轴起动按钮 SB_2，主轴电动机刚旋转，就发生熔断器熔断故障。原因可能是机械机构发生卡住现象，或者是钻头被铁屑卡住，进给量太大，造成电动机堵转；负荷太大，主轴

电动机电流剧增，热继电器来不及动作，使熔断器熔断。也可能因为电动机本身的故障造成熔断器熔断。

排除故障时，应先退出主轴，根据空载运行情况，区别故障现象，找出原因。

例 6 – 3 主轴电动机 M_1 不能起动。

①故障现象：主轴电动机不能起动，KM_1 线圈不得电。

②故障分析：首先用万用表电压挡测量变压器 TB 是否有 380 V 电压输入。如果没有，故障范围在以下线路中，图 6 – 2 – 4 所示。

$L_2 \rightarrow Q \rightarrow V_{11} \rightarrow FU_1 \rightarrow V_{21} \rightarrow TB$

$L_3 \rightarrow Q \rightarrow W_{11} \rightarrow FU_1 \rightarrow W_{21} \rightarrow TB$

如果有 380 V 电压输入，测量变压器是否有 127 V 输出，没有则变压器有故障；如果有，则故障范围在以下线路中，如图 6 – 2 – 5 所示。

$$1 \rightarrow SB_1 \rightarrow 2 \rightarrow \begin{cases} SB_2 \\ KM_1 \ (2-3) \end{cases} \rightarrow 3 \rightarrow KM_1 \ 线圈 \rightarrow FR_1 \rightarrow PE$$

③故障测量：（假设 KM 线圈下端的 4 断开）用万用表测量图 6 – 2 – 5 所示电路。

图 6 – 2 – 4　电源、变压器回路

图 6 – 2 – 5　主轴控制接触器 KM_1 得电电路

a. 电阻法：测量 1、2、3、4、PE 导线，正常情况下电阻值应近似为 0，按照假设测 4 时电阻应近似为 ∞。

按下 SB_2 或 KM_1 常开，将一根表笔固定在 TB 的 1 上，另一根表笔依次测量 1、2、3、4、PE，正常情况下电阻值应近似为 0，按照假设测到 3 时电阻值应近似为 0，测到 FR_1 常闭 4 时电阻应近似为 ∞。

b. 电压法：测量 1、2、3、4、PE 导线，正常情况下电压值应近似为 0，按照假设测 4 时电压应近似为 127 V。

按下 SB_2 或 KM_1 常开，将一根表笔固定在 TB 的 PE 上，另一根表笔依次测量 1、2、3、4，正常情况下电压值应近似为 127 V，按照假设测到 3 时电压值应近似为 127 V，测到 FR_1 常闭 4 时电压应为 0。

故障点：KM_1 线圈到 FR_1 常闭的 4。

二、训练与考核

1. 实训器材

常用电工工具，万用表，Z3040 型摇臂钻床模拟电气控制柜。

2. 实训内容

1）实训步骤及要求

①在教师指导下对 Z3040 型摇臂钻床进行操作，了解车床的各种工作状态及操作方法。

②在教师的指导下，参照电气原理图和电气安装接线图，熟悉摇臂钻床电器元件的分布位置和走线情况。

③在 Z3040 型摇臂钻床模拟电气控制柜上人为设置故障点，设置故障时应注意以下几点。

a. 人为设置故障必须是模拟摇臂钻床在使用中由于受外界因素影响而造成的故障。

b. 切忌设置更改线路或更换元件等由于人为原因而造成的故障。

c. 设置的故障应与学生具备的能力相适应。

d. 学生进行检修故障练习时，教师必须在现场密切观察学生操作，随时做好采取应急措施的准备。

④教师进行检修示范，示范时应边讲解边检修。

a. 根据故障现象用逻辑分析法确定故障范围。

b. 用电阻法检查故障。

c. 用电压法检查故障。

d. 用验电笔检查故障。

e. 排除电路中故障，并通电试车。

f. 教师设置故障点，主电路一处、控制电路一处，让学生进行检修练习。

2）注意事项

①掌握 Z3040 型摇臂钻床线路工作原理及操作方法，认真观摩教师检修示范。

②检修时所用工具、仪表应正确。

③检修时，严禁扩大故障范围或产生新的故障。

④带电检修时，必须有指导教师监护，以保证安全。

3. 实训考核

考核及评分标准见附录中实训任务工单 6 - 2 - 1。

三、练习题

①Z3040 型摇臂钻床在摇臂升降的过程中，液压泵电动机和摇臂升降电动机应如何配合工作？并以摇臂上升为例叙述电路的工作情况。

②在 Z3040 型摇臂钻床修理后，若摇臂升降电动机的三相电源相序接反会发生什么事故？

③在 Z3040 型摇臂钻床中各行程开关的作用是什么？结合电路工作情况进行说明。

④按图 6 - 2 - 6 所示设置故障点，分析故障原因并列出排故思路及步骤。

图6-2-6　练习题④用图

模块三　分析 X62W 型万能卧式升降台铣床电气控制线路并排除故障

 学习目标

- 能读懂 X62W 型万能卧式升降台铣床的电气控制原理图。
- 能根据故障现象分析 X62W 型万能卧式升降台铣床常见电气故障原因，确定故障范围。
- 能用万用表检查并排除 X62W 型万能卧式升降台铣床常见电气故障。

一、理论知识

万能卧式铣床是一种通用的多用途机床，可以用来加工平面、斜面、沟槽；装上分度头后，可以铣切直齿轮和螺旋面；加装回转工作台，可以铣切凸轮和弧形槽。

1. X62W 型万能卧式升降台铣床的结构及运动形式

X62W 型万能卧式升降台铣床外形及结构如图6-3-1所示。它主要由底座、床身、主轴、升降台、工作台、悬梁、刀杆、横溜板、回转盘等组成。床身的前面有垂直导轨，升降台可沿垂直导轨上下移动；升降台的水平导轨上装有可在平行于主轴轴线方向移动（前后移动）的溜板；溜板上部有可转动的转盘，工作台装于溜板上部转盘上的导轨上，做垂直于主轴轴线方向的移动（左右移动）。工作台上有 T 形槽来固定工件，因此，安装在工作台上的工件可以在三个坐标的六个方向（上下、左右、前后）调整位置或进给。

214

（a）

（b）

图 6 – 3 – 1 X62W 万能卧式升降台铣床外形及结构

1—底座；2—升降台；3—横溜板；4—回转盘；5—工作台；
6—刀杆挂脚；7—悬梁；8—刀杆；9—主轴；10—床身

铣床的主运动为铣刀的旋转运动。进给运动是工件相对于铣刀的移动，包括工作台的上下、左右和前后进给运动；工作台装上附件（回转工作台）可做旋转进给运动。其他运动有：几个进给方向的快移运动；工作台沿上下、左右、前后方向的手摇移动；转盘使工作台向左、右转动 ±45°以及悬梁及刀架支架的水平移动。

除几个进给方向的快速运动由电动机拖动外，其余均为手动。其中，进给速度与快移速度的区别，在于进给速度低，快移速度高。在机械方面通过电磁离合器改变传动链来实现。

2. X62W 型万能卧式升降台铣床电气控制线路分析

1）铣床加工对电气控制线路要求

（1）主运动对电气控制线路要求

①为能满足顺铣和逆铣两种铣削加工方式的需要，要求主轴电动机能够实现正反转，但转动方向不需要经常改变，仅在加工前预先选择主轴转动方向而在加工过程中不改变。主轴电动机在主电路中采用倒顺开关改变电源相序。

②铣削加工是多刀多刃不连续切削，负载会波动。为减轻负载波动的影响，往往在主轴传动系统中加入飞轮，使转动惯量加大，但为实现主轴快速停车，主轴电动机应设有停车制动。同时，主轴在更换刀具上刀时，也应使主轴制动，为此，本铣床采用电磁离合器控制主轴停车制动和主轴上刀制动。

（2）进给运动对电气控制线路的要求

①工作台的垂直方向、横向和纵向三个方向的运动由同一台进给电动机拖动，而三个方向的选择是由操作手柄改变传动链来实现的。每个方向又有正反向的运动，这就要求进给电动机能正反转。而且，同一时间只允许工作台沿一个方向移动，故应有联锁保护。

②垂直、横向、纵向与回转工作台的联锁：为保证机床、刀具的安全，在使用回转工作台加工时，不允许工件做垂直、横向、纵向的进给运动。为此，各方向进给运动之间应具有联锁环节。

（3）其他要求

①在铣削加工中，为了不使工件和铣刀碰撞发生事故，要求进给运动一定要在铣刀旋转时才能进行，因此要求主轴电动机和进给电动机之间要有可靠联锁，即进给运动要在铣刀开始旋转之后进行，加工结束必须停止进给运动后铣刀才能停转。

②工作台上下、左右、前后六个方向的运动应具有限位保护。

③为适应铣削加工的需要，主轴转速与进给速度应有较宽的调节范围。X62W 型万能卧式升降台铣床采用机械变速，即通过改变主轴箱的传动比来实现变速。为保证变速时齿轮易于啮合，减少对齿轮的冲击，要求变速时电动机有冲动控制功能。

④为适应铣削加工时操作者的正面与侧面操作要求，机床应对主轴电动机的起动与停止及工作台的快速移动进行控制，具有两地操作的性能。

⑤铣削加工中，为了延长刀具的寿命和提高加工质量，针对不同的工件材料，有时需要切削液对工件和刀具进行冷却润滑，因此采用转换开关控制冷却泵电动机单向旋转。

2）X62W 型万能卧式升降台铣床电气控制线路分析

X62W 型万能卧式升降台铣床电气原理如图 6-3-2 所示。

（1）主要电器元件介绍

X62W 型万能卧式升降台铣床电器元件位置示意图如图 6-3-3 所示。表 6-3-1 列出了 X62W 型万能卧式升降台铣床的主要电器元件及其作用，供检修、调试时参考。

图 6-3-2 X62W型万能卧式升降台铣床电气原理

图 6 - 3 - 3　X62W 万能铣床电器位置

表 6 - 3 - 1　X62W 型万能卧式升降台铣床的主要电器元件表

序号	符号	名称及用途
1	M_1	主轴电动机
2	M_2	进给电动机
3	M_3	冷却泵电动机
4	QS_1	电源开关
5	QS_2	冷却泵电动机起停用转换开关
6	SA_1	主轴制动和松开用主令开关
7	SA_2	回转工作台转换开关
8	SA_3	主轴正反转用转换开关
9	SB_1	主轴起动按钮
10	SB_2	主轴起动按钮
11	SB_3	快速移动按钮
12	SB_4	快速移动按钮
13	SB_5	主轴停止制动按钮
14	SB_6	主轴停止制动按钮
15	SQ_1	主轴变速冲动微动开关
16	SQ_2	进给变速冲动微动开关
17	SQ_3	工作台向上、向后用微动开关
18	SQ_4	工作台向下、向前用微动开关
19	SQ_5	工作台向左用微动开关

序号	符号	名称及用途
20	SQ$_6$	工作台向右用微动开关
21	SQ$_7$	工作台横向微动开关（铣床原理图中未画出）
22	SQ$_8$	工作台升降微动开关（铣床原理图中未画出）
23	YC$_1$	主轴制动离合器
24	YC$_2$	进给电磁离合器
25	YC$_3$	快速移动电磁离合器
26	YC$_4$	工作台横向进给电磁离合器（铣床原理图中未画出）
27	YC$_5$	工作台升降进给电磁离合器（铣床原理图中未画出）

（2）主电路分析

开关 QS$_1$ 为本机床的电源总开关。熔断器 FU$_1$ 为总电源的短路保护。本机床共有三台电动机：M$_1$ 为主轴电动机；M$_2$ 为进给电动机；M$_3$ 为冷却泵电动机。主轴电动机 M$_1$ 的起动与停止由接触器 KM$_1$ 的常开主触点控制，其正转与反转在起动前用组合开关 SA$_3$ 预先选择。主轴换向开关 SA$_3$ 在换向时只调换两相相序，使电动机电源相序相反，电动机实现反向旋转。热继电器 FR$_1$ 为主轴电动机的过载保护。

进给电动机 M$_2$ 的正反转由接触器 KM$_3$ 和 KM$_4$ 的常开主触点控制，用 FU$_2$ 作短路保护，热继电器 FR$_3$ 作过载保护。

主电路中，冷却泵电动机 M$_3$ 接在接触器 KM$_1$ 的常开主触点之后，所以，只有主轴电动机 M$_1$ 工作时才能起动。由于容量很小，故用开关 QS$_2$ 直接控制它的起停，用热继电器 FR$_2$ 作它的过载保护。

（3）控制电路分析

①主轴电动机的控制。

主轴的起动：为了操作方便，主轴电动机的起动与停止在两处中的任何一处可进行操作，一处设在工作台的前面，另一处设在床身的侧面。起动前，先将主轴换向开关 SA$_3$ 旋转到所需要的方向。主轴电动机的控制线路如图 6 – 3 – 4 所示。然后按下起动按钮 SB$_1$ 或 SB$_2$，接触器 KM$_1$ 因线圈通电而吸合，其常开辅助触点（9 – 6）闭合进行自锁，常开主触点闭合，电动机 M$_1$ 便拖动主轴旋转。在主轴起动的控制电路中串联有热继电器 FR$_1$（1 – 2）和 FR$_2$（2 – 3）的常闭触点。这样，当电动机 M$_1$ 和 M$_2$ 中有任一台电动机过载，热继电器常闭触点的动作将使两台电动机都停止。

主轴起动的控制回路为：4→FU$_6$→5→SB$_6$ – 1→7→SB$_5$ – 1→8→SQ$_1$ – 2→9→SB$_1$ 或 SB$_2$→6→KM$_1$ 线圈→3→FR$_2$→2→FR$_1$→1→SA$_1$ – 2→0。

主轴的停车制动：按下停止按钮 SB$_5$ 或 SB$_6$，其常闭触点（5 – 7）或（7 – 8）断开，接触器 KM$_1$ 因断电而释放，但主轴电动机等因惯性仍然在旋转。按停止按钮时应按到底，这

图6-3-4　主轴电动机的控制线路

时其常开触点（105-106）闭合，主轴制动离合器 YC_1 因线圈通电而吸合，使主轴制动，迅速停止旋转。

　　主轴的变速冲动：主轴变速时，首先将变速操纵盘上的变速操作手柄拉出，然后转动变速盘，选好速度后再将变速操作手柄推回。在把变速手柄推回原来位置的过程中，通过机械装置使冲动开关 SQ_{1-1} 闭合一次，SQ_{1-2} 断开。SQ_{1-2}（8-9）断开，切断了 KM_1 接触器自锁回路，SQ_{1-1} 瞬时闭合使接触器 KM_1 瞬时通电，则主轴电动机做瞬时转动，以利于变速齿轮进入啮合位置。

　　主轴换刀时的制动：为了使主轴在换刀时不随意转动，换刀前应将主轴制动。将转换开关 SA_1 扳到换刀位置，它的一个触点（0-1）断开了控制电路的电源，以保证人身安全；另一个触点（105-106）接通了主轴制动电磁离合器 YC_1，使主轴不能转动。换刀后再将转换开关 SA_1 扳回工作位置，使触点 SA_{1-1}（0-1）闭合、触点 SA_{2-2}（105-106）断开，断开主轴制动离合器 YC_1，接通控制电路电源。

　　②进给电动机的控制。

　　将电源开关 QS_1 合上，起动主轴电动机 M_1，接触器 KM_1 吸合自锁，进给控制电路有电压，就可以起动进给电动机 M_2。

　　工作台纵向（左、右）进给运动的控制：先将回转工作台的转换开关 SA_2 扳在"断开"位置，这时，转换开关 SA_2 上各触点的通断情况见表6-3-2。

　　由于 SA_{2-1}（10-19）闭合，SA_{2-2}（19-17）断开，SA_{2-3}（15-16）闭合，所以这时工作台的纵向、横向和垂直进给的控制电路如图6-3-5所示。

表 6 – 3 – 2　回转工作台转换开关 SA₃ 触点通断情况

触　　点	回转工作台位置	
	接通	断开
SA_{2-1}（10 – 19）	–	+
SA_{2-2}（19 – 17）	+	–
SA_{2-3}（15 – 16）	–	+

图 6 – 3 – 5　工作台的纵向、横向和垂直进给控制线路

　　操纵工作台纵向运动手柄扳到左边位置（图 6 – 3 – 6）时，一方面机械机构将进给电动机的传动链和工作台纵向移动机构相连接，另一方面压下向右进给的微动开关 SQ_5，其常闭触点 SQ_{5-2}（19 – 20）断开，常开触点 SQ_{5-1}（16 – 17）闭合。触点 SQ_{5-1} 的闭合使反转接触器 KM_3 因线圈通电而吸合，进给电动机 M_2 就正向旋转，拖动工作台向左移动。

　　向左进给的控制回路是：$4 \to FU_6 \to 5 \to SB_{6-1} \to 7 \to SB_{5-1} \to 8 \to SQ_{1-2} \to 9 \to KM_1$ 常开或 KM_2 常开 $\to 10 \to SQ_{2-2} \to 13 \to SQ_{3-2} \to 14 \to SQ_{4-2} \to 15 \to SA_{2-3} \to 16 \to SQ_{5-1} \to 17 \to KM_4$ 常闭 $\to 18 \to KM_3$ 线圈 $\to 12 \to FR_3 \to 3 \to FR_2 \to 2 \to FR_1 \to 1 \to SA_{1-2} \to 0$。

　　当将纵向进给手柄向右扳动时，一方面机械机构将进给电动机的传动链和工作台纵向移动机构相连接，另一方面压下向左进给的微动开关 SQ_6，其常闭触点 SQ_{6-2}（20 – 15）断开，常开触点 SQ_{6-1}（16 – 21）闭合，触点 SQ_{6-1} 的闭合使正转接触器 KM_3 因线圈通电而吸合，进给电动机 M_3 就反向转动，拖动工作台向左移动。

图 6 – 3 – 6　工作台纵向进给操纵机构图

1—手柄；2—叉子；3—垂直轴；4—压块；5—微动开关SQ_1；

7、8—可调螺钉；6、9—弹簧；10—微动开关SQ_2

向右进给的控制回路是：$4 \rightarrow FU_6 \rightarrow 5 \rightarrow SB_{6-1} \rightarrow 7 \rightarrow SB_{5-1} \rightarrow 8 \rightarrow SQ_{1-2} \rightarrow 9 \rightarrow KM_1$ 常开或 KM_2 常开 $\rightarrow 10 \rightarrow SQ_{2-2} \rightarrow 13 \rightarrow SQ_{3-2} \rightarrow 14 \rightarrow SQ_{4-2} \rightarrow 15 \rightarrow SA_{2-3} \rightarrow 16 \rightarrow SQ_{6-1} \rightarrow 21 \rightarrow KM_3$ 常闭 $\rightarrow 22 \rightarrow KM_4$ 线圈 $\rightarrow 12 \rightarrow FR_3 \rightarrow 3 \rightarrow FR_2 \rightarrow 2 \rightarrow FR_1 \rightarrow 1 \rightarrow SA_{1-2} \rightarrow 0$。

当将纵向进给手柄扳回到中间位置（或称零位）时，一方面纵向运动的机械机构脱开，另一方面微动开关 SQ_5 和 SQ_6 都复位，其常开触点断开，接触器 KM_3 和 KM_4 释放，进给电动机 M_2 停止，工作台也停止。

在工作台的两端各有一块挡铁，当工作台移动到挡铁碰动纵向进给手柄位置时，会使纵向进给手柄回到中间位置，实现自动停车。这就是终端限位保护。调整挡铁在工作台上的位置，可以改变停车的终端位置。

工作台横向（前、后）和垂直（上、下）进给运动的控制：首先也要将回转工作台转换开关 SA_2 扳到"断开"位置，这时的控制线路也如图 6 – 3 – 5 所示。操纵工作台横向联合向进给运动和垂直进给运动的手柄为十字手柄。它有两个，分别装在工作台左侧的前、后方。它们之间有机构连接，只需操纵其中的任意一个即可。手柄有上、下、前、后和零位共五个位置。进给也是由进给电动机 M_2 拖动。扳动十字手柄时，通过联动机构压下相应的行程开关 SQ_3 或 SQ_4，与此同时，操纵鼓轮压下 SQ_7 或 SQ_8，使电磁离合器 YC_4 或 YC_5 通电，电动机 M_2 旋转，实现横向（前、后）进给或垂直（上、下）进给运动。工作台的操纵机构示意图如图 6 – 3 – 7 所示。

当将十字手柄扳到向上或向后位置时，一方面通过电磁离合器 YC_4 或 YC_5，将进给电动机 M_2 的传动链和相应的机构连接；另一方面压下微动开关 SQ_3，其常闭触点 SQ_{3-2}（13 – 14）断开，常开触点 SQ_{3-1}（16 – 17）闭合，正转接触器 KM_3 因线圈通电而吸合，进给电动机 M_2 正向转动。操纵鼓轮压下微动开关 SQ_7 或 SQ_8，若向后，则压下 SQ_7，使 YC_4 通电，接通向后传动链，在进给电动机 M_2 正向转动下，向后移动。若向上，则压下 SQ_8，使电磁离合器 YC_5 通电，接通向上传动链，在进给电动机 M_2 正向转动下向上移动。

图 6 - 3 - 7　工作台的横向和垂直进给操纵机构示意图

1、3、6、11—顶销；2—鼓轮；4—SQ$_7$；5—SQ$_8$；7—轴；8—壳体；

9—平键；10—手柄；12—SQ$_3$；13—SQ$_4$

向上、向后控制回路是：4→FU$_6$→5→SB$_{6-1}$→7→SB$_{5-1}$→8→SQ$_{1-2}$→9→KM$_1$ 常开或 KM$_2$ 常开→10→SA$_{2-1}$→19→SQ$_{5-2}$→20→SQ$_{6-2}$→15→SA$_{2-3}$→16→SQ$_{3-1}$→17→KM$_4$ 常闭→18→KM$_3$ 线圈→12→FR$_3$→3→FR$_2$→2→FR$_1$→1→SA$_{1-2}$→0。

向上、向后控制回路相同，电动机 M$_3$ 反转，而电磁离合器通电不一样。向上时，在压下 SQ$_4$ 的同时压下 SQ$_8$，电磁离合器 YC$_5$ 通电。向后时，在压下 SQ$_4$ 的同时压下 SQ$_7$，电磁离合器 YC$_4$ 通电，改变传动链。

当将十字手柄扳到向下或向前位置时，一方面压下微动开关 SQ$_4$，其常闭触点 SQ$_{4-2}$（14 - 15）断开，常开触点 SQ$_{4-1}$（16 - 21）闭合，反转接触器 KM$_4$ 因线圈通电而吸合，进给电动机 M$_2$ 反向转动；另一方面当十字手柄压下 SQ$_4$ 时，若向前，则同时压下 SQ$_7$，使电磁离合器 YC$_4$ 通电，工作台向前移动。若向下，则同时压下 SQ$_8$，使电磁离合器 YC$_5$ 通电，接通垂直传动链，工作台向下移动。

向下、向前控制回路是：4→FU$_6$→5→SB$_{6-1}$→7→SB$_{5-1}$→8→SQ$_{1-2}$→9→KM$_1$ 常开或 KM$_2$ 常开→10→SA$_{2-1}$→19→SQ$_{5-2}$→20→SQ$_{6-2}$→15→SA$_{2-3}$→16→SQ$_{6-1}$→21→KM$_3$ 常闭→22→KM$_4$ 线圈→12→FR$_3$→3→FR$_2$→2→FR$_1$→1→SA$_{1-2}$→0。

向下、向前控制回路相同，而电磁离合器通电不一样。向下时压下 SQ$_8$，电磁离合器 YC$_5$ 通电。向前时压下 SQ$_7$，电磁离合器 YC$_4$ 通电，改变传动链。

当手柄回到中间位置时，机械机构都已脱开，各开关也都已复位，接触器 KM$_3$ 和 KM$_4$ 都已释放，所以进给电动机 M$_2$ 停止，工作台也停止。

工作台前、后移动和上、下移动均有限位保护。其原理和前面介绍的纵向移动限位保护的原理相同。

工作台的快速移动：在进行对刀时，为了缩短对刀时间，应快速调整工作台的位置，也就是将工作台快速移动。快速移动的控制电路如图 6 - 3 - 8 所示。主轴起动以后，将操纵工作台进给的手柄扳到所需的运动方向，工作台就按操纵手柄指定的方向做进给运动。这时如按下快速移动按钮 SB_3 或 SB_4，接触器 KM_2 因线圈通电而吸合，KM_2 在直流电路中的常闭触点（105 – 107）断开，进给电磁离合器 YC_2 失电。KM_2 在直流电路中的常开触点（105 – 108）闭合，快速移动电磁离合器 YC_3 通电，接通快速移动传动链。工作台按原操作手柄指定的方向快速移动。当松开快速移动按钮 SB_3 或 SB_4 时，接触器 KM_2 因线圈断电而释放。快速移动电磁离合器 YC_3 因 KM_4 的常开触点（105 – 108）断开而脱离，进给电磁离合器 YC_2 因 KM_4 的常闭触点（105 – 107）闭合而接通进给传动链，工作台就以原进给的速度和方向继续移动。

图 6 – 3 – 8 工作台快速移动的控制线路

进给变速冲动：为了使进给变速时齿轮容易啮合，进给也有变速冲动。进给变速冲动控制线路如图 6 – 3 – 9 所示。变速前也应先起动主轴电动机 M_1，使接触器 KM_1 吸合，它在进给变速冲动控制电路中的常开触点（9 – 10）闭合，为变速冲动做准备。

变速时将变速盘往外拉到极限位置，再把它转到所需的速度，最后将变速盘往里推。在推的过程中挡块压一下微动开关 SQ_2，其常闭触点 SQ_{2-2}（10 – 13）断开一下，同时，其常开触点 SQ_{2-1}（13 – 17）闭合一下，接触器 KM_3 短时吸合，进给电动机 M_2 就转动一下。当变速盘推到原位时，变速后的齿轮已顺利啮合。

变速冲动的控制回路是：$4 \to FU_6 \to 5 \to SB_{6-1} \to 7 \to SB_{5-1} \to 8 \to SQ_{1-2} \to 9 \to KM_1$ 常开或 KM_2 常开 $\to 10 \to SA_{2-1} \to 19 \to SQ_{5-2} \to 20 \to SQ_{6-2} \to 15 \to SQ_{4-2} \to 14 \to SQ_{3-2} \to 13 \to SQ_{2-1} \to 17 \to KM_4$ 常闭 $\to 18 \to KM_3$ 线圈 $\to 12 \to FR_3 \to 3 \to FR_2 \to 2 \to FR_1 \to 1 \to SA_{1-2} \to 0$。

圆形工作台时的控制：回转工作台是机床的附件。在铣削圆弧和凸轮等曲线时，可在工

图 6 - 3 - 9　进给变速冲动控制线路

作台上安装回转工作台进行铣切。回转工作台由进给电动机 M_3 经纵向传动机构拖动，在开动回转工作台前，先将回转工作台转换开关 SA_2 转到"接通"位置，由表 6 - 3 - 2 可见，SA_2 的触点 SA_{2-1}（10 - 19）断开，SA_{2-2}（19 - 17）闭合，SA_{2-3}（15 - 16）断开。这时，回转工作台的控制电路如图 6 - 3 - 10 所示。工作台的进给操作手柄都扳到中间位置。按下主轴起动按钮 SB_1 或 SB_2，接触器 KM_1 吸合并自锁，回转工作台的控制电路中 KM_1 的常开辅助触点（9 - 10）也同时闭合，接触器 KM_3 也紧接着吸合，进给电动机 M_2 正向转动，拖动回转工作台转动。因为只能是接触器 KM_3 吸合，KM_4 不能吸合，所以回转工作台只能沿一个方向转动。

回转工作台的控制回路是：$4 \rightarrow FU_6 \rightarrow 5 \rightarrow SB_{6-1} \rightarrow 7 \rightarrow SB_{5-1} \rightarrow 8 \rightarrow SQ_{1-2} \rightarrow 9 \rightarrow KM_1$ 常开或 KM_2 常开 $\rightarrow 10 \rightarrow SQ_{2-2} \rightarrow 13 \rightarrow SQ_{3-2} \rightarrow 14 \rightarrow SQ_{4-2} \rightarrow 15 \rightarrow SQ_{6-2} \rightarrow 20 \rightarrow SQ_{5-2} \rightarrow 19 \rightarrow SA_{2-2} \rightarrow 17 \rightarrow KM_4$ 常闭 $\rightarrow 18 \rightarrow KM_3$ 线圈 $\rightarrow 12 \rightarrow FR_3 \rightarrow 3 \rightarrow FR_2 \rightarrow 2 \rightarrow FR_1 \rightarrow 1 \rightarrow SA_{1-2} \rightarrow 0$。

进给的联锁：只有主轴电动机 M_1 起动后才可能起动进给电动机 M_2。主轴电动机起动时，接触器 KM_1 吸合并自锁，KM_1 常开辅助触点（9 - 10）闭合，进给控制电路有电压。这时才可能使接触器 KM_3 或 KM_4 吸合而起动进给电动机 M_2。如果工作中的主轴电动机 M_1 停止，进给电动机也立即跟着停止。这样，可以防止在主轴不转时，工件与铣刀相撞而损坏机床。

工作台不能几个方向同时移动。工作台两个以上方向同进给容易造成事故。由于工作台的左右移动是由一个纵向进给手柄控制，同一时间内不会又向左又向右。工作台的上、下、前、后是由同一个十字手柄控制，同一时间内这四个方向也只能一个方向进给。所以，只要保证两个操纵手柄都不在零位时，工作台不会沿两个方向同时进给即可。

图 6 – 3 – 10　回转工作台的控制线路

控制电路中的联锁解决了这一问题。在联锁电路中，将纵向进给手柄可能压下的微动开关 SQ_5 和 SQ_6 的常闭触点 SQ_{5-2}（19 – 20）和 SQ_{6-2}（20 – 15）串联在一起，再将垂直进给和横向进给的十字手柄可能压下的微动开关 SQ_3 和 SQ_4 的常闭触点 SQ_{3-2}（13 – 14）和 SQ_{4-2}（14 – 15）串联在一起，并将这两个串联电路再并联起来，以控制接触器 KM_3 和 KM_4 的线圈通路。如果两个操作手柄都不在零位，则有不同支路的两个微动开关被压下，其常闭触点的断开使两条并联的支路都断开，进给电动机 M_2 因接触器 KM_3 和 KM_4 的线圈都不能通电而不能转动。

进给变速时两个进给操纵手柄必须在零位。为了安全起见，进给变速冲动时不能有进给移动，当进给变速冲动时，短时间压下微动开关 SQ_2，其常闭触点 SQ_{2-2}（10 – 13）断开，其常开触点 SQ_{2-1}（13 – 17）闭合，两个进给手柄可能压下微动开关 SQ_3 或 SQ_4、SQ_5 或 SQ_6 的四个常闭触点 SQ_{3-2}、SQ_{4-2}、SQ_{5-2} 和 SQ_{6-2} 是串联在一起的。如果有一个进给操纵手柄不在零位，则因微动开关常闭触点的断开而接触器 KM_3 不能吸合，进给电动机 M_2 也就不能转动，防止了进给变速冲动时工作台的移动。

回转工作台的转动与工作台的进给运动不能同时进行。由图 6 – 3 – 10 可知，当回转工作台的转换开关 SA_2 转到"接通"位置时，两个进给手柄可能压下微动开关 SQ_3 或 SQ_4、SQ_5 或 SQ_6 的四个常闭触点 SQ_{3-2}、SQ_{4-2}、SQ_{5-2} 或 SQ_{6-2} 是串联在一起的。如果有一个进给操纵手柄不在零位，则因开关常闭触点的断开而接触器 KM_3 不能吸合，进给电动机 M_2 不能转动，回转工作台也就不能转动。只有两个操纵手柄都恢复到零位，进给电动机 M_2 方可旋转，回转工作台方可转动。

（4）照明电路

照明变压器 T_1 将 380 V 的交流电压降到 24 V 的安全电压，供照明用。照明电路由开关

SA_4 控制灯泡 EL。熔断器 FU_5 用作照明电路的短路保护。

整流变压器 T_2 输出低压交流电，经桥式整流电路供给五个电磁离合器以 24 V 直流电源，控制变压器 TC 输出 110 V 交流控制电压。

3. X62W 型万能卧式升降台铣床电气控制线路故障检修

1）不能启动

（1）故障原因分析

主轴换向开关 SA_3 在停止位；熔断器 FU_1、FU_2、FU_3 熔丝烧断；换刀制动开关 SA_2 在"开"位置；起动、停止按钮（SB_1、SB_2、SB_5、SB_6）接触不良。

（2）故障检测与排除方法

检查主轴电动机 M_1 的主电路和控制电路。

①断开主轴电动机 M_1。通电检查 FU_1、FU_2、FU_3 上、下节点的电压是否正常，检查 KM_1 主触点电压是否正常。

②检查换刀制动开关 SA_2 是否在"开"位置，应将其打到"关"位置。

③检查起动、停止按钮（SB_1、SB_2、SB_5、SB_6）的触点，如有接触不良，修复触点，即可排除故障。

2）圆工作台正常、进给冲动正常、其他方向进给都不动作

（1）故障原因分析

故障范围被锁定在左右、上下、前后进给的公共通电路径；根据圆工作台、进给冲动工作正常，可知故障点就在 SA_{2-3} 触点或其连线上。

（2）故障检测与排除方法

①用电阻法：断开 SA_{2-3} 一端接线，测量 SA_{2-3} 触点电阻，如接触不良，修复触点，即可排除故障。

②用电压法：先按下 SB_1 或 SB_2，接触器 KM_1 吸合，检查 TC 二次绕组线与 SA_{1-2} 线间电压；检查 SA_{2-3}，如有接触不良，修复拨盘开关，即可排除故障。

3）主轴电动机 M_1 工作正常但进给电动机 M_2 不动作

（1）故障原因分析

联锁触点 KM_1 接触不良；SQ_1 至 KM_1、KM_1 至 SA_{2-1} 或 SQ_{2-2} 导线断线；FR_3 触点至线圈 KM_2 或 KM_3、KM_4 导线断线。

（2）故障检测与排除方法

先按下 SB_1 或 SB_2，接触器 KM_1 吸合，检查 TC 二次绕组线与 KM_1 线间电压；检查触点 KM_1，如有接触不良，修复触点，即可排除故障。检查 SQ_1 至 KM_1、KM_1 至 SA_{2-1} 或 SQ_{2-2}、FR_3 触点至线圈 KM_2、KM_3 或 KM_4 的触点电阻，如有断开，更换连接导线，即可排除故障。

4）左右进给不动作、圆工作台不动作、进给冲动不动作、其他方向进给正常

（1）故障原因分析

故障出在左右进给和圆工作台的公共部分 SQ_{2-2}、SQ_{3-2}、SQ_{4-2} 以及连接导线。但进给冲动不可以，进一步说明故障落在 SQ_{3-2}、SQ_{4-2} 触点范围。

（2）故障检测与排除方法

断开 SA_2 或断开 SQ_{3-2}、SQ_{4-2} 的一端连线。测量 SQ_{3-2}、SQ_{4-2} 触点的电阻以及连接导线的通断，如有断开，更换 SQ_3 或更换连接导线，即可排除故障。

5）上、左、后方向无进给但下、右、前方向进给正常

（1）故障原因分析

故障范围在 SA_{2-3} 线至 SQ_{6-1} 或 SQ_{4-1} 线；SQ_{6-1} 或 SQ_{4-1} 线 KM_3 动断触点；KM_3 动断触点；KM_3 动断触点至 KM_4 线圈；KM_4 线圈；KM_4 至 KM_3 线圈。

（2）故障检测与排除方法

检查 KM_4 线圈，检查 KM_3 动断触点，如有接触不良，修复触点，即可排除故障。

6）主轴电动机 M_1 能正常启动但不能变速冲动

（1）故障原因分析

主要故障范围在 SQ_1 的动合触点以及连接导线；机械装置未压合冲动行程开关 SQ_1。

（2）故障检测与排除方法

断开 SQ_{1-1} 动合触点的一端引线，或者把 SA_1 拨向断开位置；压合 SQ_1 后，检查 SQ_{1-1} 动合触点的接触电阻，如回路开路，则更换行程开关 SQ_1，即可排除故障。

7）主轴电动机 M_1 不能制动

（1）故障原因分析

整流变压器烧坏；熔断器 FU_3、FU_4 熔丝烧断，整流二极管损坏，主轴停止按钮 SB_5、SB_6 的动合触点接触不良，主轴制动电磁离合器线圈损坏。

（2）故障检测与排除方法

用万用表电阻挡检查整流桥，检查 SB_5、SB_6 的动合触点，如有接触不良，修复触点，即可排除故障。

8）工作台不能快速移动

（1）故障原因分析

快速移动按钮 SB_5 或 SB_6 的触点接触不良或接线松动脱落，接触器 KM_2 线圈烧坏；整流二极管损坏；快速离合器 YC_3 损坏。

（2）故障检测与排除方法

检查 SB_3、SB_4 的动合触点，如有接触不良，修复触点，即可排除故障。

二、训练与考核

1. 实训器材

常用电工工具，万用表，X62W 型万能卧式铣床模拟电气控制柜。

2. 实训内容

1）实训步骤及要求

①熟悉铣床的主要结构和运动形式，对铣床进行实际操作，了解铣床各种工作状态及操作手柄的作用。

②熟悉铣床电器元件的安装位置、走线情况及操作手柄处于不同位置时，位置开关的工作状态及运动部件的工作情况。

③根据条件，在 X62W 型万能卧式铣床模拟电气控制柜上人为设置故障，由教师边讲解边示范检修，直至故障排除。

④由教师设置故障，学生进行检修，并观察检修过程是否按正确步骤和方法进行操作，检修后及时纠正存在的问题。

⑤根据故障现象，先在电路图上标出故障最小范围，然后采用正确的检查排除故障方法，在规定的时间内查出并排除故障。

⑥检修时应严防损坏电器元件，以免扩大故障范围和产生新的故障。

2）注意事项

①检修前应认真阅读电路图，掌握各个环节的原理及应用，并认真仔细地观察教师的示范检修。

②由于铣床的电气控制与机械结构的配合十分紧密，因此在出现故障时应首先判别是机械故障还是电气故障。

③在修复故障时，要注意造成故障的原因，以免再次发生同一故障。

④检修前应先调查研究，检修时停电要验电，带电检修时，工具、仪表使用要正确，必须有指导教师在现场监护，以确保安全。

3. 实训考核

考核及评分标准见附录中实训任务工单 6 – 3 – 1。

三、练习题

①在 X62W 型万能卧式铣床电路中有哪些联锁与保护？它们是如何实现的？

②在 X62W 型万能卧式铣床电路中，电磁离合器 YC_1、YC_2、YC_3 的作用是什么？

③X62W 型万能卧式铣床主轴变速能否在主轴停止或主轴旋转时进行？为什么？

④说明 X62W 型万能卧式铣床控制线路中圆工作台控制过程及联锁保护的原理。

⑤两人一组，一人在 X62W 型万能卧式铣床模拟电气控制柜上设置故障，由另一人练习排故，相互交替。

模块四　分析 T68 型卧式镗床电气控制线路并排除故障

学习目标

- 能读懂 T68 型卧式镗床的电气控制原理图。
- 能根据故障现象分析 T68 型卧式镗床常见电气故障原因，并确定故障范围。
- 能用万用表检查并排除 T68 型卧式镗床常见电气故障。

一、理论知识

镗床是一种精密加工机床，主要用于加工对孔和孔间距离要求较为精确的零件，按不同用途，镗床可分为卧式镗床、立式镗床、坐标镗床和专用镗床。

生产中应用较广泛的是卧式镗床，其镗刀水平放置，是一种多用途的金属切削机床，不但能完成钻孔、镗孔等孔加工，而且能切削端面、内圆、外圆及铣平面等。

1. T68 型卧式镗床结构及运动形式认识

T68 型卧式镗床的外形及结构如图 6 – 4 – 1 所示，其主要由床身、前立柱、镗头架、后立柱、尾座、下溜板、上溜板、工作台等部分组成。T68 型卧式镗床的前立柱固定在床身上，在前立柱上装有可上下移动的镗头架；切削刀具固定在镗轴或平旋盘上；工作过程中，镗轴可一面旋转，一面带动刀具做轴向进给；后立柱在床身的另一端，可沿床身导轨做水平移动。工作台安置在床身导轨上，由下溜板及可转动的工作台组成，工作台可在平行于（纵向）或垂直于（横向）镗轴轴线的方向移动，并可绕工作台中心回转。

图 6－4－1　T68 型卧式镗床的外形及结构

T68 型卧式镗床的运动种类主要有以下几个。

①主运动：镗杆（主轴）旋转或平旋盘（花盘）旋转。

②进给运动：主轴轴向（进、出）移动、主轴箱（镗头架）的垂直（上、下）移动、花盘刀具溜板的径向移动、工作台的纵向（前、后）和横向（左、右）移动。

③辅助运动：有工作台的旋转运动、后立柱的水平移动和尾架垂直移动。

主体运动和各种常速进给由主轴电动机 M_1 驱动，但各部分的快速进给运动是由快速移动电动机 M_2 驱动。

2. T68 型卧式镗床电气控制线路分析

1）T68 型卧式镗床对电气控制的要求

因机床主轴调速范围较大，且恒功率，主轴电动机 M_1 采用△/丫丫双速电动机。低速时，$1U_1$、$1V_1$、$1W_1$ 接三相交流电源，$1U_2$、$1V_2$、$1W_2$ 悬空，定子绕组接成三角形，每相绕组中两个线圈串联，形成的磁极对数 $P=2$；高速时，$1U_1$、$1V_1$、$1W_1$ 短接，$1U_2$、$1V_2$、$1W_2$ 端接电源，电动机定子绕组联结成双星形（丫丫），每相绕组中的两个线圈并联，磁极对数 $P=1$。高、低速的变换，由主轴孔盘变速机构内的行程开关 SQ_7 控制，其动作说明见表 6–4–1。

表 6–4–1　主轴电动机高、低速变换行程开关动作说明

触点　　　　　位置	主轴电动机低速	主轴电动机高速
SQ_7（11–12）	关	开

主轴电动机 M_1 可正、反转连续运行，也可点动控制，点动时为低速。主轴电动机要求快速、准确制动，故采用反接制动，控制电器采用速度继电器。为限制主轴电动机的起动和制动电流，在点动和制动时，定子绕组串入电阻 R。

主轴电动机低速时直接起动。高速运行是由低速起动延时后再自动转成高速运行的，以减小起动电流。

在主轴变速或进给变速时，主轴电动机需要缓慢转动，以保证变速齿轮进入良好啮合状态。主轴和进给变速均可在运行中进行，变速操作时，主轴电动机便做低速断续冲动，变速完成后又恢复运行。主轴变速时，主轴电动机的缓慢转动是由行程开关 SQ_3 和 SQ_5、进给变速时是由行程开关 SQ_4 和 SQ_6 以及速度继电器 KS 共同完成的，其具体动作说明见表 6–4–2。

表 6–4–2　主轴变速和进给变速时行程开关动作说明

触点　　　　位置	变速孔盘拉出（变速时）	变速后变速孔盘推回	触点　　　　位置	变速孔盘拉出（变速时）	变速后变速孔盘推回
SQ_3（4–9）	断开	接通	SQ_4（9–10）	断开	接通
SQ_3（3–13）	接通	断开	SQ_4（3–13）	接通	断开
SQ_5（15–14）	接通	断开	SQ_6（15–14）	接通	断开

2）T68 型卧式镗床电气控制线路分析

T68 型卧式镗床电气原理如图 6–4–2 所示。

图 6-4-2　T68 型卧式镗床电气原理

（1）主要电器元件

表 6 – 4 – 3 列出了 T68 型卧式镗床的主要电器元件及作用，供检修、调试时参考。

表 6 – 4 – 3　T68 型卧式镗床的主要电器元件表

序号	符号	名称及用途
1	QS_1	电源开关
2	FU_1	机床整个电路的短路保护
3	FU_2	快速移动电动机的短路保护兼控制电路变压器输入的短路保护
4	FU_3	控制电路短路保护
5	FU_4	电源指示电路短路保护
6	FU_5	照明电路短路保护
7	KM_1	主轴电动机正转控制接触器
8	KM_2	主轴电动机反转控制接触器
9	KM_3	制动电阻短接接触器
10	KM_4	主轴低速运转控制接触器
11	KM_5	主轴高速运转控制接触器
12	KM_6	快速移动电动机正转控制接触器
13	KM_7	快速移动电动机反转控制接触器
14	KA_1	主轴电动机正转控制中间继电器
15	KA_2	主轴电动机反转控制中间继电器
16	KT	主轴电动机低速转高速控制时间继电器
17	KS	主轴电动机停车制动速度继电器
18	FR	主轴电动机过载保护热继电器
19	TC	变压器
20	SB_1	主轴电动机停车制动按钮
21	SB_2	主轴电动机正转起动按钮
22	SB_3	主轴电动机反转起动按钮
23	SB_4	主轴电动机正转点动按钮
24	SB_5	主轴电动机反转点动按钮
25	SQ_1	机床安全保护联锁装置
26	SQ_2	机床安全保护联锁装置
27	SQ_3	主轴变速开关
28	SQ_4	进给变速开关

续表

序号	符号	名称及用途
29	SQ$_5$	主轴变速冲动开关
30	SQ$_6$	进给变速冲动开关
31	SQ$_7$	主轴电动机低速、高速转换开关
32	SQ$_8$	快速移动电动机反转开关
33	SQ$_9$	快速移动电动机正转开关
34	HL	电源指示灯
35	SA	照明开关
36	EL	照明灯
37	M$_1$	主轴电动机
38	M$_2$	快速移动电动机
39	R	制动电阻

（2）主电路分析

三相交流电源由总开关 QS$_1$ 引入，由熔断器 FU$_1$ 作全电路的短路保护。主轴电动机 M$_1$ 由接触器 KM$_1$、KM$_2$、KM$_3$、KM$_4$、KM$_5$ 和中间继电器 KA$_1$、KA$_2$ 控制，并由热继电器 FR 作过载保护。其作用是通过变速箱等传动机构带动主轴及花盘旋转，同时还带动润滑油泵。

快速移动电动机 M$_2$ 由交流接触器 KM$_6$、KM$_7$ 控制，并由熔断器 FU$_2$ 作其短路保护。其作用是带动主轴的轴向进给、主轴箱垂直进给、经工作台横向和纵向进给的快速移动。由于快速移动电动机 M$_2$ 运行平衡、容量较小，因此不需要作过载保护。

（3）控制电路分析

控制电路采用交流 110 V 电压供电，由熔断器 FU$_3$ 作短路保护。

①主轴电动机 M$_1$ 的点动控制。

主轴电动机 M$_1$ 的点动控制电路如图 6 - 4 - 3 所示。按下正转点动按钮 SB$_4$，接触器 KM$_1$ 线圈得电吸合，KM$_1$ 常开触点（3 - 13）闭合，接触器 KM$_4$ 线圈得电吸合，KM$_1$ 和 KM$_4$ 主触点闭合，主轴电动机 M$_1$ 定子绕组接成△联结，并串电阻 R 进行点动。反向点动与正向点动控制过程相似，由按钮 SB$_5$、接触器 KM$_2$、KM$_4$ 来实现。

②主轴电动机 M$_1$ 的正反转连续运转控制。

主轴电动机 M$_1$ 的正反转连续运转控制如图 6 - 4 - 4 所示。当主轴电动机 M$_1$ 正向低速旋转时，行程开关 SQ$_7$ 的触点（11 - 12）处于断开位置，主轴变速位置开关 SQ$_3$ 和进给变速位置开关 SQ$_4$ 已被操纵手柄压合，它们的常闭触点断开，常开触点闭合。

按下正转起动按钮 SB$_2$，中间继电器 KA$_1$ 线圈得电吸合，KA$_1$ 常开触点（4 - 5）闭合自锁，KA$_1$ 常闭触点（7 - 8）分断起联锁作用，KA$_1$ 常开触点（10 - 11）闭合，接触器 KM$_3$ 线圈得电吸合，KM$_3$ 主触点闭合，将制动电阻 R 短接，KM$_3$ 常开触点（4 - 17）闭合，KA$_1$ 常开触点（17 - 14）闭合，接触器 KM$_1$ 线圈得电吸合，KM$_1$ 主触点闭合，接通电源，KM$_1$

图 6 – 4 – 3　主轴电动机 M_1 的点动控制电路

图 6 – 4 – 4　主轴电动机 M_1 的正反转连续运转控制电路

常开触点（3 – 13）闭合，KM_4 线圈得电吸合，KM_4 主触点闭合，主轴电动机 M_1 定子绕组按 △ 联结低速正向起动。

反向连续与正向连续控制过程相似，由按钮 SB_3、接触器 KA_2、KM_2、KM_3、KM_4 来实现。

235

③主轴电动机 M_1 的高、低速转换控制。

如果选择主轴电动机 M_1 在低速（△联结）运行，可将变速手柄打到"低速"位置，这时变速位置开关 SQ_7（11－12）置于分断位置。此时，时间继电器 KT 线圈不能得电，因而接触器 KM_5 线圈也不能得电，主轴电动机 M_1 定子绕组不能接成丫丫高速运行。按下起动按钮 SB_2 或 SB_3 时，主轴电动机 M_1 只能由接触器 KM_4 接成△联结做低速运行。

如果选择主轴电动机 M_1 在高速（丫丫联结）运行，可将变速手柄打到"高速"位置，这时变速位置开关 SQ_7（11－12）处于闭合位置。若按下起动按钮 SB_2 或 SB_3 时，KA_1 或 KA_2 线圈得电吸合，KT 和 KM_3 线圈同时得电，KM_1 或 KM_2 线圈得电吸合。由于 KT 的常开和常闭触点延时动作，故 KM_4 线圈先得电吸合，主轴电动机 M_1 定子绕组先接成△而低速起动，当 KT 常闭触点（13－22）延时分断时，KM_4 线圈断电释放，同时 KT 常开触点（13－20）延时闭合，KM_5 线圈得电吸合，主轴电动机 M_1 定子绕组接成丫丫形高速运转。

④主轴电动机 M_1 的停车制动控制。

主轴电动机 M_1 的控制电路如图6－4－5所示。

图6－4－5　主轴电动机 M_1 的控制电路

当主轴电动机 M_1 正转时，速度达到 120 r/min 以上时，速度继电器 KS 的常开触点（13－18）闭合，为停车制动做准备。

若要停车制动，按下停止按钮 SB_1，中间继电器 KA_1 和接触器 KM_3 线圈断电而释放，KM_3 的常开触点（4－17）分断，KM_1 线圈断电释放，KM_1 常开触点（3－13）分断，KM_4 线圈断电释放，由于 KM_1 和 KM_4 主触点分断，主轴电动机 M_1 断电后做惯性运转。与此同时，接触器 KM_2 和 KM_4 线圈得电吸合，KM_2 和 KM_4 主触点闭合，主轴电动机 M_1 串电阻 R 反接制动，当速度下降到 120 r/min 时，速度继电器 KS 常开触点（13－18）分断，接触器 KM_2 和 KM_4 线圈断电释放，停车反接制动结束。

速度继电器 KS 另一副常开触点（13－14）在主轴电动机 M_1 反转停车制动时起作用。

⑤主轴变速及进给变速控制。

当主轴在旋转时，需要变速（以正转为例说明），可不必按停止按钮 SB_1，只要将主轴变速操纵盘的操作手柄拉出，与变速手柄有机械联系的位置开关 SQ_3 不再受压而分断，KM_1、KM_3 和 KM_4 线圈先失电而释放，主轴电动机 M_1 断电后做惯性运行；同时由于位置开关 SQ_3 常闭触点（3－13）闭合及速度继电器 KS 常开触点（13－18）闭合，KM_2、KM_4 线圈得电吸合，主轴电动机 M_1 串接电阻 R 而反接制动。当主轴电动机 M_1 转速下降到 120 r/min 时，速度继电器 KS 常开触点（13－18）分断，这时便可转动变速操纵盘进行变速。变速后，将变速手柄推回到原位，位置开关 SQ_3 重新压合，接触器 KM_1、KM_3、KM_4 线圈得电吸合，主轴电动机 M_1 起动，主轴以新选定的速度运转。

主轴变速时，因齿轮卡住而手柄推不上时，此时变速冲动位置开关 SQ_5 被压合（其常开触点闭合），速度继电器 KS 常闭触点（13－15）也已恢复闭合，接触器 KM_1、KM_4 线圈得电吸合，主轴电动机 M_1 低速起动。

当速度高于 120 r/min 时，速度继电器 KS 常闭触点（13－15）又分断，KM_1、KM_4 线圈断电释放，主轴电动机 M_1 又断电；当速度降到 120 r/min 时，速度继电器 KS 常闭触点（13－15）又恢复闭合，KM_1、KM_4 线圈得电吸合，主轴电动机 M_1 再次起动，重复动作，直到齿轮啮合后方能推合变速操纵手柄，变速冲动结束。

进给变速控制与主轴变速控制过程基本相同，只是在进给变速时，拉出操纵手柄是进给变速操纵手柄，此时压合的位置开关是 SQ_4。

⑥快速移动电动机 M_2 的控制。

快速移动电动机 M_2 的控制电路如图 6－4－6 所示。主轴的轴向进给、主轴箱的垂直进给（包括尾架）以及工作台的纵向和横向进给等都是由快速移动电动机 M_2 通过齿轮、齿条等来完成的。将快速移动操纵手柄向里推动时，压合位置开关 SQ_9，接触器 KM_6 线圈得电吸合，快速移动电动机 M_2 正转起动，实现快速正向移动。将快速移动操纵手柄向外拉时，压合位置开关 SQ_8，接触器 KM_7 线圈得电吸合，快速移动电动机 M_2 反向快速移动。

图 6－4－6 快速移动电动机 M_2 的控制电路

⑦安全保护联锁装置。

为了防止在工作台或主轴箱自动快速进给时，又将主轴进给手柄扳到自动快速进给的误操作，就采用与工作台和主轴箱进给手柄有机械连接的位置开关 SQ_1。当上述手柄扳在工作台（或主轴箱）自动快速进给位置时，SQ_1 被压合而分断。

同样在主轴箱上还装有另一位置开关 SQ_2，它与主轴进给手柄有机械连接，当这个手柄动作时，SQ_2 也受压被分断。

主轴电动机 M_1 和 M_2 必须在位置开关 SQ_1 和 SQ_2 中有一个处于闭合状态时才可以启动。如果工作台或主轴箱在自动进给位置（SQ_1 分断）时，再将主轴进给手柄扳到自动进给位置（SQ_2 也分断），电动机 M_1 和 M_2 便都自动停转，从而达到联锁保护的目的。

⑧照明电路。

照明电路由降压变压器 TC 供给安全电压。HL 为电源指示灯，EL 为照明灯，由开关 SA 控制。

3. T68 型卧式镗床电气控制线路故障检修

1）主轴电动机 M_1、快速移动电动机 M_2 都不能起动

（1）故障原因分析

熔断器 FU_1、FU_2、FU_3 熔丝烧断；行程开关 SQ_1 与 SQ_2 都没有压合；TC 二次侧开路。

（2）故障检测与排除方法

检查电源进线主电路和控制电路。断开电动机，通电检查 FU_1 与 FU_2 上、下节点的电压是否正常；用电阻挡测量法测量变压器 TC 二次侧是否开路；检查行程开关 SQ_1 与 SQ_2 触点，如有接触不良，修复触点，即可排除故障。

2）主轴电动机 M_1 连续正转不能起动，检查 FU_1、FU_2、FU_3 和 FR 常闭触点均正常，接线也良好，主轴电动机 M_1 连续反转、快速移动电动机 M_2 运转都正常

（1）故障原因分析

接触器 KA_1 控制回路有故障，使 KA_1 不能闭合；接触器 KM_1 线圈断路或引线脱落；接触器 KM_2、KA_2 的常闭触点接触不良；按钮 SB_2、SB_4 接触不良。

（2）故障检测与排除方法

先按下 SB_2，若接触器 KA_1 吸合，则检查 KM_1 线圈与 KM_2 常闭触点；如接触器 KA_1 不吸合，则检查 SB_2 与 KA_2 的常闭触点；若 KM_1 与 KA_1 均吸合，则检查 KM_1 的动合触点，如有接触不良，修复触点，即可排除故障。

3）主轴电动机 M_1 正反转都不能起动，检查 FU_1、FU_2、FU_3 和 FR 常闭触点均正常，接线也良好，快速移动电动机 M_2 运转也正常

（1）故障原因分析

接触器 KM_3 控制回路有故障，使 KM_3 不能闭合；接触器 KM_3 线圈断路或引线脱落；接触器 KM_3 的控制触点接触不良。

（2）故障检测与排除方法

先按下 SB_2 或 SB_3，接触器 KA_1 或 KA_2 吸合，SQ_3 与 SQ_4 在压合位置，若 KM_3 不吸合，则检查 KM_3 线圈，如 KM_3 线圈完好，则检查 SQ_3 与 SQ_4 的动合触点；若 KM_3 吸合，则检查 KM_3 的动合触点，如有接触不良，修复触点，即可排除故障。

4）主轴电动机低速能起动但不能高速运转

（1）故障原因分析

手柄在高速位时，SQ_7 未被压下，主要原因是 SQ_7 的位置变动或松动，应重新调整好位置并拧紧螺钉；SQ_7 的触点接触不良；时间继电器 KT 触点接触不良；时间继电器 KT 失灵；接触器 KM_5 线圈开路或触点接触不良。

（2）故障检测与排除方法

压合 SQ_7，测量 SQ_7 的直流电阻，如开路，更换行程开关，即可排除故障；检查时间继电器 KT 线圈与接触器 KM_5 线圈，如开路，更换器件；检查 KT 的延时闭合触点与接触器 KM_5 的触点，如接触不良，修复触点，即可排除故障。

5）按下 SB_1 按钮后主轴电动机 M_1 不能制动

（1）故障原因分析

速度继电器 KS 的触点不能闭合或断开；主轴电动机输入电源相序有误。

（2）故障检测与排除方法

检查速度继电器 KS 的触点，如接触不良，修复触点，即可排除故障；更换主轴电动机输入电源的相序。

6）调速手柄（即行程开关 SQ_7）置于高速，主轴起动时没有经过低速起动，约有 30 s 高速直接起动

（1）故障原因分析

时间继电器 KT 常闭触点接触不良或接线脱落；接触器 KM_5 接线松脱或其触点动作不可靠。

（2）故障检测与排除方法

检查时间继电器 KT 常闭触点，接触器 KM_5 的常闭触点，如接触不良，修复触点，即可排除故障。

7）快速移动电动机 M_2 不能起动

（1）故障原因分析

行程开关 SQ_8 或 SQ_9 未压合或触点不良，接触器 KM_7 或 KM_8 电源进线开路。

（2）故障检测与排除方法

通电测量接触器 KM_7 或 KM_8 线圈两端的电压；检查行程开关 SQ_8 与 SQ_9 的控制触点，如有接触不良，修复触点，即可排除故障。

8）操作者同时操作快速移动和镗头进给后发生撞车事故

（1）故障原因分析

行程开关 SQ_1 和 SQ_2 的联锁保护失灵。

（2）故障检测与排除方法

检查行程开关 SQ_1 与 SQ_2 的动断触点，如有接触不良，修复触点，即可排除故障。

二、训练与考核

1. 实训器材

常用电工工具，万用表，T68 型卧式镗床模拟电气控制柜。

2. 实训内容

1）实训步骤及要求

"电工技能鉴定应会
试题四"——检修三相
交流异步电动机控制电路

①熟悉镗床的主要结构和运动形式，对镗床进行实际操作，了解镗床各种工作状态及操作手柄的作用。

②熟悉镗床电器元件的安装位置、走线情况及操作手柄处于不同位置时，位置开关的工作状态及运动部件的工作情况。

③根据条件，在T68型卧式镗床模拟电气控制柜上人为设置故障，由教师边讲解边示范检修，直至故障排除。

④由教师设置故障，学生进行检修，并观察检修过程是否按正确步骤和方法进行操作，检修后及时纠正存在的问题。

⑤根据故障现象，先在电路图上标出故障最小范围，然后采用正确的检查排除故障方法，在规定的时间内查出并排除故障。

⑥检修时应严防损坏电器元件，以免扩大故障范围和产生新的故障。

2）注意事项

①检修前应认真阅读电路图，掌握各个环节的原理及应用，并认真、仔细地观察教师的示范检修。

②由于镗床的电气控制与机械结构的配合十分紧密，因此在出现故障时应首先判别是机械故障还是电气故障。

③在修复故障时，要注意造成故障的原因，以免再次发生同一故障。

④检修前应先调查研究，检修时停电要验电，带电检修时，工具、仪表使用要正确，必须有指导教师在现场监护，以确保安全。

3. 实训考核

考核及评分标准见附录中实训任务工单6-4-1。

三、练习题

①在T68型卧式镗床电路中有哪些联锁与保护？它们是如何实现的？

②T68型卧式镗床主轴变速能否在主轴停止或主轴旋转时进行？为什么？

③两人一组，一人在T68型卧式镗床模拟电气控制柜上设置故障，由另一人练习排故，相互交替。

项目七 电气控制线路设计与改造

学习目标

- 能根据要求设计电气控制线路。
- 会用 PLC 改造简单电气控制电路。
- 具有开拓创新、绿色发展意识。

模块一 设计电气控制线路

学习目标

- 掌握电气控制原理图设计方法。
- 会设计电气控制线路。

一、理论知识

电气控制原理图是为满足生产机械及其工艺要求而进行的电气控制系统设计，是电气控制设计的核心，是电气工艺设计和编制各种技术资料的依据。电气控制原理图设计直接决定着设备的实用性和自动化程度的高低。

1. 电气控制原理图设计的基本步骤

①根据选定的拖动方案和控制方式设计系统的原理框图，拟定各部分的主要技术要求和技术参数。

②根据各部分的要求，设计出原理框图中各个部分的具体电路。对于每一部分电路的设计都是按照主电路、控制电路、保护电路、总体检查、反复修改和完善的步骤来进行，力求尽善尽美。

③绘制系统总原理图。按系统框图机构将各部分电路连成一个整体，完善辅助电路，绘成系统原理图。

④合理选择电气原理图中每一个电器元件，制订出电器元件目录清单。

对于比较简单的控制电路，可以省去前面两步，直接进行电气原理图的设计和选用电器元件。对于比较复杂的电气控制电路，则要按照上述步骤分步进行。

2. 电气控制原理图的设计方法

电气控制原理图的设计方法一般有两种，下面分别进行简单介绍。

1）分析设计法

分析设计法是根据生产工艺的要求选择适当的基本控制环节，或将比较成熟的电路按各部分的联锁条件组合起来，并经补充和修改，将其综合成满足控制要求的完整电路。当没有现成典型环节可运用时，可根据控制要求边分析边设计。

由于这种设计方法是以熟练掌握各种电气控制电路的基本环节和具备一定的阅读分析电气控制电路的经验为基础，所以又称为经验设计法。分析设计法的基本步骤如下。

①设计各控制单元环节中拖动电动机的起动、正反向运转、制动、调速、停车等的主电路或执行元件的电路。

②设计与满足各电动机的运转功能和工作状态相对应的控制电路，以及与满足执行元件实现规定动作相适应的指令信号的控制电路。

③连接各单元环节构成满足整机生产工艺要求，实现加工过程自动或半自动化和调整的控制电路。

④设计保护、联锁、检测、信号和照明等环节的控制电路。

⑤全面检查所设计的电路。

这种设计方法相对简单，容易为初学者所掌握，在电气控制中被普遍采用。其缺点是不易获得最佳设计方案；当经验不足或考虑不周时会影响电路工作的可靠性。因此，应反复审核电路的工作情况，有条件时进行模拟试验，发现问题及时修改，直至电路动作准确无误，满足生产工艺的要求为止。

2）逻辑设计法

逻辑设计法是利用逻辑代数这一数学工具来进行电路设计。它是从工艺资料出发，将控制电路中的接触器、继电器线圈的通电与断电，触点的闭合与断开，以及主令元件的接通与断开等看成逻辑变量，并根据控制要求，将这些逻辑变量关系表示为逻辑函数关系式，再运用逻辑函数基本公式和运算规律对逻辑函数式进行化简，然后按化简后的逻辑函数式画出相应的电路结构图，最后再作进一步的检查和完善，以期获得最佳设计方案。这样可使设计出的控制电路既符合工艺要求，又达到线路简单、工作可靠、经济合理的要求。设计步骤如下。

①按工艺要求画出工作循环图。

②决定执行元件与检测元件，做出执行元件动作节拍表和检测元件状态表。

③根据检测元件状态表写出各程序的特征码，并确定相区分组，设置中间记忆元件，使所有程序皆可区分。

④列写中间记忆元件开关逻辑函数式及执行元件动作逻辑函数式，进而画出相应的电路结构图。

⑤对画出的电路进行检查、化简和完善。

逻辑设计法的优点是能获得理想、经济的设计方案，但设计难度较大，设计过程较复杂，在一般常规设计中很少单独使用。

3. 电气控制原理图设计中的一般要求

电气控制原理图设计中首先要满足生产机械加工工艺要求，电路要具有安全可靠、结构合理、操作维修方便、设备投资少等特点。为此，必须正确地设计电气控制电路，合理选择电器元件。电气控制原理图设计应满足以下几个要求。

1）电气控制电路满足生产工艺要求

设计前必须对生产机械工作性能、结构特点和实际加工情况有充分的了解，并在此基础上考虑控制方式、起动、反向、制动及调速的要求，设置必要的联锁与保护装置。

2）尽量减少控制电路中电流、电压的种类

控制电压选择标准电压等级，参见表 7 – 1 – 1。

表 7 – 1 – 1　常用控制电压等级

控制电路类型		常用的电压值/V	电源设备
交流电力传动的控制电路较简单	交流	380、220	不用控制电源变压器
交流电力传动的控制电路较复杂		110（127）、48	采用控制电源变压器
照明及信号指示电路		48、24、6	采用控制电源变压器
直流电力传动的控制电路	直流	220、110	整流器或直流发电机
直流电磁铁及电磁离合器的控制电路		48、24、12	整流器

3）确保电气控制电路工作的可靠性和安全性

为保证电气控制电路能可靠地工作，应考虑以下几个方面。

①尽量减少电器元件的品种、规格与数量。

②正常工作中，尽可能减少通电电器的数量。

③合理使用电器触点。

④做到正确接线。

首先，正确连接电器线圈，即便是两个同型号电压线圈也不能串联后连接于两倍线圈额定电压上，以免电压分配不均引起工作不可靠。记住：交流电压线圈不能串联使用。

其次，要合理安排电器元件及触点的位置。对于一个串联电路，尽管电器元件或触点位置互换，并不影响其工作原理，但却影响到运行安全和节约用线，如图 7 – 1 – 1 所示。

最后，要注意避免出现寄生回路。在控制电路的动作过程中，不是由于误操作而产生的意外接通的电路称为寄生回路。图 7 – 1 – 2 所示为一个具有指示灯和长期过载保护的电动机正反向控制电路。正常工作时，能完成正反向起动、停止与信号的指示。但当热继电器 FR 动作，FR 常闭触点断开后，就会出现图中虚线所示的寄生电路，使接触器不能可靠释放而得不到过载保护。若将 FR 常闭触点移接到 SB$_1$ 上端，再将原有 FR 常闭触点处用导线短接，就可避免寄生回路。

⑤尽量减少连接导线的数量，缩短连接导线的长度。

⑥尽可能提高电路工作的可靠性和安全性。

4）电路应具有必要的保护措施

电气控制电路在事故情况下，应能保证操作人员、电气设备、生产机械的安全，并能有

图 7 - 1 - 1　合理安排触点位置

(a) 不合理；(b) 合理

图 7 - 1 - 2　存在寄生回路的控制电路

效地制止事故的扩大。为此，在电气控制电路中，应设有必要的保护措施。常用的保护有漏电开关保护以及过载、短路、过电流、过电压、失电压、联锁与行程保护等，必要时还应设置相应的指示信号与报警信号。

5）电路设计要考虑操作、使用、调试与维修的方便

6）电路力求简单、经济

4. 设计示例

1）设计要求

两台电动机 M_1 和 M_2，要求按下按钮 SB_2，M_1 先起动，再按下 SB_3，M_2 才能起动（由控制电路实现顺序起动控制），M_2 起动后 M_1 立即停止。按下停止按钮 SB_1，M_2 停止。

设计如短路、过载等相关的保护环节。

2）绘制线路原理图

（1）草图绘制

主电路绘制：画出电源、电源开关部分，如图 7 - 1 - 3 所示。

画出 M_1 运行控制接触器（设为 KM_1）、M_2 运行控制接触器（设为 KM_2），如图 7 - 1 - 4 所示。

图 7 - 1 - 3　电源及开关部分

图 7 - 1 - 4　M_1、M_2 运行控制接触器

连接各元器件，如图 7 – 1 – 5 所示。

控制电路绘制：画出 M_1 运行控制电路，如图 7 – 1 – 6 所示。

画出 M_2 运行控制电路，如图 7 – 1 –7 所示。

图 7 – 1 – 5　主电路　　　　图 7 – 1 – 6　M_1 运行控制　　　　图 7 – 1 – 7　M_2 运行控制

将 M_1 和 M_2 运行控制电路合并成设计控制电路，如图 7 – 1 –8 所示。

由设计中"要求按下按钮 SB_2，M_1 先起动，再按下 SB_3，M_2 才能起动（由控制电路实现顺序起动控制）"可知，M_1 先得电，M_2 再得电有先后顺序，那么在 KM_2 支路里要加上 KM_1 常开触点加以限制；再由设计中"M_2 起动后 M_1 立即停止"可知，KM_1 支路里要加上 KM_2 常闭触点加以限制。图 7 – 1 – 9 所示为改进后的控制电路。

图 7 – 1 – 8　控制电路　　　　　　图 7 – 1 – 9　改进后的控制电路

保护环节设计：画出短路保护环节、过载保护环节以及主电路、控制电路，如图 7 – 1 – 10 所示。

图7-1-10　加上短路保护、过载保护的电气原理

（2）原理图合成

整理草图，添加索引，合成原理图，如图7-1-11所示。

电源、开关及总 短路保护	主电路		控制电路 短路保护	控制电路	
	M₁运行	M₂运行		M₁运行	M₂运行

图7-1-11　设计原理图

注意：原理图的绘制要层次分明，各电器元件及触点的安排要合理，既要做到所用元件、触点最少，耗能最少，又要保证电路运行可靠，节省连接导线以及安装、维修方便。

二、训练与考核

1. 实训器材

纸、笔等文具。

2. 实训内容

按要求设计并绘制电气控制原理图。

1）设计要求 1

两台电动机 M_1、M_2，要求按下按钮 SB_2，M_1 先起动，再按下 SB_3，M_2 才能起动（由控制电路实现顺序起动控制）。按下停止按钮 SB_1，M_1、M_2 停止。设计如短路、过载等相关的保护环节。

2）设计要求 2

两台电动机 M_1、M_2，要求按下按钮 SB_2，M_1 先起动，再按下 SB_3，M_2 才能起动（由控制电路实现顺序起动控制），M_2 起动后 M_1 立即停止。按下停止按钮 SB_1，M_2 停止。设计如短路、过载等相关的保护环节。

3. 实训考核

考核及评分标准见附录中实训任务工单 7 – 1 – 1。

三、练习题

① 电气控制原理图设计方法有几种？常用什么方法？电气控制原理图的要求有哪些？

② 某机床由两台三相笼型异步电动机 M_1 与 M_2 拖动，其拖动要求如下：

a. M_1 容量较大，采用 $\curlyvee - \triangle$ 联结减压起动，停车带有能耗制动。

b. M_1 起动 20 s 后方允许 M_2 起动（M_2 容量较小可直接起动）。

c. M_2 停车后方允许 M_1 停车。

d. M_1 与 M_2 起动、停止均要求两地控制，试设计电气原理图并设置必要的电气保护。

模块二　用 PLC 改造电气控制线路

- 了解 PLC 的原理。
- 能用三菱 PLC 改造简单电气控制线路。

一、理论知识

1. PLC 简介

PLC 是一种专门为在工业环境下应用而设计的数字运算操作的电子装置。它采用可以编制程序的存储器，用来在其内部存储执行逻辑运算、顺序运算、计时、计数和算术运算等操作的指令，并能通过数字式或模拟式的输入和输出，控制各种类型的机械或生产过程。PLC

及其有关的外围设备都应按照易于与工业控制系统形成一个整体，易于扩展其功能的原则而设计。

世界上公认的第一台PLC是1969年美国数字设备公司（DEC）研制的。限于当时的元器件条件及计算机发展水平，早期的PLC主要由分立元件和中小规模集成电路组成，可以完成简单的逻辑控制及定时、计数功能。

20世纪70年代初出现了微处理器。人们很快将其引入PLC，使PLC增加了运算、数据传送及处理等功能，完成了真正具有计算机特征的工业控制装置。为了方便熟悉继电器、接触器系统的工程技术人员使用，PLC采用和继电器电路图类似的梯形图作为主要编程语言，并将参加运算及处理的计算机存储元件都以继电器命名。此时的PLC为微机技术和继电器常规控制概念相结合的产物。

20世纪70年代中末期，PLC进入实用化发展阶段，计算机技术已全面引入PLC中，使其功能发生了飞跃。更高的运算速度、超小型体积、更可靠的工业抗干扰设计、模拟量运算、PID功能及极高的性价比奠定了它在现代工业中的地位。

20世纪80年代初，PLC在先进工业国家中已获得广泛应用。这个时期PLC发展的特点是大规模、高速度、高性能、产品系列化。这个阶段的另一个特点是世界上生产PLC的国家日益增多，产量日益上升。这标志着PLC已步入成熟阶段。

20世纪末期，PLC的发展特点是更加适应于现代工业的需要。从控制规模上来说，这个时期发展了大型机和超小型机；从控制能力上来说，诞生了各种各样的特殊功能单元，用于压力、温度、转速、位移等各式各样的控制场合；从产品的配套能力来说，生产了各种人机界面单元、通信单元，使应用PLC的工业控制设备的配套更加容易。

目前，PLC在机械制造、石油化工、冶金钢铁、汽车、轻工业等领域的应用都得到了长足的发展。

我国PLC的引进、应用、研制、生产是伴随着改革开放开始的。最初是在引进设备中大量使用了PLC。接下来在各种企业的生产设备及产品中不断扩大了PLC的应用。目前，我国已可以自主生产中小型PLC。上海东屋电气有限公司生产的CF系列、杭州机床电器厂生产的DKK及D系列、大连组合机床研究所生产的S系列、苏州电子计算机厂生产的YZ系列等多种产品已具备了一定的规模并在工业产品中获得了应用。此外，无锡华光公司、上海乡岛公司等中外合资企业也是我国比较著名的PLC生产厂家。可以预期，随着我国现代化进程的深入，PLC在我国将有更广阔的应用天地。

目前，PLC在国内外已广泛应用于钢铁、石油、化工、电力、建材、机械制造、汽车、轻纺、交通运输、环保及文化娱乐等各个行业，使用情况大致可归纳为以下几类。

1）开关量的逻辑控制

这是PLC最基本、最广泛的应用领域，它取代传统的继电器电路，实现逻辑控制、顺序控制，既可用于单台设备的控制，也可用于多机群控及自动化流水线，如注塑机、印刷机、订书机械、组合机床、磨床、包装生产线、电镀流水线等。

2）模拟量控制

在工业生产过程中，有许多连续变化的量，如温度、压力、流量、液位和速度等都是模拟量。为了使PLC处理模拟量，必须实现模拟量（Analog）和数字量（Digital）之间的A/D转换及D/A转换。PLC厂家都生产配套的A/D和D/A转换模块，使PLC用于模拟量控制。

3）运动控制

PLC 可以用于圆周运动或直线运动的控制。从控制机构配置来说，早期直接用于开关量 I/O 模块连接位置传感器和执行机构，现在一般使用专用的运动控制模块。如可驱动步进电动机或伺服电动机的单轴或多轴位置控制模块。世界上各主要 PLC 厂家的产品几乎都有运动控制功能，广泛用于各种机械、机床、机器人、电梯等场合。

4）过程控制

过程控制是指对温度、压力、流量等模拟量的闭环控制。作为工业控制计算机，PLC 能编制各种各样的控制算法程序，完成闭环控制。PID 调节是一般闭环控制系统中用得较多的调节方法。大中型 PLC 都有 PID 模块，目前许多小型 PLC 也具有此功能模块。PID 处理一般是运行专用的 PID 子程序。过程控制在冶金、化工、热处理、锅炉控制等场合有非常广泛的应用。

5）数据处理

现代 PLC 具有数学运算（含矩阵运算、函数运算、逻辑运算）、数据传送、数据转换、排序、查表、位操作等功能，可以完成数据的采集、分析及处理。这些数据可以与存储在存储器中的参考值比较，完成一定的控制操作，也可以利用通信功能传送到别的智能装置，或将它们打印制表。数据处理一般用于大型控制系统，如无人控制的柔性制造系统；也可用于过程控制系统，如造纸、冶金、食品工业中的一些大型控制系统。

6）通信及联网

PLC 通信包含 PLC 间的通信及 PLC 与其他智能设备间的通信。随着计算机控制的发展，工厂自动化网络发展很快，各 PLC 厂商都十分重视 PLC 的通信功能，纷纷推出各自的网络系统。新近生产的 PLC 都具有通信接口，通信非常方便。

2. PLC 改造电气控制线路

当前，电气控制类型常用的有传统的继电控制和先进的 PLC 控制。传统的继电控制电路完全可以用 PLC 取代，且 PLC 控制具有很多优点。

与传统继电控制电路相比，用 PLC 控制电动机的运行状态，外部接线简单，运行稳定，故障率低，维护方便，特别是不需要改变 PLC 外电路的结构，仅通过修改程序就可实现复杂电路的功能等，其优越性是多方面的。继电控制电路目前仍然应用很广泛，但在有些场合控制要求提高了，在保持原有控制功能的情况下用 PLC 替代，PLC 方法用起来比较简单，人们并不需要详细分析继电控制电路的工作原理及其控制功能。

用 PLC 改造继电控制电路的步骤：第一步，主电路保持不变，分析控制电路的原理；第二步，由继电控制电路写出控制电路的逻辑关系，并化简控制电路的逻辑关系；第三步，由控制电路的逻辑关系写出 PLC 梯形图程序并写出指令表；第四步，画出 PLC 外部电路图。

以电动机顺序起动控制为例，说明 PLC 改造继电控制电路的方法，此方法对于复杂的继电控制电路改造显得轻松、明了。本书的 PLC 以三菱 FX 系列为例，如用其他公司的 PLC 也是同样的道理。

第一步，主电路保持不变，分析控制电路的原理。

如图 7-2-1 所示，有两台电动机 M_1 与 M_2，当按下按钮 SB_2，KM_1 线圈得电自锁，M_1 先起动，同时 KT 线圈得电，KT 延时触点开始延时，经过 10 s 后，KT 触点动作，KM_2 线圈得电自锁，M_2 起动，KT 线圈失电，KT 触点复位，按下停止按钮 SB_1，M_1 与 M_2 同时停止。

图7－2－1　两台电动机顺序起动控制电路

第二步，由继电接触器控制电路写出控制电路的逻辑关系，并化简控制电路的逻辑关系。

控制电路的逻辑关系：以交流接触器的线圈为控制对象，其余为响应部分，即"结果"，与之串联的元件为激励部分，即"条件"。串联电路为"与"关系，符号为"."；并联电路为"或"关系，符号为"＋"；状态相反为"非"关系，符号为"—"。元件的开关状态：断开为"0"，闭合为"1"；线圈状态：有电为"1"，无电为"0"。常开和常闭的逻辑关系是"非"逻辑。各种复杂的逻辑关系均是基本逻辑"与""或""非"的组合。

下面主要介绍 FX2 系列 PLC 的使用。

1）型号命名方式

型号命名的基本格式表示如下。

I/O 总点数：14～256。

单元类型：M—基本单元；E—扩展单元及扩展模块；EX—扩展输入单元；EY—扩展输出单元。

型号变化：DS—DC24V，世界型；ES—世界型（晶体管型为漏输出）；ESS—世界型（晶体管型为源输出）。

输出形式：R—继电器输出；T—晶体管输出；S—晶闸管输出。

2）FX2 系列 PLC 内部继电器的功能及编号

（1）输入继电器 X（X0 ~ X177）

输入继电器是 PLC 用来接收用户设备发来的输入信号。输入继电器与 PLC 的输入端相连。

（2）输出继电器 Y（Y0 ~ Y177）

输出继电器是 PLC 用来将输出信号传给负载的元件。输出继电器的外部输出触点接到 PLC 的输出端子上。

（3）辅助继电器 M

辅助继电器可分为通用型、断电保持型和特殊辅助继电器三种。

①通用辅助继电器 M0 ~ M499（500 点）。

②断电保持辅助继电器 M500 ~ M1023（524 点）。

③特殊辅助继电器 M8000 ~ M8255（256 点）。

（4）状态继电器 S

状态继电器 S 是编制步进控制顺序中使用的重要元件，它与步进指令 STL 配合使用。状态继电器有下列五种类型。

①初始状态继电器：S0 ~ S9 共 10 点。

②回零状态继电器：S10 ~ S19 共 10 点。

③通用状态继电器：S20 ~ S499 共 480 点。

④保持状态继电器：S500 ~ S899 共 400 点。

⑤报警用状态继电器：S900 ~ S999 共 100 点。

（5）定时器 T

定时器在 PLC 中的作用相当于一个时间继电器，它有一个设定值寄存器、一个当前值寄存器以及无限个触点。

（6）计数器 C

（7）数据寄存器 D

（8）变址寄存器（V/Z）

设图中 KM_1、KM_2、SB_1、SB_2、FR_1、FR_2、KT 分别用 Y_0、Y_1、X_0、X_1、X_2、X_3、T_0 表示，控制电路的逻辑关系为：

$$Y_0 = (X_1 + Y_0) \cdot \overline{X_2} \cdot \overline{X_3} \cdot \overline{X_0}$$
$$T_0 = (X_1 + Y_0) \cdot \overline{X_2} \cdot \overline{X_3} \cdot \overline{X_0} \cdot \overline{Y_1}$$
$$Y_1 = (T_0 + Y_1) \cdot \overline{X_2} \cdot \overline{X_3} \cdot \overline{X_0}$$

根据上面的逻辑关系进行化简得到如下等式：

$$Y_0 = (X_1 + Y_0) \cdot \overline{X_2} \cdot \overline{X_3} \cdot \overline{X_0}$$
$$T_0 = Y_0 \cdot \overline{Y_1}$$
$$Y_1 = (T_0 + Y_1) \cdot \overline{X_2} \cdot \overline{X_3} \cdot \overline{X_0}$$

第三步，由控制电路的逻辑关系写出 PLC 梯形图程序并写出指令表。

梯形图（LAD）是 PLC 使用最多的图形编程语言，被称为 PLC 的第一编程语言。梯形图与电气控制系统的电路图很相似，具有直观易懂的优点，很容易被电气人员掌握，特别适用于开关量逻辑控制。梯形图常被称为电路或程序，梯形图的设计称为编程。

梯形图有其特定的编制和绘制规则。

①梯形图的每一逻辑行必须从左边母线以节点输入开始，以线圈结束，线圈右边母线可以不画出。

②节点的使用次数可以不受限制。

③在一个程序中，一个线圈只能使用一次，不得重复使用。

④一段完整的梯形图程序必须用 END 指令（PLC 执行程序阶段的结束标志）结束。

⑤编码表的设计原则是：根据梯形图，按从上到下、从左到右的顺序进行。

⑥梯形图中，触点应该画在水平线上，而不能画在垂直分支上；不包含触点的分支应放在垂直线上，不可放在水平位置，以便于识别触点的组合和输出线圈的控制路径；不能将触点画在线圈的右边，只能在触点的右边接线圈；在有几个串联回路相并联时，应将触点最多的那个串联回路放在梯形图的最上边。在有几个并联回路相串联时，应将触点最多的并联回路放在梯形图的最左边。这种安排，可使所编制的程序简洁明了，语句较少。

图 7-2-2 所示为根据控制电路的逻辑关系写出的 PLC 梯形图程序。

图 7-2-2　顺序控制的 PLC 梯形图

根据梯形图来编写指令表程序，首先要了解三菱 FX2N 系列 PLC 相关基本指令，见表 7-2-1。

表 7-2-1　FX2N 系列 PLC 基本指令一览表

助记符名称	功能	梯形图表示及可用元件
LD 取	逻辑运算开始与左母线连接的常开触点	XYMSTC
LDI 取反	逻辑运算开始与左母线连接的常闭触点	XYMSTC
LDP 取脉冲上升沿	逻辑运算开始与左母线连接的上升沿检测	XYMSTC
LDF 取脉冲下降沿	逻辑运算开始与左母线连接的下降沿检测	XYMSTC

续表

助记符名称	功能	梯形图表示及可用元件
AND 与	串联连接常开触点	XYMSTC
ANI 与非	串联连接常闭触点	XYMSTC
ANDP 与脉冲上升沿	串联连接上升沿检测	XYMSTC
ANDF 与脉冲下降沿	串联连接下降沿检测	XYMSTC
OR 或	并联连接常开触点	XYMSTC
ORI 或非	并联连接常闭触点	XYMSTC
ORP 或脉冲上升沿	并联连接上升沿检测	XYMSTC
ORF 或脉冲下降沿	并联连接下降沿检测	XYMSTC
ANB 电路块与	并联电路块的串联连接	
ORB 电路块或	串联电路块的并联连接	
OUT 输出	线圈驱动指令	YMSTC
SET 置位	线圈接通保持指令	SET　YMS

助记符名称	功能	梯形图表示及可用元件
RST 复位	线圈接通清除指令	⊣ ⊢ [RST | YMSTCD]
PLS 上升沿脉冲	上升沿微分输出指令	⊣ ⊢ [PLS | YM]
PLF 下降沿脉冲	下降沿微分输出指令	⊣ ⊢ [PLF | YM]
MC 主控	公共串联点的连接线圈	⊣ ⊢ [MC | N | YM]
MCR 主控复位	公共串联点的清除指令	[MCR | N]
INV 反转	运算结果取反	INV
MPS 进栈	连接点数据入栈	MPS
MRD 读栈	从堆栈读出连接点数据	MRD
MPP 出栈	从堆栈读出数据并复位	MPP
NOP 空操作	无动作	变更程序中替代某些指令
END 结束	顺控程序结束	顺控程序结束返回到 0 步

图 7-2-2 所示的指令表程序如下：

```
LD X1
OR Y0
ANI X0
ANI X2
ANI X3
OUT Y0
ANI Y1
OUT T0
SP K100
```

```
LD T0
OR Y1
ANI X0
ANI X2
ANI X3
OUT Y1
```

第四步，画出 PLC 外部电路图，如图 7 – 2 – 3 所示。

图 7 – 2 – 3　顺序控制的 PLC 外部接线

二、训练与考核

1. 实训器材

纸、笔等文具。

2. 实训内容

按要求将本项目模块一实训进行如下步骤：

①两台电动机 M_1、M_2，要求按下按钮 SB_2，M_1 先起动，再按下 SB_3，M_2 才能起动（由控制电路实现顺序起动控制）。按下停止按钮 SB_1，M_1、M_2 停止。设计如短路、过载等相关的保护环节。

　　a. 确定输入输出点。

　　b. 列出输入输出点之间的逻辑关系。

　　c. 绘制相应的梯形图。

　　d. 写出指令表。

　　e. 绘制 PLC 外部接线图。

②两台电动机 M_1、M_2，要求按下按钮 SB_2，M_1 先起动，再按下 SB_3，M_2 才能起动（由控制电路实现顺序起动控制），M_2 起动后 M_1 立即停止。按下停止按钮 SB_1，M_2 停止。设计

如短路、过载等相关的保护环节。

    a. 确定输入输出点。

    b. 列出输入输出点之间的逻辑关系。

    c. 绘制相应的梯形图。

    d. 写出指令表。

    e. 绘制 PLC 外部接线图。

3. 实训考核

考核及评分标准见附录中实训任务工单 7 – 2 – 1。

三、练习题

平面仓库系统控制

①三菱 FX2N 有几条指令？请列出各条指令。

②用 PLC 改造某机床的控制电路，其控制要求如下：

a. 两台三相笼型异步电动机 M_1 与 M_2 拖动。

b. M_1 容量较大，采用丫 – △联结减压起动，停车带有能耗制动。

c. M_1 起动 20 s 后方允许 M_2 起动（M_2 容量较小可直接起动）。

d. M_2 停车后方允许 M_1 停车。

e. M_1 与 M_2 起动、停止均要求两地控制，试设计电气原理图并设置必要的电气保护。

附录 1　电气图用符号

分类	名称	图形符号和文字符号	分类	名称	图形符号和文字符号
A 组件部件	起动装置		F 保护器件	欠电压继电器	$U<$ ⊣ ⊢ ⊢ FV
B 将电量变换成非电量，将非电量变换成电量	扬声器	B（将电量变换成非电量）		过电压继电器	$U>$ ⊣ ⊢ ⊢ FV
	传声器	B（将非电量变换成电量）		热继电器	FR FR / FR FR
C 电容器	一般电容器	C		熔断器	FU
	极性电容器	+ C	G 发生器，发电机，电源	交流发电机	G ~
	可变电容器	C		直流发电机	G
D 二进制元件	与门	D &		电池	GB − +
	或门	D ≥1	H 信号器件	电喇叭	HA
	非门	D		蜂鸣器	HA 优选型　　HA 一般型

续表

分类	名称	图形符号和文字符号	分类	名称	图形符号和文字符号
E 其他	照明灯	⊗ EL	H 信号器件	信号灯	⊗ HL
F 保护器件	欠电流继电器	I< FA	I		（不使用）
	过电流继电器	I> FA	J		（不使用）
K 继电器，接触器	中间继电器	KA KA	M 电动机	并励直流电动机	M
	通用继电器	KA KA		串励直流电动机	M
	接触器	KM KM		三相步进电动机	M
	通电延时型时间继电器	或 KT KT / KT KT 或 KT KT		永磁直流电动机	M
	断电延时型时间继电器	或 KT KT / KT KT 或 KT KT		运算放大器	▷ ∞ N
L 电感器，电抗器	电感器	L （一般符号） L （带磁心符号）	N 模拟元件	反相放大器	▷1 N
	可变电感器	L		数–模转换器	#/U N
	电抗器	L	N	模–数转换器	U/# N

续表

分类	名称	图形符号和文字符号	分类	名称	图形符号和文字符号
M 电动机	笼型电动机	U V W; M 3~	O		(不使用)
	绕线型电动机	U V W; M 3~	P 测量设备,试验设备	电流表	PA; A
	他励直流电动机	M		电压表	PV; V
P 测量设备,试验设备	有功功率表	KW; PW	S 控制、记忆、信号电路开关器件选择器	行程开关	SQ
	有功电度表	kW·h; PJ		压力继电器	P SP; P
Q 电力电路的开关器件	断路器	QF		液位继电器	SL; SL; SL; SL
	隔离开关	QS		速度继电器	SV; n SV; n SV
	刀熔开关	QS		选择开关	SA
	手动开关	QS; QS		接近开关	SQ
	双投刀开关	QS		万能转换开关,凸轮控制器	SA; 2 1 0 1 2; 1 2 3 4
	组合开关旋转开关	QS	T 变压器互感器	单相变压器	T
	负荷开关	QL		自耦变压器	T; 形式1 形式2
R 电阻器	电阻	R		三相变压器(星形/三角形联结)	T; 形式1 形式2
	固定抽头电阻	R		电压互感器	电压互感器与变压器图形符号相同,文字符号为TV
	可变电阻	R		电流互感器	TA; 形式1 形式2

259

续表

分类	名称	图形符号和文字符号	分类	名称	图形符号和文字符号
R 电阻器	电位器	RP	U 调制器变换器	整流器	U
	频敏变阻器	RF		桥式全波整流器	U
S 控制、记忆、信号电路开关器件选择器	按钮	SB		逆变器	U
	急停按钮	SB		变频器	f_1 f_2 U
V 电子管晶体管	二极管	VD	Y 电器操作的机械器件	电磁铁	或Y 或 A
	三极管	V PNP型 V NPN型		电磁吸盘	或 YH
	晶闸管	V 阳极侧受控 V 阴极侧受控		电磁制动器	M YB
W 传输通道，波导，天线	导线，电缆，母线	W		电磁阀	或 或 YV
	天线	W	Z 滤波器、限幅器、均衡器、终端设备	滤波器	Z
X 端子插头插座	插头	XP 优选型 其他型		限幅器	Z
	插座	XS 优选型 其他型		均衡器	Z
	插头插座	X 优选型 其他型			
	连接片	断开时 XB 接通时			

附录2 实训任务工单

实训任务工单2-1-1

班级		姓名		学号	
任务名称	认识与使用常用电工工具				
实训内容	根据不同的场合正确选择使用低压验电器、电工刀、螺钉旋具、剥线钳、钢丝钳、尖嘴钳、压接钳、电钻等常用电工工具				
实训目标	①能正确使用常用电工工具进行电工作业 ②具有安全用电意识				
任务准备					
任务实施					

	工作任务	配分	评分标准	得分
评价及总结	使用电笔区分相线、零线	5	①握笔正确2分 ②判断正确3分	
	使用电笔区别电压的高低	5	判断正确5分	
	使用电笔区别直流、交流电	5	判断正确5分	
	使用电笔区别直流电正、负极	5	判断正确5分	
	电工刀剖削导线	20	①方法正确6分 ②工艺合格14分	
	螺钉旋具使用	10	①工具选择正确4分 ②使用步骤正确6分	
	钢丝钳使用	10	①工具选择正确4分 ②使用步骤正确6分	
	尖嘴钳使用	10	①握法正确4分 ②羊眼圈质量合格6分	
	压接钳使用	10	①握法正确4分 ②接线头质量合格6分	
	电钻、电锤使用	10	①握法正确4分 ②钻孔质量6分	
	安全文明生产	10	违反安全生产规程或损坏仪表，酌情扣分	
	学生自评	小组互评	教师评价	综合评价
	分析与整改			

实训任务工单 2 – 2 – 1

班级		姓名		学号	
任务名称	认识与使用常用电工仪表				
实训内容	根据不同的场合正确选择使用电压表、电流表、功率表、单（双）臂电桥、兆欧表、钳形电流表、万用表等常用电工仪表				
实训目标	①能正确使用常用电工仪表进行测量 ②具有精益求精的工匠精神 ③具有安全用电意识				
任务准备					
任务实施					

	工作任务	配分	评分标准			得分
评价及总结	直流电压测量	10	①接线正确7分 ②读数正确3分			
	交流电压测量	10	①接线正确7分 ②读数正确3分			
	直流电流测量	10	①接线正确7分 ②读数正确3分			
	交流电流测量	10	①接线正确7分 ②读数正确3分			
	单臂、双臂电桥使用	10	①测量步骤正确7分 ②读数正确3分			
	兆欧表测量绝缘电阻	10	①熟悉兆欧表的选用3分 ②正确使用兆欧表7分			
	单相功率表使用	10	①正确选择量程4分 ②正确接线3分 ③正确读数3分			
	万用表使用	10	①正确选择挡位、量程5分 ②正确接线和读数5分			
	钳形电流表使用	10	①正确选择挡位、量程7分 ②握法正确3分			
	安全文明生产	10	违反安全生产规程或损坏仪表，酌情扣分			
	学生 自评		小组 互评	教师 评价	综合 评价	
	分析与整改					

实训任务工单 2 – 3 – 1

班级			姓名		学号	
任务名称	认识、检测常用低压电器					
实训内容	①识别常用低压电器，根据低压电器的名称和型号写出对应的文字符号和图形符号 ②使用万用表测量常用低压电器					
实训目标	①能识别常用低压电器，了解低压电器的结构原理 ②能使用万用表正确判断常用低压电器的质量 ③能正确设置热继电器、时间继电器等元器件的参数 ④具有严谨的工作作风，能够自觉遵守安全操作规程					
任务准备						
任务实施						

	工作任务	配分	评分标准	得分
评价及总结	低压断路器	10	①正确写出文字符号和图形符号5分 ②能够使用万用表判断元件的好坏5分	
	熔断器	10	①正确写出文字符号和图形符号5分 ②能够使用万用表判断元件的好坏5分	
	交流接触器	15	①正确写出文字符号和图形符号5分 ②正确找出线圈、常开及常闭触点5分 ③能够使用万用表判断元件的好坏5分	
	热继电器	20	①正确写出文字符号和图形符号5分 ②正确找出热元件、常开及常闭触点5分 ③能够使用万用表判断元件的好坏5分 ④正确设定参数5分	
	按钮	15	①正确写出文字符号和图形符号5分 ②正确找出常开及常闭触点5分 ③能够使用万用表判断元件的好坏5分	
	时间继电器	20	①正确写出文字符号和图形符号5分 ②正确找出线圈、常开及常闭触点5分 ③能够使用万用表判断元件的好坏5分 ④正确设定参数5分	
	安全文明生产	10	违反安全生产规程或损坏仪表，酌情扣分	
	学生自评	小组互评	教师评价	综合评价
	分析与整改			

实训任务工单 2 – 4 – 1

班级		姓名		学号	
任务名称	导线连接及绝缘恢复				
实训内容	①用电工刀剖削废旧塑料硬线、塑料护套线、橡皮软线和铅包绝缘层 ②用钢丝钳剖削废旧塑料硬线和塑料软线绝缘层 ③导线连接：用两根 BV2.5 mm² （1/1.76 mm）塑料铜芯线作直线连接；用两根 BV4 mm² （1/2.24 mm）塑料铜芯线作 T 形分支连接；用一根 BV2.5 mm² （1/1.76 mm）塑料铜芯线进行打 ϕ1.5 mm、ϕ3 mm、ϕ6 mm 羊眼圈 ④恢复导线绝缘层				
实训目标	①能使用常用电工工具对绝缘导线的绝缘层进行剖削 ②能正确进行导线的直线连接和 T 形分支连接 ③能按要求正确制作"羊眼圈" ④会修复导线的绝缘 ⑤能遵守安全文明生产相关规定，具有精益求精的工匠精神				
任务准备					
任务实施					

任务实施					
评价及总结	工作任务	配分	评分标准		得分
	绝缘层的剖削	15	①导线剖削方法不正确扣5分 ②导线损伤：刀伤扣5分；钳伤扣5分		
	导线连接	40	①导线缠绕方法不正确扣20分 ②导线缠绕不整齐扣10分 ③导线连接不紧、不平整、不圆 a. 最大外径大于14 mm扣10分，每超过0.5 mm加扣5分 b. 导线不平整度大于2 mm扣5分		
	导线与平压式接线柱的连接	15	①羊眼圈大小不合适扣5分 ②羊眼圈不圆整扣5分 ③接线反圈扣5分		
	恢复绝缘层	20	①包缠方法不正确扣10分 ②渗水：渗入内层绝缘扣15分；渗入铜线扣20分		
	安全文明生产	10	违反安全生产规程或损坏仪表，酌情扣分		
	学生自评		小组互评	教师评价	综合评价
	分析与整改				

实训任务工单 2 – 5 – 1

班级		姓名		学号	
任务名称	识别和焊接常用电子元器件				
实训内容	①电阻的识别与检测 ②电容的识别与检测 ③电感的识别与检测 ④二极管的识别与检测 ⑤三极管的识别与检测 ⑥电子电路的焊接				
实训目标	①会识别、检测常用电子元器件 ②掌握电子焊接工艺，能熟练焊接电子线路 ③能遵守安全文明生产相关规定，具有精益求精的工匠精神				
任务准备					
任务实施					

	工作任务	配分	评分标准	得分
评价及总结	电阻的识别与检测	10	①属性及标志的识别 2 分 ②色环的识读 5 分 ③测量操作 3 分	
	电容的识别与检测	10	①属性及标志的识别 2 分 ②测量操作 3 分 ③质量的判定 5 分	
	电感的识别与检测	10	①属性及标志的识别 2 分 ②测量操作 3 分 ③质量的判定 5 分	
	二极管的识别与检测	15	①属性及标志的识别 2 分 ②测量操作 3 分 ③管脚极性的判定 5 分 ④质量的判定 5 分	
	三极管的识别与检测	15	①属性及标志的识别 2 分 ②测量操作 3 分 ③管脚极性的判定 3 分 ④管型的判定 2 分 ⑤质量的判定 5 分	
	焊接前的准备	10	①电烙铁的检查与挂锡 5 分 ②清除焊接部位的氧化层 3 分 ③元器件镀锡 2 分	
	焊接操作	10	①电烙铁握法正确 5 分 ②焊接操作步骤正确 5 分	
	焊接质量	10	①焊点毛糙扣 5～10 分 ②虚焊、漏焊，每处扣 5～10 分	
	安全文明生产	10	违反安全生产规程或损坏仪表，酌情扣分	

学生 自评		小组 互评		教师 评价		综合 评价	
分析与整改							

实训任务工单 3 – 2 – 1

班级		姓名		学号	
任务名称	安装、调试家庭用电线路				
实训内容	①根据要求计算家庭用电线路负荷并选择用电器件 ②安装、调试家庭用电配电箱（配电板） ③安装、调试照明线路 ④安装、调试插座线路				
实训目标	①掌握家庭用电装置工作原理 ②会计算家庭用电线路的负荷并选择断路器、导线等设备 ③掌握单芯硬线的板前明线布线工艺 ④会安装、调试家庭用电装置 ⑤能安全操作，具备自我保护能力				
任务准备					
任务实施					

	工作任务	配分	评分标准	得分
评价及总结	家庭用电线路的负荷计算及设计	25	①主干路的功率计算及断路器的选型 5 分 ②主干路导线的截面积、类型及敷设方式 5 分 ③各支路的功率计算及断路器的选型 5 分 ④各支路导线的截面积、类型及敷设方式 10 分	
	元件安装	10	①元件安装松动每只扣 2 分 ②缺少安装螺钉每只扣 2 分 ③安装不合理、歪斜、间距不当每只扣 2 分 ④布局不合理扣 5 分 ⑤空气开关、熔断器倒装扣 5 分 ⑥损坏元件每只扣 10 分	
	配线	30	①不按电气原理图接线扣 10 分 ②导线不直扣 5 分 ③行线歪斜，层次过多、混乱每处扣 2 分 ④导线交叉、架空线和叠线每处扣 2 分 ⑤导线露铜、压绝缘层每处扣 2 分	
	通电试车	25	一次试车不成功扣 10 分，二次试车不成功扣 20 分	
	安全文明生产	10	违反安全生产规程或损坏仪表，酌情扣分	
	学生自评	小组互评	教师评价	综合评价
	分析与整改			

实训任务工单 4 – 1 – 1

班级		姓名		学号	
任务名称	三相交流异步电动机的测试与使用				
实训内容	①识读三相交流异步电动机铭牌参数 ②三相交流异步电动机运行前检查 ③三相交流异步电动机定子绕组性能检查 ④三相交流异步电动机的运行试验				
实训目标	①了解三相异步电动机的铭牌含义，掌握电动机的型号及主要技术参数 ②能正确进行电动机运行前的检查 ③能正确判断定子绕组的首尾端，能判断定子绕组的绝缘性能 ④能正确完成电动机的运行试验，准确记录数据 ⑤具有严谨作风，能够自觉遵守安全操作规程				
任务准备					
任务实施					

任务实施					
评价及总结	**工作任务**	**配分**	**评分标准**		**得分**
	识读铭牌参数	10	铭牌信息记录准确、全面，每错一处扣2分		
	三相交流异步电动机运行前检查	20	检查三相异步电动机电源、环境、负载等运行条件，核对电动机铭牌参数，检查电动机外观、传动装置等，每漏一项扣5分		
	检查三相异步电动机定子绕组性能	20	①能判断故障现象，未判断出一处扣5分 ②能根据现象判断故障原因并修复故障，判断出错一处扣5分		
	三相异步电动机运行试验	40	①能将定子绕组接成星形或三角形，接错一次扣5分 ②线路连接正确，每错一次扣5分 ③试验操作正确，仪器仪表选择、使用方法正确，每错一次扣5分 ④数据记录精确，每错一处扣5分		
	安全文明生产	10	违反安全生产规程或损坏仪表，酌情扣分		
	学生自评	小组互评	教师评价		综合评价
	分析与整改				

实训任务工单 4 – 2 – 1

班级		姓名		学号	
任务名称	直流电动机的测试与使用				
实训内容	①直流电动机结构认识 ②直流电动机励磁方式 ③分析、判断直流电动机故障 ④直流电动机运行试验				
实训目标	①了解直流电动机结构 ②掌握直流电动机工作原理、励磁方法 ③会使用、维护直流电动机 ④能有效地利用现代科学手段查阅资料，提升自我学习能力				
任务准备					
任务实施					

续表

	工作任务	配分	评分标准	得分
任务实施				
评价及总结	直流电动机结构	10	正确识别直流电动机的各个部件，错误一次扣2分	
	直流电动机励磁	20	正确画出他励、并励、串励、复励电路图，画错一个扣5分	
	直流电动机的电气性能检测	30	①能判断故障现象，未判断出一处扣10分 ②能根据现象判断故障原因并修复故障，判断出错一处扣10分	
	直流电动机的运行	30	①线路连接正确，每错一次扣5分 ②试验操作正确，仪器仪表选择、使用方法正确，每错一次扣5分 ③数据记录精确，每错一处扣5分	
	安全文明生产	10	违反安全生产规程或损坏仪表，酌情扣分	

学生自评		小组互评		教师评价		综合评价	

分析与整改

实训任务工单 4 – 3 – 1

班级		姓名		学号	
任务名称	变压器的测试与使用				
实训内容	①识读变压器的铭牌参数 ②测试变压器的绕组 ③变压器的空载试验				
实训目标	①了解变压器的铭牌含义，掌握变压器的型号及主要技术参数 ②掌握变压器测试方法 ③能分析判断、排除变压器故障 ④具有严谨的工作作风，能够自觉遵守安全操作规程				
任务准备					
任务实施					

续表

任务实施					

	工作任务	配分	评分标准		得分
评价及总结	识读铭牌参数	10	铭牌信息记录准确、全面，每错一处扣 2 分		
	测量变压器绕组的直流电阻	10	①记录变压器绕组的直流电阻测量值，4 分 ②判定变压器绕组通断情况，6 分		
	测量变压器绕组的绝缘电阻	10	①记录变压器绕组的绝缘电阻测量值，4 分 ②判定变压器绕组绝缘情况，6 分		
	变压器空载试验	30	①线路连接正确，10 分 ②操作正确，仪器仪表选择、使用方法正确，每错一次扣 5 分		
	变压器故障判断及排除	30	①能判断故障现象，未判断出一处扣 10 分 ②能根据现象判断故障原因并修复故障，判断出错一处扣 10 分		
	安全文明生产	10	违反安全生产规程或损坏仪表，酌情扣分		
	学生自评	小组互评	教师评价	综合评价	
	分析与整改				

实训任务工单 5 – 1 – 1

班级		姓名		学号	
任务名称	分析三相交流异步电动机电气控制线路				
实训内容	①正确写出原理图中各元器件的名称、符号及用途 ②分析线路工作原理，正确写出线路的工作流程				
实训目标	①掌握三相交流异步电动机电气控制原理 ②会分析三相交流异步电动机电气控制线路 ③能有效地利用现代科学手段查阅资料，提升自我学习能力				
任务准备					
任务实施					

续表

任务实施							

评价及总结	工作任务	配分	评分标准				得分
	元件清单	30	正确列出原理图中的元件符号及名称，并写出其用途。少些一个或错写一个扣5分，扣完为止				
	M 起动分析	30	过程分析正确，每错一项扣5分				
	M 停止分析	30	过程分析正确，每错一项扣5分				
	其他	10	逻辑关系清楚，分析准确，酌情扣分				
	学生自评		小组互评		教师评价		综合评价
	分析与整改						

实训任务工单 5 – 2 – 1

班级		姓名		学号	
任务名称	安装、调试三相异步电动机单向起动控制线路				
实训内容	①分析三相异步电动机单向起动控制线路工作原理 ②根据三相异步电动机单向起动控制线路原理图绘制安装接线图 ③按工艺要求完成电气线路连接，并能进行电路的检查和故障排除				
实训目标	①掌握三相异步电动机单向起动电气控制线路工作原理 ②会分析三相异步电动机单向起动电气控制线路原理图 ③能正确安装、调试三相异步电动机单向起动电气控制线路 ④能遵守安全文明生产相关规定，具有精益求精的工匠精神 ⑤具有自我学习、团队协作的能力				
任务准备					
任务实施					

续表

工作任务	配分	评分标准	得分
列出所用元器件清单，并判断其好坏	10	①元器件多写或少写，错一处扣1分 ②元器件填写错误，错一处扣1分 ③元器件好坏判断错误，错一处扣1分	
电器布置图的绘制	10	①体积大和较重的电器元件安排不合理扣10分 ②强电、弱电不分开扣10分 ③布置图不按原理图绘制扣10分	
安装元器件	10	①电器元件布置过密扣10分 ②电器元件的布置做不到整齐、美观、对称扣10分	
绘制安装接线图	10	①原理图线路编号、主电路编号错误一处扣1分，控制线路编号错误一处扣1分 ②主电路接线图绘制，少绘制一根导线扣5分 ③控制线路接线图绘制，少绘制一根导线扣5分 ④按钮盒内导线的连接，常开常闭端绘制错误一处扣5分	
按接线工艺要求进行接线	20	①导线不直扣5分 ②行线歪斜，层次过多、混乱每处扣2分 ③导线交叉、架空线和叠线每处扣2分 ④导线露铜、压绝缘层每处扣2分	
不通电测试	10	用万用表测试阻值，填入表格中，错一处扣5分	
通电测试	20	能达到题目要求的功能，功能减少一项扣10分	
安全文明生产	10	违反安全生产规程或损坏仪表，酌情扣分	

评价及总结

学生自评		小组互评		教师评价		综合评价	

分析与整改

实训任务工单 5 – 2 – 2

班级		姓名		学号	
任务名称	安装、调试三相异步电动机正反转控制线路				
实训内容	①分析三相异步电动机正反转控制线路工作原理 ②根据三相异步电动机正反转控制线路原理图绘制安装接线图 ③按工艺要求完成电气电路连接，并能进行电路的检查和故障排除				
实训目标	①掌握三相异步电动机正反转电气控制线路工作原理 ②会分析三相异步电动机正反转电气控制线路原理图 ③能正确安装、调试三相异步电动机正反转电气控制线路 ④能遵守安全文明生产相关规定，具有精益求精的工匠精神 ⑤具有自我学习、团队协作的能力				
任务准备					
任务实施					

	工作任务	配分	评分标准	得分
评价及总结	列出所用元器件清单，并判断其好坏	10	①元器件多写或少写，错一处扣 1 分 ②元器件填写错误，错一处扣 1 分 ③元器件好坏判断错误，错一处扣 1 分	
	电器布置图的绘制	10	①体积大和较重的电器元件安排不合理扣 10 分 ②强电、弱电不分开扣 10 分 ③布置图不按原理图绘制扣 10 分	
	安装元器件	10	①电器元件布置过密扣 10 分 ②电器元件的布置做不到整齐、美观、对称扣 10 分	
	绘制安装接线图	10	①原理图线路编号、主电路编号错误一处扣 1 分，控制线路编号错误一处扣 1 分 ②主电路接线图绘制，少绘制一根导线扣 5 分 ③控制线路接线图绘制，少绘制一根导线扣 5 分 ④按钮盒内导线的连接，常开常闭端绘制错误一处扣 5 分	
	按接线工艺要求进行接线	20	①导线不直扣 5 分 ②行线歪斜，层次过多、混乱每处扣 2 分 ③导线交叉、架空线和叠线每处扣 2 分 ④导线露铜、压绝缘层每处扣 2 分	
	不通电测试	10	用万用表测试阻值，填入表格中，错一处扣 5 分	
	通电测试	20	能达到题目要求的功能，功能减少一项扣 10 分	
	安全文明生产	10	违反安全生产规程或损坏仪表，酌情扣分	
	学生自评		小组互评		教师评价		综合评价	
	分析与整改				

实训任务工单 5 – 2 – 3

班级		姓名		学号	
任务名称	安装、调试三相异步电动机丫 – △降压起动控制线路				
实训内容	①分析三相异步电动机丫 – △降压起动控制线路工作原理 ②根据三相异步电动机丫 – △降压起动控制线路原理图绘制安装接线图 ③按工艺要求完成电气电路连接，并能进行电路的检查和故障排除				
实训目标	①掌握三相异步电动机丫 – △降压起动电气控制线路工作原理 ②会分析三相异步电动机丫 – △降压起动电气控制线路原理图 ③能正确安装、调试三相异步电动机丫 – △降压起动电气控制线路 ④能遵守安全文明生产相关规定，具有精益求精的工匠精神 ⑤具有自我学习、团队协作的能力				
任务准备					
任务实施					

续表

	工作任务	配分	评分标准	得分
评价及总结	列出所用元器件清单，并判断其好坏	10	①元器件多写或少写，错一处扣1分 ②元器件填写错误，错一处扣1分 ③元器件好坏判断错误，错一处扣1分	
	电器布置图的绘制	10	①体积大和较重的电器元件安排不合理扣10分 ②强电、弱电不分开扣10分 ③布置图不按原理图绘制扣10分	
	安装元器件	10	①电器元件布置过密扣10分 ②电器元件的布置做不到整齐、美观、对称扣10分	
	绘制安装接线图	10	①原理图线路编号、主电路编号错误一处扣1分，控制线路编号错误一处扣1分 ②主电路接线图绘制，少绘制一根导线扣5分 ③控制线路接线图绘制，少绘制一根导线扣5分 ④按钮盒内导线的连接，常开常闭端绘制错误一处扣5分	
	按接线工艺要求进行接线	20	①导线不直扣5分 ②行线歪斜，层次过多、混乱每处扣2分 ③导线交叉、架空线和叠线每处扣2分 ④导线露铜、压绝缘层每处扣2分	
	不通电测试	10	用万用表测试阻值，填入表格中，错一处扣5分	
	通电测试	20	能达到题目要求的功能，功能减少一项扣10分	
	安全文明生产	10	违反安全生产规程或损坏仪表，酌情扣分	

学生自评		小组互评		教师评价		综合评价	

分析与整改

实训任务工单 5 – 2 – 4

班级			姓名		学号	
任务名称	安装、调试三相异步电动机顺序起动控制线路					
实训内容	①分析三相异步电动机顺序起动控制线路工作原理 ②根据三相异步电动机顺序起动控制线路原理图绘制安装接线图 ③按工艺要求完成电气电路连接，并能进行电路的检查和故障排除					
实训目标	①掌握三相异步电动机顺序起动电气控制线路工作原理 ②会分析三相异步电动机顺序起动电气控制线路原理图 ③能正确安装、调试三相异步电动机顺序起动电气控制线路 ④能遵守安全文明生产相关规定，具有精益求精的工匠精神 ⑤具有自我学习、团队协作的能力					
任务准备						
任务实施						

	工作任务	配分	评分标准	得分
评价及总结	列出所用元器件清单，并判断其好坏	10	①元器件多写或少写，错一处扣1分 ②元器件填写错误，错一处扣1分 ③元器件好坏判断错误，错一处扣1分	
	电器布置图的绘制	10	①体积大和较重的电器元件安排不合理扣10分 ②强电、弱电不分开扣10分 ③布置图不按原理图绘制扣10分	
	安装元器件	10	①电器元件布置过密扣10分 ②电器元件的布置做不到整齐、美观、对称扣10分	
	绘制安装接线图	10	①原理图线路编号、主电路编号错误一处扣1分，控制线路编号错误一处扣1分 ②主电路接线图绘制，少绘制一根导线扣5分 ③控制线路接线图绘制，少绘制一根导线扣5分 ④按钮盒内导线的连接，常开常闭端绘制错误一处扣5分	
	按接线工艺要求进行接线	20	①导线不直扣5分 ②行线歪斜，层次过多、混乱每处扣2分 ③导线交叉、架空线和叠线每处扣2分 ④导线露铜、压绝缘层每处扣2分	
	不通电测试	10	用万用表测试阻值，填入表格中，错一处扣5分	
	通电测试	20	能达到题目要求的功能，功能减少一项扣10分	
	安全文明生产	10	违反安全生产规程或损坏仪表，酌情扣分	

学生自评		小组互评		教师评价		综合评价	

分析与整改	

实训任务工单 5 – 3 – 1

班级		姓名		学号	
任务名称	分析直流电动机电气控制线路				
实训内容	①正确写出原理图中各元器件的名称、符号及用途 ②分析线路工作原理，正确写出线路的工作流程				
实训目标	①掌握直流电动机电气控制原理 ②会分析直流电动机电气控制线路 ③能有效地利用现代科学手段查阅资料，提升自我学习的能力				
任务准备					
任务实施					

续表

任务实施				

评价及总结	工作任务	配分	评分标准	得分
	元件清单	30	正确列出原理图中的元件符号及名称，并写出其用途。少写一个或错写一个扣5分，扣完为止	
	M 起动分析	30	过程分析正确，每错一项扣5分	
	M 停止分析	30	过程分析正确，每错一项扣5分	
	其他	10	逻辑关系清楚，分析准确，酌情扣分	

学生自评		小组互评		教师评价		综合评价	
分析与整改							

实训任务工单 6 – 1 – 1

班级			姓名		学号	
任务名称	分析 C6140T 型车床电气控制线路并排除故障					
实训内容	①操作 C6140T 型车床，了解机床的各种工作状态及操作方法 ②参照电气原理图和电气安装接线图，熟悉机床电器元件的分布位置和走线情况 ③分析并排除 C6140T 型车床电气故障 a. 操作 C6140T 型车床，观察故障现象 b. 根据现象对照 C6140T 型车床电气原理图分析故障，判断故障范围 c. 正确使用万用表检查并排除故障					
实训目标	①能读懂 C6140T 型车床的电气控制原理图 ②能根据故障现象分析 C6140T 型车床常见电气故障原因，确定故障范围 ③能用万用表检查并排除 C6140T 型车床常见电气故障 ④具有严谨的工作作风，能够自觉遵守安全操作规程					
任务准备						
任务实施						

291

续表

任务实施				
评价及总结	**工作任务**	**配分**	**评分标准**	**得分**
	观察故障现象	15	两个故障，故障现象不清楚，每个扣 5～7 分	
	故障分析	15	分析和判断故障范围。每一个故障，范围判断不正确，每次扣 5 分；范围判断过大或过小，每超过一个元器件扣 3 分	
	故障检查	30	排查故障方法及仪器仪表使用不正确，每次扣 5 分	
	故障排除	40	正确排除两个故障，不能排除故障，每个扣 20 分	
	其他	从总分倒扣	拆卸无关的元器件、导线端子，每次扣 5 分；扩大故障范围，每个故障扣 10 分；违反电气安全操作规程，造成安全事故者酌情扣分	
	学生自评		小组互评	教师评价	综合评价
	分析与整改				

实训任务工单 6 – 2 – 1

班级		姓名		学号	
任务名称	分析 Z3040 型摇臂钻床电气控制线路并排除故障				
实训内容	①操作 Z3040 型摇臂钻床，了解机床的各种工作状态及操作方法 ②参照电气原理图和电气安装接线图，熟悉机床电器元件的分布位置和走线情况 ③分析并排除 Z3040 型摇臂钻床电气故障 a. 操作 Z3040 型摇臂钻床，观察故障现象 b. 根据现象对照 Z3040 型摇臂钻床电气原理图分析故障，判断故障范围 c. 正确使用万用表检查并排除故障				
实训目标	①能读懂 Z3040 型摇臂钻床的电气控制原理图 ②能根据故障现象分析 Z3040 型摇臂钻床常见电气故障原因，确定故障范围 ③能用万用表检查并排除 Z3040 型摇臂钻床常见电气故障 ④具有严谨的工作作风，能够自觉遵守安全操作规程				
任务准备					
任务实施					

续表

任务实施					

	工作任务	配分	评分标准		得分
评价及总结	观察故障现象	15	两个故障，故障现象不清楚，每个扣 5 ~ 7 分		
	故障分析	15	分析和判断故障范围。每一个故障，范围判断不正确，每次扣 5 分；范围判断过大或过小，每超过一个元器件扣 3 分		
	故障检查	30	排查故障方法及仪器仪表使用不正确，每次扣 5 分		
	故障排除	40	正确排除两个故障，不能排除故障，每个扣 20 分		
	其他	从总分倒扣	拆卸无关的元器件、导线端子，每次扣 5 分；扩大故障范围，每个故障扣 10 分；违反电气安全操作规程，造成安全事故者酌情扣分		
	学生自评		小组互评	教师评价	综合评价
	分析与整改				

实训任务工单 6 – 3 – 1

班级		姓名		学号	
任务名称	分析 X62W 型万能铣床电气控制线路并排除故障				
实训内容	①操作 X62W 型万能铣床，了解机床的各种工作状态及操作方法 ②参照电气原理图和电气安装接线图，熟悉机床电器元件的分布位置和走线情况 ③分析并排除 X62W 型万能铣床电气故障 a. 操作 X62W 型万能铣床，观察故障现象 b. 根据现象对照 X62W 型万能铣床电气原理图分析故障，判断故障范围 c. 正确使用万用表检查并排除故障				
实训目标	①能读懂 X62W 型万能铣床的电气控制原理图 ②能根据故障现象分析 X62W 型万能铣床常见电气故障原因，确定故障范围 ③能用万用表检查并排除 X62W 型万能铣床常见电气故障 ④具有严谨的工作作风，能够自觉遵守安全操作规程				
任务准备					
任务实施					

续表

任务实施				

评价及总结	工作任务	配分	评分标准	得分
	观察故障现象	15	两个故障，故障现象不清楚，每个扣 5 ~ 7 分	
	故障分析	15	分析和判断故障范围。每一个故障，范围判断不正确，每次扣 5 分；范围判断过大或过小，每超过一个元器件扣 3 分	
	故障检查	30	排查故障方法及仪器仪表使用不正确，每次扣 5 分	
	故障排除	40	正确排除两个故障，不能排除故障，每个扣 20 分	
	其他	从总分倒扣	拆卸无关的元器件、导线端子，每次扣 5 分；扩大故障范围，每个故障扣 10 分；违反电气安全操作规程，造成安全事故者酌情扣分	

学生自评		小组互评		教师评价		综合评价	
分析与整改							

实训任务工单 6 – 4 – 1

班级		姓名		学号	
任务名称	分析 T68 型卧式镗床电气控制线路并排除故障				
实训内容	①操作 T68 型卧式镗床，了解机床的各种工作状态及操作方法 ②参照电气原理图和电气安装接线图，熟悉机床电器元件的分布位置和走线情况 ③分析并排除 T68 型卧式镗床电气故障 a. 操作 T68 型卧式镗床，观察故障现象 b. 根据现象对照 T68 型卧式镗床电气原理图分析故障，判断故障范围 c. 正确使用万用表检查并排除故障				
实训目标	①能读懂 T68 型卧式镗床的电气控制原理图 ②能根据故障现象分析 T68 型卧式镗床常见电气故障原因，确定故障范围 ③能用万用表检查并排除 T68 型卧式镗床常见电气故障 ④具有严谨的工作作风，能够自觉遵守安全操作规程				
任务准备					
任务实施					

续表

任务实施					

	工作任务	配分	评分标准		得分
评价及总结	观察故障现象	15	两个故障，故障现象不清楚，每个扣 5 ~ 7 分		
	故障分析	15	分析和判断故障范围。每一个故障，范围判断不正确，每次扣 5 分；范围判断过大或过小，每超过一个元器件扣 3 分		
	故障检查	30	排查故障方法及仪器仪表使用不正确，每次扣 5 分		
	故障排除	40	正确排除两个故障，不能排除故障，每个扣 20 分		
	其他	从总分倒扣	拆卸无关的元器件、导线端子，每次扣 5 分；扩大故障范围，每个故障扣 10 分；违反电气安全操作规程，造成安全事故者酌情扣分		
	学生自评		小组互评	教师评价	综合评价
	分析与整改				

实训任务工单 7－1－1

班级		姓名		学号	
任务名称	设计电气控制线路				
实训内容	按要求设计并绘制电气控制原理图				
实训目标	①掌握电气控制线路设计的方法和步骤 ②能根据控制要求画出电气控制原理图 ③具有自我学习、团队协作、求实创新精神				
任务准备					
任务实施					

续表

	工作任务	配分	评分标准	得分
任务实施				
评价及总结	主电路部分	20	正确连接主电路部分各电器元件符号，少接或多接每个扣5分	
	控制电路部分	20	正确连接控制电路部分各电器元件符号，少接或多接每个扣5分	
	保护电路部分	20	必要的保护环节，少接一个扣5分	
	电路功能	40	能完成题中要求的各项电气功能，缺一项扣10分	

学生自评		小组互评		教师评价		综合评价	

分析与整改	

实训任务工单 7 – 2 – 1

班级		姓名		学号	
任务名称	用 PLC 改造电气控制线路				
实训内容	①确定输入输出点 ②列出输入输出点之间的逻辑关系 ③绘制相应的梯形图 ④写出指令表 ⑤绘制 PLC 外部接线图				
实训目标	①了解 PLC 输入输出端子的硬件电路结构 ②了解 PLC 的内部软元件组成 ③了解 PLC 的常用基本指令和功能指令 ④掌握 PLC 的硬件连接方法 ⑤掌握 PLC 的基本逻辑控制、顺序逻辑控制、模拟量恒值控制、电机调速与位置控制等控制方法 ⑥能用三菱 PLC 改造简单电气控制线路 ⑦具有自我学习、团队协作、求实创新精神				
任务准备					
任务实施					

续表

任务实施						

评价及总结	工作任务	配分	评分标准			得分
	确定输入输出点	20	正确列出输入输出点，少列或多列每个扣5分			
	掌握逻辑关系	20	正确梳理出输入输出点之间的逻辑关系，出错则每条关系扣10分			
	绘制梯形图	20	按梯形图绘制原则进行绘制，错一处扣5分			
	写出指令表	20	根据 PLC 指令编写原则进行编写，错一处扣5分			
	绘制 PLC 外部接线图	20	按要求进行绘制，错一处扣5分			
	学生自评		小组互评	教师评价		综合评价
	分析与整改					

参 考 文 献

［1］朱照红．维修电工基本技能［M］．3 版．北京：中国劳动社会保障出版社，2023.

［2］朱平．电工技术实训［M］．2 版．北京：机械工业出版社，2011.

［3］许翏．电机与电气控制技术［M］．4 版．北京：机械工业出版社，2024.

［4］高玉奎．维修电工手册［M］．北京：中国电力出版社，2012.

［5］仲葆文．维修电工（中级）［M］．2 版．北京：中国劳动社会保障出版社，2012.

［6］方大千．电机维修实用技术手册［M］．北京：机械工业出版社，2012.

［7］韩英歧．电子元器件应用技术手册：元件分册［M］．北京：中国标准出版社，2012.

［8］劳动和社会保障部培训就业司、职业技能鉴定中心．国家职业标准汇编：第一分册
［M］．北京：中国劳动社会保障出版社，2010.

［9］赵勇，胡建平．电机与电气控制技术［M］．成都：西南交通大学出版社，2017.

［10］姜洪雁．实用电工技术［M］．上海：上海交通大学出版社，2013.

［11］徐国华．新全电工手册［M］．郑州：河南科学技术出版社，2013.